建设工程监理业务指南
——卓越履职

武汉建设监理与咨询行业协会　编著

华中科技大学出版社

中国·武汉

内 容 提 要

根据《建设工程监理规范》(GB/T 50319—2013)和武汉市《关于进一步加强建设工程监理管理的若干规定》(武城建规〔2016〕4 号)有关条款的要求,武汉建设监理与咨询行业协会组织武汉地区高等院校和本行业的相关教授、专家于 2017 年编著出版《建设工程监理业务指南——从业必备》后,继而编写了《建设工程监理业务指南——卓越履职》这本书。其主要内容有设备采购与设备监造、建设工程相关服务、建筑节能与绿色施工、建设工程监理相关法规、工程项目监理风险管理、BIM 技术在监理服务中的应用。

本书既适用于非国家注册人员从事监理工作的业务培训,也可作为建设工程管理(含全过程工程咨询)人员的参考书和大专院校相关专业的教学用书。

图书在版编目(CIP)数据

建设工程监理业务指南:卓越履职/武汉建设监理与咨询行业协会编著. —武汉:华中科技大学出版社,2019.4
ISBN 978-7-5680-5011-1

Ⅰ. ①建… Ⅱ. ①武… Ⅲ. ①建筑工程-监理工作-指南 Ⅳ. ①TU712.2-62

中国版本图书馆 CIP 数据核字(2019)第 054740 号

建设工程监理业务指南——卓越履职　　　　　武汉建设监理与咨询行业协会　编著
Jianshe Gongcheng Jianli Yewu Zhinan——Zhuoyue Lüzhi

策划编辑:周永华
责任编辑:周永华
封面设计:原色设计
责任校对:李　琴
责任监印:朱　玢
出版发行:华中科技大学出版社(中国·武汉)　　　　电话:(027)81321913
　　　　　武汉市东湖新技术开发区华工科技园　　　　邮编:430223
录　　排:华中科技大学惠友文印中心
印　　刷:武汉华工鑫宏印务有限公司
开　　本:787mm×1092mm　1/16
印　　张:14.5
字　　数:340 千字
版　　次:2019 年 4 月第 1 版第 1 次印刷
定　　价:49.80 元

编审委员会

前　言

根据《建设工程监理规范》(GB/T 50319—2013)和武汉市《关于进一步加强建设工程监理管理的若干规定》(武城建规〔2016〕4 号)有关条款的要求,为了做好非国家注册人员的监理业务培训工作,帮助建设工程监理与咨询人员学习、掌握工程监理与咨询业务知识,提高建设工程监理与咨询从业人员的执业素质和能力,武汉建设监理与咨询行业协会组织武汉地区高等院校和本行业的相关教授、专家于 2017 年编著出版《建设工程监理业务指南——从业必备》后,继而编著了《建设工程监理业务指南——卓越履职》,形成了一套完整的监理与咨询业务培训教材。

本书是在《住房城乡建设部关于促进工程监理行业转型升级创新发展的意见》(建市〔2017〕145 号)的指导下,结合当前监理与咨询行业的实际情况编写的,理论体系完整、实务操作清晰,可全面拓展和更新建设工程监理与咨询从业人员的业务知识和履职技能。本书既适用于非国家注册人员从事监理工作的业务培训,也可作为建设工程管理(含全过程工程咨询)人员的参考书和大专院校相关专业的教学用书。

本书由汪成庆担任主编、陈凌云担任副主编,下列人员承担相关部分的编写工作。

周　兵:设备采购与设备监造。

周克成:建设工程相关服务。

严　东:建筑节能与绿色施工。

陈凌云:建设工程监理相关法规。

汤汉斌:工程项目监理风险管理。

陈继东:BIM 技术在监理服务中的应用。

本书由李惠强担任主审,赵勇担任副主审并统稿,秦惠云、吴红涛、马起戟、赵勇、秦永祥、黄欣等教授、专家分别对第 1～6 章进行了审阅与修订。

本书在编写、审阅、出版过程中,部分章节的初稿录入、编审意见的协调落实、文字图表的校正修订等工作,分别由行业协会培训咨询部何冠卿、杨帆负责完成。

面对我国建筑业的重大变革,在监理行业的转型与发展、监理业务的拓展与创新等方面,需要不断地探索和实践。限于编者水平,书中难免存在不妥之处,欢迎广大读者对本书提出宝贵意见,以便我们对其进行修订和完善。

武汉建设监理与咨询行业协会

2018 年 12 月

目　录

第1章　设备采购与设备监造

1.1　设备采购招标与设备监造概述

设备采购招标是指招标人对所需要的工程设备或特殊材料,向设备供应商进行询价,或通过招标的方式设定包括设备制造质量、制造期限、价格的标的,邀请若干设备供应商通过投标报价进行竞争,招标人与中标候选人达成交易协议,随后按合同实现标的的采购方式。设备采购招标不仅包括单纯采购设备,而且还包括按照工程项目要求进行的设备综合采购、运输、安装、调试、运转等实施阶段的全过程工作。

设备监造是指项目监理机构按照建设工程监理合同和设备采购合同约定,对设备制造过程进行的监督检查活动。

设备按使用广泛与否划分,有通用设备、专用设备两大类。通用设备包括机械设备、电梯设备、电气设备、暖通设备、办公设备、仪器仪表、计算机及网络设备等。专用设备包括矿山专用设备、化工专用设备、航空航天专用设备、公安消防专用设备等。

设备按产品标准分类有两类:一类是具有国家产品标准的设备,称为标准设备;另一类是不具有国家产品标准的非标准设备。

设备水平反映的是项目的功能水平。在工业项目建设中,设备投资又称为积极投资,通常宁可提高设备投资而将土建工程投资保持在维持基本功能水平,因为设备投资水平往往可直接提高项目产品性能水平,扩大市场占有率,提高投资回收率。同样在民用项目建设中,设备投资水平也往往直接影响到设备的性能水平、使用的舒适性、安全可靠性及运行期的维修费用等。

建设单位非常重视设备采购管理,期望能采购到技术性能好、运行安全可靠、节能环保、经济适用的设备。监理单位接受建设单位委托进行设备采购与设备监造,应按照设备的不同分类及性质,协助建设单位编制好设备采购与设备监造方案,特别是对于非标准设备及专用设备,更应给予高度重视,这往往更能体现监理工作水平。

1.1.1　设备采购与设备监造的监理依据

设备采购与设备监造的监理依据包括以下几个方面的内容。

(1)设备采购与设备监造有关的法律、法规。

(2)设备制造标准和设备施工、安装、验收标准。

(3)《建设工程监理规范》(GB/T 50319—2013)。

(4)《设备工程监理规范》(GB/T 26429—2010)。

（5）设备采购与设备监造有关的设计文件。

（6）建设工程监理合同，以及设备采购与设备监造有关的其他合同文件。

1.1.2　设备采购与设备监造的监理职责

设备采购与设备监造的监理职责如下。

（1）项目监理机构应根据建设工程监理合同约定的设备采购与设备监造工作内容配备监理人员，并明确岗位职责。

（2）项目监理机构应编制设备采购与设备监造工作计划，并应协助建设单位编制设备采购与设备监造方案。

（3）采用招标方式进行设备采购时，项目监理机构应协助建设单位按有关规定组织设备采购招标。采用其他方式进行设备采购时，项目监理机构应协助建设单位进行询价。

（4）项目监理机构应协助建设单位进行设备采购合同谈判，并应协助签订设备采购合同。

（5）项目监理机构应检查设备制造单位的质量管理体系，并应审查设备制造单位报送的设备制造生产计划和工艺方案。

（6）项目监理机构应审查设备制造的检验计划和检验要求，并应确认各阶段的检验时间、内容、方法、标准，以及检测手段、检测设备和仪器。

（7）专业监理工程师应审查设备制造的原材料、外购配套件、元器件、标准件，以及坯料的质量证明文件及检验报告，并应审查设备制造单位提交的报验资料，符合规定时应予以签认。

（8）项目监理机构应对设备制造过程进行监督和检查，对主要及关键零部件的制造工序应进行抽检。

（9）项目监理机构应要求设备制造单位按批准的检验计划和检验要求进行设备制造过程的检验工作，并应做好检验记录。项目监理机构应对检验结果进行审核，认为不符合质量要求时，应要求设备制造单位进行整改、返修或返工。当发生质量失控或重大质量事故时，应由总监理工程师签发暂停令，提出处理意见，并应及时报告建设单位。

（10）项目监理机构应检查和监督设备的装配过程。

（11）在设备制造过程中如需要对设备的原设计进行变更时，项目监理机构应审查设计变更，并应协调处理因变更引起的费用和工期调整，同时应报建设单位批准。

（12）项目监理机构应参加设备整机性能检测、调试和出厂验收，符合要求后应予以签认。

（13）在设备运往现场前，项目监理机构应检查设备制造单位对待运设备采取的防护和包装措施，并应检查是否符合运输、装卸、储存、安装的要求，以及随机文件、装箱单和附件是否齐全。

（14）设备运到现场后，项目监理机构应参加设备制造单位按合同约定与接收单位的交接工作。

（15）专业监理工程师应按设备制造合同的约定审查设备制造单位提交的付款申请，提出审查意见，并应由总监理工程师审核后签发支付证书。

（16）专业监理工程师应审查设备制造单位提出的索赔文件，提出意见后报总监理工程师，并应由总监理工程师与建设单位、设备制造单位协商一致后签署意见。

（17）专业监理工程师应审查设备制造单位报送的设备制造结算文件，提出审查意见，并应由总监理工程师签署意见后报建设单位。

1.1.3 设备采购与设备监造的监理内容、程序、方法、措施

1. 设备采购方案的内容

项目监理机构应协助建设单位编制设备采购方案，设备采购方案应包括下列内容。

（1）采购原则：拟采购的设备应完全符合设计要求和有关标准。

（2）采购的范围和内容：监理工程师根据设计图纸等资料审核或编制工程设备汇总表。

（3）设备采购的方式和程序。

（4）编制采购进度计划、估价表和采购的资金使用计划。

2. 设备监造方案的内容

项目监理机构总监理工程师应组织专业监理工程师编制设备监造方案，经监理单位技术负责人审核批准后，在设备制造之前报送建设单位，监造方案应包括以下内容。

（1）监造的设备概况。

（2）监造工作的目标、范围及内容。

（3）监造工作依据。

（4）监造监理工作的程序、制度、方法和措施。

（5）设备监造的质量控制点：确定文件见证点、现场见证点和停止见证点等监理控制点和方式。

（6）项目监理机构的监理人员组成、设施装备及其他资源配备。

3. 设备监造的步骤

（1）设备监造准备。

①熟悉与被监造设备有关的法规、规范、标准、合同等文件资料。

②熟悉被监造设备的图纸和相关技术条件。

③熟悉被监造设备的加工、焊接、检查、试验、无损探伤等主要工艺方法及相应标准。

④熟悉设备制造厂的质量保证大纲、生产大纲及相应的程序。

⑤编制或熟悉有关设备监造的管理程序。

（2）设备监造过程质量实施计划与资料管理。

设备制造单位应编制设备监造过程质量实施计划，在设备监造过程质量实施计划中应明确每项的具体检查内容。驻厂监造专业监理工程师应对设备监造过程质量实施计划进行审核，选取停工待检点和见证点，并按设备监造方案中有关规定的要求，完成对设备监造过程质量的检查工作，并对设备制造成型的过程检查资料进行审核、签认、归档。

（3）设备驻厂监造实施。

①驻厂专业监理工程师应对设备监造过程质量实施计划的控制点进行见证,并签字确认。

②驻厂专业监理工程师应对设备监造过程中出现的质量问题处理进行跟踪检查,按照程序要求对不同类别的质量问题进行见证处理、封闭和签字确认。

③驻厂专业监理工程师应参与设备制造单位对设备有关制造工艺和技术方案的审查工作。

④驻厂专业监理工程师应定期或不定期地编制设备监造监理报告,并应及时向总监理工程师反馈设备制造质量及存在的问题、处理情况,对设备制造过程质量、造价、进度等方面可能出现的诸多不利影响因素进行分析,提出改进措施。

（4）设备出厂验收。

设备出厂验收是按照设备采购合同、设备制造设计、规范和标准要求,对设备制造质量和应交付文件进行全面的最终检查、试验和清点。主要包括以下内容。

①设备硬件验收,包括设备有关的功能、性能试验和主要指标达标情况检验,对主要设备的规格尺寸进行复测,对设备零配件的质量进行检查,并对数量进行逐一核对,清点后装箱或装车出厂。

②设备制造文件归档验收,按设备采购合同和质量验收规范相关要求,清点设备出厂验收文件,审查其真实性、有效性及完整性,认真检查核对设备出厂装箱清单等文件。

③按照设备采购合同相关要求,对设备出厂包装及有关标识、标牌认真进行检查,确保无误。

设备的制造质量由与委托人签订供货合同的设备制造单位全面负责。监理单位的设备监造并不能减轻设备制造单位的质量责任,也不能代替委托人对设备的最终质量进行验收。监理单位主要对被监造设备的制造质量承担监造责任,并应在委托监理合同中予以明确。

1.2　设备采购

1.2.1　设备采购的招标或询价

（1）按照《中华人民共和国招标投标法》（2017 年修正）,招标分为公开招标和邀请招标。

公开招标,是指招标人以招标公告的方式邀请不特定的法人或者其他组织投标。

邀请招标,是指招标人以投标邀请书的方式邀请特定的法人或者其他组织投标。

在中华人民共和国境内进行下列工程建设项目包括项目的勘察、设计、施工、监理以及与工程建设有关的重要设备、材料等的采购,必须进行招标。

①大型基础设施、公用事业等关系社会公共利益、公众安全的项目。

②全部或者部分使用国有资金投资或者国家融资的项目。

③使用国际组织或者外国政府贷款、援助资金的项目。

前款所列项目的具体范围和规模标准,《必须招标的工程项目规定》（国家发展改革委令第 16 号)和《必须招标的基础设施和公用事业项目范围规定》(发改法规规〔2018〕843号)做出了明确规定。

法律或者国务院对必须进行招标的其他项目的范围有规定的,依照其规定。

国务院发展计划部门确定的国家重点项目和省、自治区、直辖市人民政府确定的地方重点项目不适宜公开招标的,经国务院发展计划部门或者省、自治区、直辖市人民政府批准,可以进行邀请招标。《工程建设项目施工招标投标办法》(国家发展计划委员会等七部委局令第 30 号,据国家发展改革委等九部委局令第 23 号修正)和《工程建设项目货物招标投标办法》(国家发展改革委等七部委局令第 27 号,据国家发展改革委等九部委局令第 23号修正)对可进行邀请招标的情形做出了规定。

从操作技术角度来讲,公开招标采购方式适用于标的数额较大、供应商较多的通用设备及标准设备。公开招标采购方式是目前建设项目设备采购应用最广的方式。

邀请招标采购方式适用于所需采购设备生产厂家不多,如专用设备或非标准设备,建设单位和工艺设计人员为保证达到工艺性能及质量要求,往往只能向特定的几家设备供应商发出招标采购邀请。

招标人有权自行选择招标代理机构,委托其办理招标事宜。任何单位和个人不得以任何方式为招标人指定招标代理机构。

招标人具有编制招标文件和组织评标能力的,可以自行办理招标事宜。任何单位和个人不得强制其委托招标代理机构办理招标事宜。

依法必须进行招标的项目,招标人自行办理招标事宜的,应当向有关行政监督部门备案。

(2) 按照《中华人民共和国政府采购法》(2014 年修正)规定,政府采购采用以下方式。

①公开招标。

②邀请招标。

③竞争性谈判。

④单一来源采购。

⑤询价。

⑥国务院政府采购监督管理部门认定的其他采购方式。

公开招标应作为政府采购的主要方式。

(3) 根据《关于印发〈标准设备采购招标文件〉等五个标准招标文件的通知》(发改法规〔2017〕1606 号),设备采购招标应采用《中华人民共和国标准设备采购招标文件(2017 年版)》。

1.2.2　设备采购的合同谈判、签订与履约管理

一、设备采购合同谈判应注意的问题

1. 技术部分

(1) 设备制造质量标准。

设备采购合同中技术部分应包含的主要内容:设备制造依据的规范和标准;设备主要关键技术参数及要求;设备技术服务和维修保养服务;设备制造质量保证措施和抽查、试

验、检验方式;设备的主要使用功能;设备包装、运输、储存及交货方式。

在设备采购合同谈判前要成立技术谈判小组,重点细化设备制造技术参数要求,对组成设备的关键原材料、零配件等提出具体技术要求和指标。具体的技术要求需要得到设备设计单位的认可,对大型设备采购还可组织专家共同对设备关键技术参数及要求进行评审。

(2)设备制造质量验收标准。

设备制造质量验收标准可分为两大类:设备零配件生产加工质量的验收标准及设备制造质量的验收标准。

①设备零配件生产加工质量的验收标准。

设备零配件生产加工质量的验收标准是驻厂专业监理工程师实施设备监造的重要依据之一。因此在设备采购合同中对设备零配件生产加工质量执行的标准、验收方式及方法等应明确指出,特别是对于个别高于国家或行业验收标准的设备零配件生产加工质量验收标准指标。

②设备制造质量的验收标准。

在设备采购合同中应明确规定设备制造质量验收标准、验收方式及方法,并尽量细化,避免出现如"设备制造质量标准参照国家或行业有关标准执行"等不确定依据,以防止不必要的合同纠纷发生。设备交货验收期限、验收地点也同样应该在设备采购合同中明确规定。

2. 商务部分

(1)对设备采购延迟交货的处罚。

根据设备采购的特点,设备采购合同是以满足工程项目总体进度计划为导向的,设备采购交货期限必须满足工程项目总工期进度节点计划的要求。因此在设备采购合同谈判时必须明确约定不影响工程总进度计划的交货期,但是设备供应商往往想规避自身的风险,希望设备采购合同约定的交货期限延长。因此,项目监理机构应要求设备供应商提供设备制造的工期网络计划。在工期网络计划图中,必须明确关键线路上的关键工作计划完成节点。为保证设备按设备采购合同中约定的时间交货,通常是在设备采购合同中制定对设备供应商有约束力的设备延迟交货处罚相关条款。

(2)设备采购预付款保函。

设备采购预付款保函是设备按设备采购合同约定的时间到货的保证。对于设备采购标的较大的设备采购合同,在谈判时应要求设备供应商提供预付款保函,作为建设单位风险管控的措施。通常做法是预付款保函有效期和设备交货期完全一致,这样项目监理机构就能动态地跟踪管理设备采购合同的执行情况。出现设备交货时间延迟等异常情况时,建设单位有权要求设备供应商延长预付款保函有效期,从而降低工程项目建设单位利益的受损程度。

(3)设备使用保修期和尾款支付。

设备采购合同签订时要充分考虑设备使用保修期的问题,为保证设备在使用保修期内正常使用,建设单位应留有设备采购合同总价的 5% 作为尾款,待设备使用保修期过后支付给设备供应商。国家规定建设工程项目设备使用保修期一般为两年。

(4)性能保证和罚款。

设备采购合同应明确性能考核指标、考核办法,经维修后仍然达不到合同要求的,要视其性能偏差进行罚款。

二、设备采购合同签订应注意的问题

当谈判双方就设备采购合同的主要条款达成一致以后,就进入合同签订阶段。合同宜采用《中华人民共和国标准设备采购招标文件(2017 年版)》中规定的合同条款及格式。谈判所涉及的设备数量、质量、货款支付以及履行期限、地点、方式等,都必须严密、注明清楚,否则会造成不可预见的经济损失。特别应当注意以下几个方面。

1. 签订的设备采购合同中要对设备制造的质量验收标准作出明确规定

在签订设备采购合同时,双方必须准确规范买卖设备的名称,对所采购设备的质量验收标准应当在合同中明确约定,以免实际设备交货时因质量不符合相关标准而引起不必要的纠纷。

2. 明确设备交货地点和交付方式

签订设备采购合同时,要写明设备运输方式及设备交货地点,保证货物能够及时签收,对进口设备的采购,交货地点更要进行明确。

3. 明确设备交货时间

为了避免因所采购的设备延期交货导致影响工程项目总工期,在设备采购合同中应明确约定从设备出厂到交货地点后采购人的收货时间。

4. 设备采购合同必须明确双方应承担的义务和违约的责任

设备采购合同中应明确双方应承担的义务以及违约等所要承担的法律责任,以维护合同双方的合法权益。

三、设备采购合同主要内容

1. 明确主要设备参数(规格、型号、数量)和制造、安装方式

设备的规格、型号应具体,明确设备设计外形(细部)尺寸、式样和设备制造出厂序号等;设备的数量应按国家统一的计量单位执行。必要时,可附上主要设备规格、型号、数量明细表,明确主要设备制造、安装的方式。

2. 明确设备制造质量验收标准和包装方式

设备采购合同中应明确规定设备应符合的质量验收标准,要注明是否符合国家或行业标准,如暂无国家和行业相关质量验收标准的,应符合地方或企业质量验收标准;对于存在质量缺陷的设备零配件应约定明确的比例;对实行三包(包退、包换、包修)的设备零配件,应注明具体范围;对设备包装的方式、办法,使用的包装材料,包装的式样、规格、体积、重量、标志、辨识等,均应在合同中明确约定。

3. 明确设备采购的价格和结算方式

合同中对设备采购所包含的价格要作具体的规定。双方明确规定设备及零配件定价的办法和价格变更处理程序等;明确约定对存在质量缺陷的不合格产品的处罚办法;明确规定设备采购不同实施阶段的结算方式和结算程序等。

4. 明确设备交货期限、地点和运输发送方式

设备交(提)货期限(日期)要按照设备采购合同中的有关约定,并考虑双方的实际情况、设备特点和交通运输条件等进行明确。同时,应明确设备的运输发送方式。

5. 明确设备进场（到货）验收方法

设备采购合同中要具体规定设备质量验收标准、数量统计验收方法、验收期限和验收地点。

6. 明确设备采购合同双方的违约责任

合同签约一方不严格履行设备采购合同约定的条款，势必影响另一方的正常履约，因此违约一方应承担相应的经济赔偿责任，赔偿对方所遭受的经济损失。在签订设备采购合同时，应明确规定设备供应商凡出现以下四种情形之一时，应支付设备采购方违约金或赔偿金。

（1）未按设备采购合同约定的设备型号、规格、数量提供货物的。

（2）未按设备采购合同中约定的设备制造质量验收标准交货的。

（3）未按设备采购合同约定的期限交付设备货物的。

（4）由于人为因素导致设备在包装、存储或运输过程中受到损坏的。

设备采购方如未按合同约定结算设备货款或提货，或临时更改设备到货地点等，应支付设备供应商合同违约金或赔偿金。

7. 明确设备采购合同变更和解除条件

设备采购合同条款应严格遵守国家相关的法律、法规，明确约定合同变更或解除合同的条件，以及合同变更或解除合同的法律程序等。

1.2.3　设备采购的文件资料

设备采购的文件资料应包括下列主要内容。

（1）建设工程监理合同及设备采购合同。

（2）设备采购招投标文件。

（3）工程设计文件和图纸。

（4）市场调查、考察报告。

（5）设备采购方案。

（6）设备采购工作总结。

1.3　设备监造

工程监理单位派驻设备制造现场的项目监理机构根据监理合同确定的设备监造内容进行该工程项目的设备监造工作。专业监理工程师在进驻监造现场前，应编制设备监造监理实施细则并明确设备监造目标。专业监理工程师进驻监造现场后，严格按照此监理实施细则开展设备监造工作。

1.3.1　设备监造的质量控制

（1）驻厂专业监理工程师审核包括以下内容：对设备制造人员资格进行审核；对设备制造和安装调试方案进行审核；审查设备制造的检验计划和检验要求，并应确认设备制造不同阶段的检验时间、内容、方法、标准，以及检测手段、设备和仪器等。

（2）驻厂专业监理工程师对设备制造质量控制点进行监控。针对影响设备制造质量的重要工序环节，或针对设备的关键零配件、在加工制造过程中易产生质量缺陷的薄弱环节或工艺流程,设置质量控制点。做好相关质量预控及技术复核工作,以实现对设备制造质量进行总体控制的目的。

①设置设备监造文件见证点。

驻厂专业监理工程师应审查设备制造单位提交的相关文件。审查设备制造的原材料、零配件、元器件的质量证明文件及检验报告,并应审查设备制造单位提交的报验资料,对于符合设备采购合同及设计、规范、标准要求的报验资料予以签字确认。

②设置设备监造现场见证点。

驻厂专业监理工程师对设备制造关键工序、关键部位进行旁站见证监督,对符合设备采购合同及设计、规范、标准要求的设备制造安装工序质量予以签认。

③设置设备监造停止待检点。

对于设备制造过程中质量不能或很难通过后续检查检验的,应设置设备监造停止待检点,如焊缝工艺质量,零配件组装、拼装质量检查等。停止待检项目一定要由驻厂专业监理工程师在现场检查签认合格后,方能进入下一道工序施工。

④设置设备制造日常巡检点。

设备制造日常巡查是指驻厂专业监理工程师对设备生产车间工人在设备制造、工序质量、零配件加工、质量缺陷、不合格品等方面的处置情况进行日常巡检。

a. 驻厂监理工程师的巡视检查:驻厂专业监理工程师对设备制造、运输、安装调试过程情况进行的有重点的巡视检查。

b. 驻厂监理工程师的抽查检查:按照设备监造方案对设备的组装、拼装、安装调试过程质量进行抽检。

c. 驻厂监理工程师的必检项目检查:设备制造单位对必检项目自检合格后,以书面形式报驻厂专业监理工程师,驻厂专业监理工程师对其进行检查和书面确认。

d. 驻厂监理工程师的旁站监督:驻厂专业监理工程师对设备关键重要制造过程、设备关键重要部件装配过程和主要设备调试过程实施旁站检查和监督。

e. 驻厂监理工程师的跟踪检查:驻厂专业监理工程师跟踪检查主要设备、关键零配件、关键工序的安装质量是否符合设计图纸和规范、标准以及设备采购合同约定的要求。

1.3.2 设备监造的造价、进度控制

1. 设备监造的造价控制

(1)对设备制造设计方案进行优化。通过对设备使用功能和使用价值进行深入分析,将设备技术与经济问题紧密地结合起来,按照经济效果评价原则对设备设计方案中的使用功能、造价等方面进行定量与定性分析,从中选出技术上先进、经济上合理,既能完全满足设备使用功能又能降低设备造价的设备制造优化设计方案。

(2)设备价值工程是通过对设备使用功能的分析,以最经济合理的设备制造成本实现设备必要的使用功能,从而提高设备价值的一套科学的技术经济方法。通过将设备使用功能细化,去除不必要的设备使用功能,对造价高的主要设备使用功能实施重点控制,从而最终降低设备总造价,以实现设备使用功能、社会效益、经济效益和环境效益的最佳结合。

(3)项目监理机构应认真做好对设备制造选型设计图纸的审查工作,以减少设备制造

选型设计图纸中的错漏,使得设备制造选型阶段的施工图预算更为准确。若设备选型设计图纸设计不完善或设计深度不够,将会导致设备制造阶段的设计变更增加,从而导致设备制造总成本的增加。

在设备制造过程中如需要对设备的原设计方案进行变更,项目监理机构应认真审查设计变更,并应协调处理因变更引起的费用和工期调整,同时应及时报建设单位批准。

2. 设备监造的进度控制

在设备制造过程中,驻厂专业监理工程师严格执行设备制造总进度计划以及阶段性计划,在实施过程中一旦发现设备制造、拼装、调试等进度偏离了计划工期目标,必须及时采取措施纠正偏差。驻厂专业监理工程师的主要工作内容包括以下几个方面。

(1)监督设备制造单位严格按照进度计划实施,随时注意设备制造进度计划的关键工作,及时掌握设备制造进度计划实施的动态。

(2)定期或不定期检查和审核设备制造单位提交的进度统计分析资料和进度计划控制报表。

(3)严格按照进度计划要求检查进度实施情况。为了解设备制造进度控制的实际情况,避免设备制造单位谎报进度、任务量的情况,驻厂专业监理工程师需进行必要的现场跟踪检查,以检查现场实际完成工程任务量的情况,为进度分析提供真实可靠的第一手数据资料。

(4)驻厂专业监理工程师应监督设备零配件加工制造是否按设备制造工艺规程的规定进行,设备零配件的加工制造进度是否符合设备生产制造进度计划的要求。

(5)驻厂专业监理工程师应对存在质量缺陷的设备零配件对后续进度影响的情况进行认真分析;对因设备零配件存在残次品须重新加工从而影响进度的情况进行认真分析;对存在质量缺陷的设备零配件的返修或返工影响进度的情况进行认真分析。通过以上分析及时督促设备制造单位采取赶工措施追赶生产计划安排的进度。

(6)驻厂专业监理工程师应每天做好对设备制造进度实际进展情况的记录、分析工作。

(7)驻厂专业监理工程师应每日对搜集的设备制造实际进度数据进行整理和统计,并将计划进度与实际进度比较,从中发现是否出现进度偏差。

(8)驻厂专业监理工程师应每周分析设备制造进度偏差将带来的影响并进行工程进度预测分析,从而提出可具操作性的进度纠偏措施,重新调整进度计划并付诸实施。

(9)驻厂专业监理工程师应每周通过项目监理机构向建设单位汇报设备制造实际进展状况,以及定期向建设单位提供设备制造进度报告。

(10)项目监理机构应每周组织设备制造进度控制的专题会议,及时向建设单位分析、通报设备制造进度状况,并协调设备制造单位与相关配合单位之间的生产活动。

(11)驻厂专业监理工程师应定期核实已完成的合格的设备制造工程量,为总监理工程师签发设备制造单位的工程进度款提供依据。

(12)项目监理机构应及时组织对设备制造过程的相关质量检查及验收工作。

(13)项目监理机构应及时整理设备制造过程的进度资料,一方面为建设单位提供信息,另一方面这些资料也是工程索赔必不可少的原始资料。监理必须认真整理,妥善保存。

（14）项目监理机构应公正处理设备制造单位以及相关单位提出的工程索赔申请。

（15）项目监理机构应根据设备制造实际进度，及时修正和调整设备安装调试的进度计划，以确保下一阶段设备安装工作的顺利开展。

1.3.3　设备监造的文件资料

设备监造的文件资料应包括下列主要内容。

（1）建设工程监理合同及设备采购合同。

（2）设备监造工作计划。

（3）设备制造工艺方案报审资料。

（4）设备制造的检验计划和检验要求。

（5）设备制造分包单位资格报审资料。

（6）设备原材料、零配件的检验报告。

（7）工程暂停令、开工或复工报审资料。

（8）检验记录及试验报告。

（9）变更资料。

（10）会议纪要。

（11）来往函件。

（12）监理通知单与工作联系单。

（13）监理日志。

（14）监理月报。

（15）质量事故处理文件。

（16）索赔文件。

（17）设备验收文件。

（18）设备交接文件。

（19）支付证书和设备制造结算审核文件。

（20）设备监造工作总结。

1.4　设备监造的后续工作

1.4.1　设备进场的检查验收

为保证进场设备型号、规格以及质量符合设备采购合同及设计、规范、标准的要求，专业监理工程师应做好设备进场的检查验收工作。检查验收的主要内容如下。

（1）项目监理机构总监理工程师应组织设备专业监理工程师做好设备进场检查验收的质量控制，应监督设备进场的开箱检查工作，建设单位、设计单位、设备制造单位和接收单位应派代表参加。相关方联合检查进场设备、零配件是否与出厂设备清单相一致。进场设备及零配件外观不得有变形、损坏、锈蚀等质量缺陷，所有进场设备（零配件）的铭牌名称、规格、型号、数量应与设计图纸的要求完全一致。如发现设备零配件损伤或丢失，应做好记录并留下影像资料，及时与设备制造单位取得联系，协商后妥善处理。

（2）对所有进场设备，应出具出厂合格证及检测报告等相关质量证明文件。对进口设备还要提供进口设备海关报关单及商检合格证明，并提供进口设备原产地合格证以及中文版的设备产品使用说明书等资料。

（3）对解体装运须进场后自行组装的设备，应尽快联系设备制造单位对进场设备进行组装并测试。如在组装过程中发现问题，应在合同规定期限内向设备制造单位提出索赔要求。

（4）对已开箱的进场设备、零配件及所有备件均应妥善保管。尽快将已进场设备、零配件运至已完成装修施工的建筑物室内存放。

（5）对已进场的设备，应对其性能、参数、运转情况进行全面、专业的检查验收，如承压设备的水压、气压、气密性试验等。设备的性能、工作特性应符合设备采购合同及设计、规范、标准的要求。

1.4.2　设备安装质量的监督与控制

设备安装工程的质量控制包括设备基础、设备就位、设备调平与找正、二次灌浆等验收。

（1）设备安装过程中的隐蔽工程必须经专业监理工程师验收合格后，方可进入下一道工序施工。

（2）专业监理工程师应检查设备基础调平、找正所使用的工具、测量器具的检定证书，其精度必须满足设备安装设计相关参数指标的要求。

（3）设备安装定位后，设备安装专业监理工程师应在安装单位自检合格的基础上进行复查。经检查确认合格后方可进行二次灌浆工作，预留孔洞灌浆前应清理完孔内杂物。

（4）设备安装专业监理工程师应及时对施工单位的设备安装质量自检验收资料进行签认，要求设备安装质量验收资料的真实性、完整性、有效性必须符合设备安装质量验收规范的相关要求。

1.4.3　设备试运行调试过程的监督与控制

设备安装完成并经检查验收合格后，还必须进行试运转调试。这是确保设备正常投入使用的重要环节。设备试运行调试的质量控制要点如下。

（1）设备已全部按设计图纸及规范、标准的要求安装完毕，设备安装施工质量记录资料及验收资料齐全，并经专业监理工程师检查符合要求。

（2）设备试运行调试所需要的正式电源符合设备试运行的要求。

（3）设备试运行调试方案及操作规程应由设备安装单位编制完成，并经专业监理工程师及总监理工程师审核批准后实施。

（4）参加设备试运行调试的工人应熟悉设备的构造、性能等相关参数，熟悉设备试运行调试的相关操作流程，对设备安装单位试运行调试人员进行相关书面安全技术交底。

（5）经现场检查，设备及周边环境符合设备试运行调试要求，设备附近没有影响设备试运行调试的有噪声、粉尘等的施工作业。

（6）设备专业监理工程师应参加设备试运行调试的全过程,督促设备安装单位做好设备试运行调试过程中的各种检查和记录工作。

1.5 案例分析

1.5.1 案例

×××工程中央空调设备采购招标文件如下。

×××工程中央空调设备采购招标文件

项目编号:
项目名称:
招标内容:

×××政府采购中心

二〇××年××月××日

目 录

略。

第一章 投标邀请书

依据×××财政厅财采认××号计划函的要求,×××政府采购中心就×××设备楼冷冻机组设备及安装工程项目进行公开招标采购工作,欢迎符合条件的供应商投标。

一、项目编号

略。

二、项目名称

略。

三、招标内容及要求

略。

采购设备为离心式冷水机组 3 台和螺杆式冷水机组 1 台。设备包含冷水机组本体,并含压缩机、电动机、冷凝器、蒸发器(连保温)、机组所有辅助设备、隔振装置、冷媒和润滑油、制冷剂、软启动器、水流连锁装置、中文界面显示控制器、微机控制中心(带楼宇自控 BAS 接口)等。冷冻机房群控系统监控对象包括冷水机组、电动阀、一次冷冻水泵、冷却水泵、冷却塔风扇、压差旁通阀、定压装置等,配置管理软件及第三方通信网关接口(采用 RS232/RS485 接口方式)和开放的接口协议。包括全部货物的采购、制造、包装、运输至采购人指定地点、上下力资、吊装就位、安装、调试、试运行、验收及开通、人员培训、验收等内容,直至以可以正常使用的标准交付采购人。具体内容详见招标文件"第三章采购项目技术规格、参数及要求"。

四、本项目采购预算

××万元。

五、投标人资格要求

（1）应具备《中华人民共和国政府采购法》第二十二条规定的条件。

（2）应在国家相关行政管理部门注册，且为独立法人机构。

（3）应获得国家住房和城乡建设部门颁发的机电设备安装工程专业承包资质证书。

（4）应获得 ISO 9001 质量管理体系认证（有效期内）。

（5）投标人若为产品代理商（经销商），必须取得冷水机组产品制造商对本项目唯一专项的授权。

（6）所投冷水机组产品的制造商具有国家相关行业主管部门颁发的特种设备制造许可证（压力容器）和工业产品生产许可证。

（7）按照财库××号文件的规定，投标人所投冷水机组的产品型号必须是第二十四期节能产品政府采购清单中的产品型号。

六、招标文件获取

登录×××政府采购电子化交易平台，点击"×××政府招标公告（×××项目）"后免费下载。

七、报名截止时间

详见本项目招标公告。

八、现场踏勘时间

详见本项目招标公告。

九、报名方式

（1）将法人授权委托书、被授权人身份证及营业执照的（加盖公章）电子版以附件形式发送至邮箱。

（2）邮件主题必须写明"参与×××项目报名"。

（3）邮件正文内容必须写明参与项目的名称、项目编号，供应商名称，联系人，联系人固定电话、移动电话。

注：未在招标公告中报名截止时间前按上述（1）（2）（3）条的要求进行报名的供应商将无资格参与本项目投标。

十、投标信息

投标截止时间：详见本项目招标公告。

投标文件送达地点：×××政府采购中心××室。

十一、开标信息

开标时间：详见本项目招标公告。

开标地点：×××政府采购中心××室。

十二、质疑

投标人认为招标文件、采购过程和中标结果使自己的权益受到损害的，可以在知道或者应知其权益受到损害之日起 7 个工作日内,以书面形式向×××政府采购中心提出质疑。书面质疑函需法人代表签字并加盖单位公章,附相关证据材料,同时将质疑函电子文档传至中心电子邮箱。联系电话:××××××。传真:××××××。电子邮箱:××××××。

十三、联系方式

×××政府采购中心联系人:×××

电话/传真:××××××

地址:××××××

第二章　投标人须知

一、说明

1. 适用范围

本招标文件仅适用于本投标邀请书中所述货物和服务的采购。

2. 定义

2.1 "监管部门"是指×××财政厅政府采购管理处。

2.2 "政府集中采购机构"是指×××政府采购中心。

2.3 "采购人"是指×××。

2.4 合格的投标人

2.4.1 应具备《中华人民共和国政府采购法》第二十二条规定的条件。

2.4.2 符合招标文件规定的资格条件要求,有能力提供采购货物及相关服务的供应商。

2.5 "中标人"是指经评标委员会评审,授予合同的投标人。

3. 合格的货物和服务

3.1 "货物"是指投标人制造或组织的符合招标文件要求的货物等。投标的货物必须是合法生产的符合国家有关标准要求的产品,并能够按照合同规定的品牌、产地、质量、价格和有效期等进行服务。

3.2 "服务"是指除货物以外的其他政府采购对象,其中包括运输、安装、技术支持、培训等以及其他类似附加服务。

3.3 本项目是否可采购进口产品:否。

4. 投标费用

4.1 投标人应承担所有与准备和参加投标有关的费用。不论投标的结果如何,政府集中采购机构和采购人均无义务和责任承担这些费用。

4.2 根据《中华人民共和国政府采购法》和有关规定,本次招标不向中标人收取中标服务费。

二、招标文件

5. 招标文件的构成

5.1 招标文件由下列文件以及在招标过程中发出的修正和补充文件组成。

5.1.1 投标邀请书。

5.1.2　投标人须知。

5.1.3　采购项目技术规格、参数及要求。

5.1.4　评标方法、步骤及标准。

5.1.5　合同书。

5.1.6　投标文件格式。

5.1.7　在招标过程中由政府集中采购机构发出的修正和补充文件等。

5.2　投标人应认真阅读招标文件中所有的事项、格式、条款和技术规范、参数及要求等。投标人没有按照招标文件要求提交全部资料,或者投标没有对招标文件在各方面都作出实质性响应是投标人的风险,有可能导致其投标被拒绝,或被认定为无效投标,或被确定为投标无效。

6. 招标文件的澄清

6.1　任何要求对招标文件进行澄清的投标人,均应以书面形式并盖公章在投标截止时间 15 日以前通知政府集中采购机构。政府集中采购机构将组织采购人对投标人所要求澄清的内容以书面形式(或网上公告)予以答复。若需要,政府集中采购机构将组织相关专家召开答疑会,并将会议内容以书面的形式发给每个领取招标文件的潜在投标人(答复中不包括问题的来源)。

联系人:×××

电话/传真:××××××

电子邮箱:××××××

6.2　投标人在规定的时间内未对招标文件提出澄清要求或质疑的,政府集中采购机构将视其同意。

7. 招标文件的修改

7.1　在投标截止时间 15 日以前,无论出于何种原因,政府集中采购机构或采购人可主动地或在解答投标人提出的疑问时对招标文件进行修改。

7.2　修改后的内容是招标文件的组成部分,将以书面形式(或网上公告)通知所有领取招标文件的潜在投标人,并对潜在投标人具有约束力。潜在投标人在收到上述通知后,应立即以书面形式向政府集中采购机构确认。

7.3　为使投标人准备投标时有充足时间对招标文件的修改部分进行研究,政府集中采购机构可适当推迟投标截止期,并以书面形式(或网上公告)通知所有领取招标文件的潜在投标人。

7.4　投标人可对项目现场及周围环境进行踏勘,以便获取编制投标文件和签署合同所涉及的现场资料。采购人将对此提供方便,投标人承担踏勘现场所发生的与自身有关的费用。

7.5　采购人向投标人提供的有关现场的数据和资料,是采购人现有的能被投标人利用的资料,采购人对投标人作出的任何推论、理解和结论均不负责任。

7.6　经采购人允许,投标人可为踏勘目的进入采购人的项目现场,但投标人不得因此使采购人承担有关的责任和蒙受损失。投标人应承担踏勘现场的全部费用、责任和风险。

三、投标文件的编制和数量

8.投标的语言

投标人提交的投标文件以及投标人与政府集中采购机构或采购人有关投标的所有来往函电均应使用中文。投标人提交的支持文件或印刷的文献可以用另一种语言,但相应内容应附有中文翻译本,在解释投标文件的修改内容时以中文翻译本为准。

9.投标文件的构成

投标人编制的投标文件应包括但不少于下列内容。

9.1 商务文件内容(详细内容见第三章"商务要求")。

9.2 技术文件内容(详细内容见第三章"技术要求")。

10.投标文件编制

10.1 若招标文件有分包要求,投标人对招标文件中多个包进行投标的,其投标文件的编制应按每包要求分别装订和封装。投标人应当对投标文件进行装订,未经装订的投标书可能发生文件散落或缺损,由此产生的后果及责任由投标人承担。

10.2 投标人应完整地填写投标书、开标一览表、投标分项报价表等招标文件中规定的所有内容。

10.3 投标人必须保证投标文件所提供的全部资料真实可靠,并接受政府集中采购机构对其中任何资料进行进一步核实的要求。

10.4 如果投标人投标文件填报的内容不详,或没有提供招标文件中所要求的全部资料及数据,由此造成的后果,其责任由投标人承担。

10.5 投标文件用纸尺寸应统一为 A4 规格(图纸除外)。

10.6 投标人应将投标文件的商务文件和技术文件分册装订。

10.7 投标文件的商务文件和技术文件必须逐页连续标注页码,建立目录索引。

11.投标报价

11.1 投标人所提供的货物和服务均以人民币为单位报价。

11.2 投标人应按照"第三章采购项目技术规格、参数及要求"规定的供货内容、责任范围以及合同条款进行报价,并按开标一览表和投标分项报价表确定的格式报出分项价格和投标总价。报价上的优惠应体现在各分项报价中,投标总价应为优惠后的最终报价,国家规定的各项税费不得优惠。投标总价中不得包含招标文件要求以外的内容,否则在评标时不予核减。投标总价中也不得缺漏招标文件所要求的内容,否则,其投标将被视为无效投标。对于本招标文件未列明的而投标人认为必需的费用,也需列入总报价。在合同实施时,采购人将不支付投标人没有列入的项目费用,并认为此项目的费用已包括在总报价中。投标人的报价应包含承担工作所需的一切费用,即总报价为"交钥匙"价。

11.3 投标分项报价表填写时应响应下列要求。

11.3.1 对于报价免费的项目应标明"免费"。

11.3.2 所有根据合同或其他原因应由投标人支付的税款和其他应缴纳的费用都要包括在投标人提交的投标价格中。

11.3.3 应包含货物运至最终目的地的运输、保险和伴随货物服务的有关费用。

11.3.4 如果不提供详细的投标分项报价表,将被视为没有实质性响应招标文件的要求，做无效投标处理。

11.4　本项目只允许有一个报价，否则将被视为无效投标。

11.5　投标人所报的投标总价在合同执行过程中是固定不变的，不得以任何理由予以变更（采购人因方案发生调整而变更工作量除外）。

12. 备选方案

只允许投标人有一个投标方案，否则将被视为无效投标。

13. 联合体投标

13.1　两个以上供应商可以组成一个联合体，以一个投标人的身份共同参与投标。

13.2　采取联合体形式投标的，联合体各方均应当具备《中华人民共和国政府采购法》第二十二条规定的条件。联合体的主体必须完全满足项目投标人资格要求。

13.3　联合体各方之间必须签订联合投标协议，明确约定联合体主体及各方承担的工作和相应的责任，其投标文件中必须提供联合投标协议。

13.4　联合体各方签订联合投标协议后，不得再以自己的名义单独在同一项目中投标，也不得组成新的联合体参加同一项目的投标。

13.5　采取联合体形式投标的，投标文件必须由联合体所有成员或其各自正式书面授权的代表签署（盖章），以便对所有成员作为整体及作为个体均具有法律约束力。

13.6　采取联合体形式投标的，项目评审时只对联合体主体进行评议。

13.7　联合体中标的，联合体各方应当共同与采购人签订采购合同，投标主体单位负主要责任。

14. 投标人资格证明文件

14.1　投标人应提交证明其有资格参加投标和中标后有能力履行合同的文件，并作为其投标文件的一部分。

14.2　资格证明文件必须真实可靠、不得伪造。投标文件正本中提供的资格证明文件复印件必须加盖投标人公章，否则将被视为无效投标。

14.3　资格证明文件应能够证明其具备完成本项目的实力。

15. 证明投标货物、服务的合格性和符合招标文件规定的文件

16. 投标保证金（本项目不提供）

17. 投标的有效期

17.1　投标有效期为开标之日起 90 个日历日。投标人投标有效期不足的投标将被视为无效投标。

17.2　特殊情况下，在原投标有效期截止之前，政府集中采购机构或采购人可要求投标人延长投标有效期。这种要求与答复均应以书面形式提交。投标人可拒绝政府集中采购机构或采购人的这种要求，其投标保证金将不会被没收，但其投标在原投标有效期期满后将不再有效。同意延长投标有效期的投标人将不会被要求和允许修正其投标，而只会被要求相应地延长其投标保证金的有效期。在这种情况下，本须知第 16 条有关投标保证金的退还和没收的规定将在延长了的有效期内继续有效。

18. 投标文件的数量和签署

18.1　投标人应编制投标文件一式　伍　份。其中正本　壹　份（投标文件正本中加

盖公章及签章处均应为原件,不满足要求的投标将被视为无效投标),副本___肆___份。投标文件的副本可采用正本的复印件。每套投标文件须清楚地标明"正本""副本"。若副本与正本不符,以正本为准。

18.2　投标文件的正本须打印或用不褪色墨水书写,并由法定代表人或经其正式授权的代表签字或盖章。由被授权代表签字或盖章的,须以书面形式出具证明,其法定代表人授权书应附在投标文件中。

18.3　投标文件中的任何行间重要的插字、涂改和增删,必须由法定代表人或经其正式授权的代表在旁边签字才有效。

四、投标文件的递交

19．投标文件的装订、密封和标记

19.1　为方便开标时唱标,投标人应另附投标书、法定代表人授权书、开标一览表,单独装入信封,单独密封提交,并在信封上标明"开标一览表"字样。未单独提交或单独提交的开标一览表和法定代表人授权书未按照招标文件规定的格式填写完整并签字、盖章的,其投标将被拒绝。

19.2　投标人应将投标文件正本和所有的副本分开密封装在单独的封包中,并在封包上标明"正本""副本"字样。

19.3　开标一览表信封和投标文件封包上应注明项目编号、项目名称、投标内容和"在(招标文件中规定的开标日期和时间)之前不得启封"的字样,封口处加盖投标人公章。

19.4　如果未按要求加写标记和密封,政府集中采购机构对误投或提前启封的行为概不负责。

20．投标截止时间

投标人应在投标邀请书中规定的截止日期和时间内将投标文件递交至政府集中采购机构。

21．迟交的投标文件

政府集中采购机构将拒绝并原封退回在本须知第20条规定的截止期后收到的任何投标文件。

22．投标文件的修改和撤回

22.1　投标人在递交投标文件后,可以修改其投标文件,但投标人必须在规定的投标截止期之前将修改的投标文件递交到政府集中采购机构。在投标截止期之后,投标人不得对其投标文件做任何修改。

22.2　投标人在递交投标文件后,可以撤回其投标,但投标人必须在规定的投标截止期之前以书面形式告知政府集中采购机构。

22.3　从投标截止期至投标人在投标文件中确定的投标有效期期满这段时间内,投标人不得撤回其投标文件,否则其投标保证金将按照本须知第16条的规定被没收。

22.4　投标人所提交的投标文件在评标结束后,无论中标与否,都不退还。

五、开标与评标

23．开标

23.1　政府集中采购机构在投标邀请书中约定的日期、时间和地点组织公开开标。开标时需有采购人和投标人代表(法定代表人或法定代表人授权代表)参加,并邀请政府采购监管部门等有关单位代表参加。

参加开标的代表应签到以证明其出席。

23.2 投标人法人代表或其授权代表必须携带有效身份证明参加项目开标会,否则其投标将被拒绝。

23.3 开标时,由投标人或其推选的代表检查投标文件的密封情况,也可以由采购人委托的公证机构检查并公证,经确认无误后当众拆封,宣读投标人名称、投标总价等主要内容。

23.4 开标时,投标文件中开标一览表内容与投标文件中明细表内容不一致的,以开标一览表为准。投标文件的大写金额和小写金额不一致的,以大写金额为准;总价金额与按单价汇总的金额不一致的,以单价金额汇总计算结果为准;单价金额小数点有明显错位的,应以总价为准,并修改单价;对不同文字文本投标文件的解释发生异议的,以中文文本为准。

23.5 政府集中采购机构做好开标记录,开标记录由各投标人代表签字确认。

24. 评标委员会的组成和评标方法

24.1 评标由政府集中采购机构依照有关法规组建的评标委员会负责。

评标委员会由一名采购人代表和四名或以上评审专家(技术、经济等方面)组成。评审专家依法从政府采购专家库中随机抽取。若采购人不派代表或相关政策规定不允许其派代表参加的,则全部评标委员会成员依法从政府采购专家库中随机抽取。

24.2 评标委员会将按照招标文件确定的评标方法进行评标。评标委员会对投标文件的评审分为资格性检查、符合性检查、商务评议、技术评议和价格评议。

24.3 本次评标采用综合评分法,具体见"第四章评标方法、步骤及标准"。

25. 投标文件的初审

25.1 评标委员会将审查投标文件是否完整、总体编排是否有序、文件签署是否合格、有无计算错误等。

25.2 计算错误将按以下方法更正:投标文件的大写金额和小写金额不一致的,以大写金额为准;总价金额与按单价汇总的金额不一致的,以单价金额汇总计算结果为准;单价金额小数点有明显错位的,应以总价为准,并修改单价。如果投标人不接受对其错误的更正,其投标将被视为无效投标。

25.3 在详细评之前,评标委员会要审查每份投标文件是否在实质上响应了招标文件的要求。实质上响应的投标文件应该是与招标文件要求的关键条款、条件和规格相符,且没有重大偏离的投标文件。对关键条款的偏离或反对将被认定为是实质上的不响应。评标委员会决定投标文件的响应性只根据投标文件本身真实无误的内容,而不依据外部的证据。但有不真实、不正确的内容的除外。

25.4 投标人有下列情形之一的,其投标将被视为无效投标。

实质上没有响应招标文件要求的投标将被视为无效投标。投标人不得通过修正或撤销不合要求的偏离从而使其投标文件成为实质上响应的投标文件。

25.4.1 在资格性检查时,如发现不符合下列情形之一的,将被视为无效投标。

详见"第四章评标方法、步骤及标准"。

25.4.2 在符合性检查时,如发现下列情形之一的,将被视为无效投标。

详见"第四章评标方法、步骤及标准"。

26. 投标文件的澄清

26.1 评标期间,评标委员会有权要求投标人对其投标文件中含义不明确、同类问题表述不一致或者有明显文字和计算错误的内容等作必要的澄清、说明或者补正。投标人必须按照评标委员会要求的澄清内容和时间作出澄清。除按本须知第25.2条的规定改正计算错误外,投标人对投标文件的澄清不得超出投标文件的范围或者改变投标文件的实质性内容。在评标期间,评标委员会可要求投标人对其投标文件进行澄清,但不得寻求、提供或允许投标人对投标报价等实质性内容作任何更改。有关澄清的答复均应由投标人的法定代表人或授权代表以签字的书面形式作出,并加盖投标人的公章。

26.2 投标人的澄清文件是其投标文件的组成部分。

27. 投标的评价

评标委员会将按照本须知第25条的规定,只对确定为实质上响应招标文件要求的投标文件进行评价和比较。

28. 评标

28.1 评标委员会按照招标文件确定的评标方法、步骤、标准,对投标文件进行评审,提出书面评标报告,按各投标人的最终得分由高到低的顺序向采购人推荐得分最高的前三名中标候选人名单。最终得分相同的投标人,按投标报价由低到高顺序排列。最终得分和报价相同的,按技术指标优劣顺序排列。

28.2 采购人将依据排序确定中标人。中标人因不可抗力或者自身原因不能履行政府采购合同的,采购人依法可以与排位在中标人之后第一位的中标候选人签订政府采购合同,以此类推。

28.3 中标人确定后,政府集中采购机构将在政府采购监管部门指定的媒体上发布中标公告,同时向中标人和采购人发出中标通知书。中标通知书是合同的组成部分,对中标人和采购人具有同等法律效力。

28.4 在评标期间,投标人不得非法干预、影响评标过程。

六、授予合同

29. 合同授予标准

除本须知第30条的规定之外,采购人将把合同授予被确定为实质上响应招标文件的且排名第一的中标人,特殊情况按本须知第28.2条的规定执行。

30. 签订合同

30.1 政府集中采购机构将配合采购人依法签订政府采购合同。

采购人按招标文件要求和中标人的投标文件承诺订立书面合同,不得超出招标文件和中标人投标文件的范围,也不得再行订立背离合同实质性内容的其他协议。

30.2 采购人在中标通知书发出之日起30天内与中标人签订政府采购合同。签订政府采购合同后7个工作日内,采购人将政府采购合同副本报同级政府采购监管部门备案。

七、公告、质疑

31. 如果投标人认为招标文件使自己的权益受到损害的,可以在招标公告发布之日起7个工作日内以书面形式向政府集中采购机构提出质疑。书面质疑函需法人代表签字并加盖单位公章,附相关证据材料,同时将质疑函电子文档传至指定电子邮箱。对投标人未按规定提出的质疑将不予受理;投标人未在规定时间前提出质疑的,后期有针对招标文件的质疑将不再被受理。

32. 政府集中采购机构将在政府采购监管部门指定媒体上(中国×××政府采购网××)发布招标公告、通知、评标结果公告等招标程序中的所有信息。中标公告期为7个工作日。

33. 如果投标人认为中标结果使自己的权益受到损害的,可以在中标公告期内以书面形式向政府集中采购机构提出质疑。书面质疑函需法人代表签字并加盖单位公章,附相关证据材料,同时将质疑函电子文档传至指定电子邮箱。对投标人未按规定提出的质疑将不予受理;投标人未在规定时间内提出质疑的,后期将不再受理。

联系电话:××××××

传真:××××××

电子邮箱:××××××

八、适用法律

34. 政府集中采购机构、采购人及投标人的一切招标投标活动均适用《中华人民共和国政府采购法》及相关规定。

九、招标文件的解释权

35. 本项目招标文件的最终解释权为政府集中采购机构、采购人所有。

第三章　采购项目技术规格、参数及要求

一、项目背景

×××工程设备楼中央空调主机(离心式冷水机组3台、螺杆式冷水机组1台)采购和安装的主要目标是满足×××工程在夏季提供制冷的需求。

二、图纸

详细图纸见附件。

三、技术要求

注意:投标人在投标文件技术响应、偏离说明表中须对以下技术参数、要求逐条进行响应描述或偏离说明。不满足以上要求的,将被视为无效投标。

1. 离心式冷水机组

2. 水冷螺杆式冷水机组

3. 其他要求

3.1　所有提供的设备应能满足设计要求,并能在工程所在地的气候条件下正常运行。冷水机组使用安装地点位于×××工程设备楼空调制冷机房内。

3.2　电源。

所有电气设备和设备的安装须符合下列电源条件,除非在其他章节另有说明。

3.2.1 电压:380 V,3 相 5 线制。频率:50 Hz。

3.2.2 在不影响运行性能的前提下,所有电气设备应在以下工况下运行:电压波动±10%;频率波动±5%;接地电阻要求≤4 Ω。

3.3 平均负荷率计算 IPLV 方法(提供计算对应工况)。

$$IPLV=0.01A+0.42B+0.45C+0.12D$$

A—COP 在 100% 时;B—COP 在 75% 时;C—COP 在 50% 时;D—COP 在 25% 时。

3.4 蒸发器、冷凝器的交换管材:无缝铜管。

3.5 提供有关设备保温和隔振的书面说明。

3.6 要求说明电机与压缩机的驱动方式和台数、压缩机的转速、电机的冷却方式等。

3.7 主机启动前、运行期间和逐渐停止阶段均应保证润滑油被压入各轴承和传动装置。当电源发生故障时,供油系统仍保证润滑油的供应满足压缩机的突然停车。要求说明供油方式。

3.8 每台冷水机组应装有微机处理控制器,包括显示屏、功能报警内容(说明故障报警停机等安全保护内容)。

3.9 提供蒸发器、冷凝器水管的法兰或其他连接配件。

3.10 提供可拆卸部件的最大尺寸。

3.11 提供设备的专用工具清单。

3.12 提供的机组主要部件均要求原厂、原产地生产。

3.13 提供耗电量:按每天 8 h(8:30—16:30)的总能耗营用,计算 4 个月(6—9月)耗电费用总和(电价按 0.90 元/(kW·h)计算)。

3.14 提供主机在 100%、75%、50%、30%、15% 等负荷运行条件下单位制冷功耗(kW/ton)表(冷却进水/出水温度为 32/37 ℃)。

3.15 提供土建设计资料,包括土建基础尺寸,基础承载要求,需要预留、预埋的部件及尺寸,设备运输线路,吊装及就位方案,冷水机组安装进入地下设备楼的运输通道预留条件。

3.16 提供构造图,设备样本和使用操作说明书,选型手册,具体结构图,土建基础图,预留、预埋件图纸,与土建有关的安装图纸。

3.17 提供机房群控系统原理设计图。

3.18 提供设备的装配部件图及组装图,应详细标明具体标题、编号、数量、材料。

3.19 提供设备在设计、制造、检验、试验方面的主要标准。

3.20 提供设备及主要零配件的品牌、规格型号、产地,如压缩机、电动机、冷凝器、蒸发器、微机控制柜(整柜)、水流开关、各种传感器、油过滤器、干燥过滤器、冷媒、润滑油、电磁阀、壳体、铜管、保温材料等。原装产品须附进口清单。

4. 投标产品须相应配备以下附属设备及功能(包括但不限于以下内容)

4.1 机组本身的全部附属设备。

4.2 制冷剂和润滑油。

4.3 隔振装置。

4.4 水流开关(或压力开关)。

4.5　计算机控制系统用电气控制箱。

4.6　软启动柜。

4.7　机房群控系统微机自控应可控制冷水机组、水泵、冷却塔的运行状态启停、冷冻水进出口温度及压力测量、冷却水进出口温度及压力测量、过载报警、水流量及冷量测量记录、运行时间和启动次数记录、制冷系统启停控制程序的设定、冷冻机旁通阀压差控制、冷冻水温度的再设定、台数控制的检测及显示。机房群控系统须提供楼宇自控接口（RS232/RS485）及对外开放通信协议，并免费提供相应转换器或模块，以便接入 BA 系统。机房群控系统除可控制本次招标的冷水机组外，应包含对下表中现有设备的控制，下表所有设备均自带接入机房群控系统所必备的传感器和电动阀等。

……

4.8　产品必须具备的其他功能。

5.　机组所配控制柜应提供以下标准信息（包括但不限于以下内容）

5.1　冷水机组的启、停等运行状态。

5.2　冷冻水：供水/回水温度。

5.3　冷却水：供水/回水温度。

5.4　电流、电压。

5.5　供回水压力。

5.6　冷冻水、冷却水流量、冷量。

5.7　启动次数、运行时间。

5.8　故障中文显示。

6.　投标文件中阐述投标产品以下性能特点（包括但不限于以下内容）

6.1　计算机控制部分。

6.2　压缩机部分。

6.3　冷凝器部分。

6.4　蒸发器部分。

6.5　安全保护装置。

7.　投标文件中阐述投标产品在节能、降噪方面的特点

8.　本项目总包配合费

本项目施工总承包单位为×××公司。总包配合费为本项目安装工程费的 2%（不含设备费），投标人须将此费用计入投标总报价中，若中标，由中标人支付给本项目施工总承包单位。投标人在报价中应明确设备费、安装工程费、培训费、维保费等相关费用。

四、商务要求

注意：投标人在投标文件商务响应、偏离说明表中须对以下商务要求进行逐条响应描述或偏离说明。不满足以上要求的，将被视为无效投标。

1.　交付安装时间

1.1　自合同签订之日起两个月后，接采购人通知 20 天内完成×××项目控制中心及设备楼冷冻机组设备安装工程（预计××年××月××日前完工）。包括全部货物的采购、制造、包装、运输至采购人指定地点、吊装就位、安装、调试、试运行、验收及开通、人员培训、

验收等全部内容,直至以可以正常使用的标准交付采购人。

1.2　投标人须在投标文件中提出明确的交付安装和实施周期表(列出满足制造工序和运输要求的设备制造期、试验期、交货期)。

2.　交付安装地点

交付安装地点为:×××工程设备楼空调制冷机房内,采购人指定地点。

3.　付款方式

3.1　合同签订后 10 日内,中标人向采购人提交合同总金额 10% 的银行履约保函(保函有效期至××年××月××日)。合同签订后 30 日内,采购人向中标人支付合同总金额 20% 的预付款。全部设备(离心式冷水机组 3 台和螺杆式冷水机组 1 台)运到施工现场后,支付至合同总金额的 50%。项目全部完成并经验收合格由×××省财政直接支付剩余全部合同款。在采购人支付剩余合同款前,由中标人将合同总金额 5% 的质保金打入采购人指定账户,从验收合格之日起到质保期结束无质量纠纷的,无息退还。

3.2　本项目款项按×××财政厅相关规定直接从国库支付,中标人认可采购人按约定的付款时间向×××省财政厅提出资金支付申请,则视同采购人已履行了合同付款义务。

3.3　中标人必须按国家有关财税规定开具发票。

4.　产品质量要求

4.1　本次招标项目的产品和安装必须完全满足中华人民共和国国家质量标准及现行规范要求。投标人应根据企业实际能力在投标文件中对项目质量予以承诺,中标后在合同中加以确认。

4.1.1　《制冷系统及热泵　安全与环境要求》(GB/T 9237—2017)。

4.1.2　《蒸气压缩循环冷水(热泵)机组　第 1 部分:工业或商业用及类似用途的冷水(热泵)机组》(GB/T 18430.1—2007)。

4.1.3　《螺杆式制冷压缩机》(GB/T 19410—2008)。

4.1.4　《冷水机组能效限定值及能效等级》(GB 19577—2015)。

4.1.5　《制冷剂编号方法和安全性分类》(GB/T 7778—2017)。

4.1.6　《制冷装置用压力容器》(NB/T 47012—2010)(JB/T 4750)。

4.1.7　《智能建筑设计标准》(GB/T 50314—2015)。

注:以上标准如有最新版本,按最新标准执行。

4.2　冷水机组的设计、能源效率值、强度计算、制造质量和测试应符合国家的相关标准、规范。

4.3　冷水机组排放的各项理化指标符合国家及工程所在地环保标准。

4.4　若中标,国产产品提供产品合格证和国家质检标志,同时应提交国家相关部门出具的质量检测报告书;所有进口部件、材料必须符合我国相关产业界产品标准,并提供相关报关证明。

4.5　所有设备和配件均要求是经过实际运行验证、性能稳定的全新产品,且设备上具有原制造厂商的铭牌、标志。

4.6　如有在本招标文件中未说明的设备运行所必需的其他辅助设备及软件系统,请在投标文件中提供详细说明及相关报价。

4.7　投标人在招标及中标后,发生侵犯专利权的行为时,其侵权责任与采购人无关,应由投标人承担相应的责任,并不得影响采购人的利益。

4.8　采购人今后增购本次采购清单所列同功能的设备,投标人承诺以不高于投标成交价格继续提供。

5. 产品进场安装、调试及验收

5.1　本项目合同签订后,中标人应按项目实施进度要求提供下列资料。

5.1.1　冷水机组总装图、安装图及基础图。

5.1.2　冷水机组控制设备原理、电气自控接线图、装配图。

5.1.3　制冷系统流程图、性能测试报告。

5.1.4　受压元件强度计算书。

5.1.5　冷水机组质量证明文件,包括出厂合格证、金属材料检验证书、焊接质量证明、压力试验证明、强度试验证明、热工测试报告、噪声测试报告、设备试运行报告、机房群控测试报告等。

5.1.6　冷水机组设备产地证明文件、出厂合格证书、产地装箱清单。

5.1.7　操作、维修及保养手册一式三份。

5.1.8　采购人认为有必要提供的其他文件和技术资料。

5.2　中标人须提供全新的设备,所有设备均须由中标人送货到指定地点并安装调试,采购人不再支付任何费用。

5.3　中标人所提供设备到达目的地后,采购人按中标人提供的设备清单、产品合格证、使用说明书和其他的技术资料负责开箱检验,检查设备及随机附件是否完整无损,技术资料是否与采购人的要求相符,如有损坏、缺件等情况,中标人应在 5 日内更换新产品,相应的费用及责任由中标人自行负担。

5.4　中标人应提供设备所带专用工具清单,标明其种类、用途和生产厂,并在货物到货时同时提供给采购人。

5.5　中标人须免费提供调试专用工具,直到项目质保期满。

5.6　中标人必须提供产品安装的详细实施建议方案和产品安装实施过程的工作内容、工作日程表、工作方法,并征得采购人认可后严格按照日程表执行。日程表内容至少应包括到货、现场安装、系统测试、系统联调、系统试运行、验收、技术培训等的时间节点。

5.7　中标人应允许采购人的工作人员参与项目的安装、测试、诊断及解决问题等各项工作,并提供相关的现场培训。

5.8　在安装联调过程中,中标人供给采购人的产品及自己使用的工具,进入采购人使用现场后的保管由中标人负责;中标人在采购人使用现场的安装人员的安全、保险、食宿、交通由中标人负责。

5.9　中标人在验收前必须递交书面的验收方案,并报采购人认可后以其为依据,方可开始验收工作。

5.10　采购人将在确认下列条款后进行验收签字。

5.10.1　投标文件中提供的产品技术数据经核验证实是真实的。

5.10.2　在调试期内所暴露的问题已获得令采购人满意的解决。

5.10.3　所要求的资料、备件等已按规定数量移交完毕。

6. 售后服务

6.1　中标人需要确保质保期内对设备故障的技术支持与服务的及时性。售后维修点提供 24 h 服务,接采购人电话后维修人员能 1 h 内响应、2 h 内到场、8 h 内解决问题,售后维修点应能提供足够的备件以适应采购人的设备维修要求。

6.2　本项目质保期为 2 年。质保期自产品最终验收合格、双方签字并交付使用之日起算。质保期内的工作应包括常规检查、调整和润滑。中标人每两个月对系统进行一次总体检测,每半年对系统进行一次复调。质保期后为采购人提供一套完整的运行记录。具体的操作程序和内容须在投标时说明。在质保期满时,中标人工程师和采购人代表对机组进行一次测试,设备存在故障的须由中标人负责解决,采购人不另行支付费用。

6.3　投标人应提供一份有关所投设备在质保期满后 5 年的维修和保养合同范本(采购人保留是否签此合同的权力),其价格单列,不计入总价,此合同应有如下内容。

6.3.1　服务范围。

6.3.2　服务期限。

6.3.3　服务内容(备品备件单和单件报价清单)。

6.3.4　服务费(每年服务总费用)。

6.3.5　双方负责的内容。

6.4　中标人应调配技术过硬的技术人员提供各类技术支持服务(包括电话技术支持和现场技术支持等),中标人向采购人单位提供 7 d×24 h 热线电话服务,并通过多种形式实现技术咨询和故障报修;中标人向采购人单位提供系统操作使用说明书。培训要求:项目安装完成后,需向采购人提供设备操作及维修培训,包括操作人员 2 名,维修人员 2 名(1 名机械,1 名电气控制)。

6.5　中标人要提供专业的售后服务,针对每次服务,应向采购人提供维护确认单,经采购人签收,保证售后服务的专业性。

6.6　中标人应提供定期回访,就设备使用情况进行定期检查,便于及时发现故障以及隐患。

6.7　如中标人公司发生兼并、重组,由新组建的公司按投标文件承担相应保修义务。

7. 违约责任

7.1　中标人违约,应承担违约责任。所有中标产品均须按照招标文件指标要求进行检查核对后方可进行报验。不满足招标文件指标要求的产品,采购人有权不对其进行验收。同时采购人有权对中标人就不满足要求的设备进行双倍罚款或取消合同。

7.2　若非采购人原因,中标人逾期交付安装的,中标人向采购人支付逾期交付安装违约金,逾期交付安装违约金为每天××元。

第四章　评标方法、步骤及标准

根据《中华人民共和国政府采购法》《政府采购货物和服务招标投标管理办法》《×××政府采购项目实施管理规定》等相关规定确定以下评标方法、步骤及标准。

一、评标方法

本次评标采用综合评分法。

二、评标步骤

1. 评标委员会将首先对投标文件进行资格和符合性检查。

2. 评标委员会要审查每份投标文件是否在实质上响应了招标文件的要求。实质上响应的投标应该是与招标文件要求的关键条款、条件和规格相符,没有重大偏离的投标。对关键条文的偏离、保留或反对将被认为是实质上的偏离。评标委员会判断投标的响应性只根据投标文件本身真实无误的内容,而不依据外部的证据,但投标文件有不真实、不正确的内容时除外。

2.1 在资格检查时,如发现不符合下列情形之一的,将被视为无效投标。

2.1.1 应具备《中华人民共和国政府采购法》第二十二条规定的条件。

2.1.2 应在国家相关行政管理部门注册且为独立法人机构。

2.1.3 应获得国家住房和城乡建设部门颁发的机电设备安装工程专业承包资质证书。

2.1.4 应获得 ISO 9001 质量管理体系认证(有效期内)。

2.1.5 投标人若为产品代理商(经销商),必须取得冷水机组产品制造商对本项目唯一专项的授权。

2.1.6 所投冷水机组产品的制造商具有国家相关行业主管部门颁发的特种设备制造许可证(压力容器)和工业产品生产许可证。

2.1.7 按照财库〔2018〕73 号文件的规定,投标人所投冷水机组的产品型号必须是第二十四期节能产品政府采购清单中的产品型号。

2.2 在符合性检查时,如发现下列情形之一的,将被视为无效投标。

2.2.1 投标总价超过本项目采购预算,采购人不能支付的。

2.2.2 投标人的投标书、法定代表人授权书、开标一览表、投标分项报价表、投标人的资格证明未提供或不符合招标文件要求的。

2.2.3 投标文件无法定代表人签字(或盖章)或签字(或盖章)人无法定代表人有效授权的。

2.2.4 投标文件未按招标文件规定密封、签署、盖章的。

2.2.5 投标有效期不足的。

2.2.6 投标文件中出现两个或两个以上不同报价,且未申明以哪一个报价为准的。

2.2.7 投标技术响应、商务响应和产品数量不能满足招标文件"第三章采购项目技术规格、参数及要求"中所列技术要求和商务要求的。

2.2.8 投标人是所投产品代理商(经销商),未取得冷水机组产品制造商唯一有效的授权书的。

2.2.9 冷水机组产品不符合×××财采发××号文件中"每一品牌授权一家代理商(经销商)或者制造商直接参与投标"的规定。

2.2.10 符合招标文件中规定被视为无效投标的其他条款的。

三、评标标准

1. 商务评议(占 12%)。

2. 技术评议(占 28%)。

3. 价格评议(占 60%)。

四、计分办法

1. 政府集中采购机构负责对各评委的总分进行计算复核并汇总。各项统计结果均精确到小数点后两位。

2. 各投标人的最终得分为评委所评定分数(去掉一个最高分数和一个最低分数后)的算术平均值。

第五章 合 同 书

根据《中华人民共和国政府采购法》和《中华人民共和国合同法》的规定,采购人和中标人之间的权利和义务,应当按照平等、自愿的原则以合同的方式进行约定。

合同书等内容略。

1.5.2 分析

编制政府设备采购招标文件应注意的几个问题如下。

政府采购招标文件,是采购人或采购代理机构作为招标人,在实施政府采购项目招标时所使用的书面法律文件,主要用来载明政府采购招标项目的内容和要求,并告知参加投标的政府采购供应商与招标采购项目有关的内容和相关情况,以及在编制投标文件和投标时应遵循的原则与应达到的要求,同时也是评标委员会进行评标的重要依据,还是招标人组织招标活动、最后定标以及采购人与中标供应商签订合同的主要依据。对于采购人或者采购代理机构来说,编制既符合法律规范又与招标项目具体情况相结合的招标文件,既是实施政府采购活动的需要,又是实施政府采购招标活动的重要环节,对确保政府采购招标活动顺利实施有着极其重要的作用。招标采购机构代理采购人实施招标,编制政府采购招标文件应注意以下几个方面的问题。

一、应注意全面了解招标设备的具体情况

全面了解招标设备采购的具体情况,是编制招标文件的前提。只有对所要招标设备情况进行全面系统的了解,明确招标设备采购的具体内容和要求,才能准确地把设备采购的具体内容、技术要求写入招标文件中,才能让参加投标的设备供应商充分了解招标设备的详细情况。一般来说,了解设备采购的具体情况,可从两个方面入手。

(1) 要对设备采购资料进行审查、论证、分析。当接到采购人提交的设备采购资料后,要对包括采购方案在内的设备资料进行审查,并从资金、技术、生产、市场等方面对采购人提交的设备采购方案进行综合分析。如有必要,还应邀请有关方面的技术人员或专家参加,对设备采购进行论证、分析。

① 要对设备采购的资金来源及落实情况进行分析,以核实资金来源、用途是否正当、合理,采购资金是否已经落实到位。

②要对采购需求进行分析，要会同有关专家对设备采购方案的技术要求和交货期等商务方面的要求进行分析、论证，准确掌握采购人的设备采购需求和采购方案的基本内容。

③要对潜在设备供应商的情况进行分析，要通过调查摸底，准确掌握相关企业生产情况、供货能力、售后服务情况、服务能力及其资质、资格等情况。

④要进行市场分析，通过开展市场调查，分析招标设备所涉及的产品、设备及配套设施的生产、销售、服务的市场价格和供求状况等相关情况。

⑤要进行设备采购风险分析，通过对设备采购的资金预算、需求、生产、市场以及交货期和交货状态等因素进行分析，以防范采购风险的发生。

⑥对设备采购成本进行分析，要根据招标设备的特点和技术要求，对设备采购过程中可能遇到的各种因素进行分析预测，测算设备采购费用，使设备采购过程中的采购成本能够得到合理控制。

（2）要通过对设备采购资料的审查、分析、论证，确定设备采购清单。要在详细了解设备采购基本情况的基础上，会同设备采购人及有关技术人员对设备采购方案进行审查、分析、研究，并根据分析论证情况，明确设备采购的具体内容和技术要求，进一步完善设备采购方案。根据完善后的设备采购方案，确定招标设备的详细资料和采购清单，使设备采购项目的基本情况更加清楚明了。

二、应注意准确适用相关法律、法规、规章和规范性文件

政府采购的主要特征就是方式和程序的法定性。招标是在法律、法规规定的程序下所开展的一项采购活动。政府采购招标既要遵循政府采购原则，按照政府采购法律、法规所规定的方式和程序进行，又要遵循招标投标法的有关原则，按照国家招标投标的有关法律、法规进行。目前，规范政府采购招标的法律、法规主要包括以下几种。

（1）全国人大及其常委会制定颁布的相关法律，主要有《中华人民共和国招标投标法》《中华人民共和国政府采购法》《中华人民共和国合同法》《中华人民共和国民法通则》《中华人民共和国反不正当竞争法》等与政府采购及政府采购招标有关的法律。

（2）由国务院制定颁发的行政法规，主要有《中华人民共和国政府采购法实施条例》《建设工程质量管理条例》《中华人民共和国货物进出口管理条例》等与政府采购和招标投标有关的行政法规。

（3）由财政部制定出台以及由财政部与有关部门联合制定出台的部门规章，主要有《政府采购货物和服务招标投标管理办法》（财政部令第 87 号）以及其他与政府采购有关的管理办法。

（4）由省人民政府制定颁发的与政府采购工作有关的地方性行政规章。

（5）由财政部制定出台以及财政部与其他部委联合出台的与政府采购相关的规范性文件，由省财政厅制定的以及由省财政厅和其他有关部门联合制定的与政府采购有关的规范性文件，由当地人民政府及其财政部门制定的及由财政部门和其他有关部门联合制定的与政府采购有关的规范性文件。

在编制政府采购招标文件时，一定要注意理解、把握这些法律、法规、规章和规范性文

件的相关规定,严格依照并准确适用这些规定,切忌在招标文件中出现违背这些法律、法规、规章和规范性文件的内容或条款。

三、应注意把握招标文件的结构和基本要素

政府采购招标文件在结构上与其他类型的招标文件是相同的,其基本要素也应该包括对招标项目具体情况的介绍和对招标投标活动组织实施过程具体要求的规定等内容。在结构上,这两个基本要素一般分为七个部分。完整的招标文件也是由这七个部分组成的,即招标公告(或投标邀请)、投标人须知、合同主要条款或商务要求、投标文件格式、评标原则和办法、投标供应商资格证明文件、招标项目内容和技术要求。这七个部分自成一体,又相互关联,分别载明各自不同的内容和要求。

其中,招标公告(或投标邀请)主要是介绍招标设备的简明情况,告知投标人获取招标文件和投标以及开标的方式、地址、时间、联系方式、通信地址等。投标人须知主要是说明招标文件的组成部分,对招标设备作出详细说明,解释招标文件中的有关概念、含义,对投标人的资格要求以及资格审查办法,澄清招标和投标的方法、程序,投标文件的内容和组成部分,对投标文件的编制、装订、密封、标记、递交等要求作出规定,告知投标人开标的时间、地点以及投标的地点、时间、方式、程序和截止投标的时间,对投标文件的修改和撤回作出规定,对评标的办法和程序、定标的原则和方式以及合同签订的原则、时间等作出规定。合同主要条款或商务要求,是对项目的商务部分作出规定,包括合同价款所应包含的内容,对工期或交货期、保修期的规定,对产品或设备质量技术的要求,对服务项目及服务规范、标准的规定,对违约的责任及其处理办法的规定等。投标文件格式主要是对投标文件的组成部分及其格式作出规定,要求参加投标的供应商按照规定的格式制作投标文件并提供相关的投标文件资料、说明。评标原则和办法主要是对评标的程序、方法、原则、标准以及评标过程的具体组织实施作出说明和规定。投标供应商资格证明文件主要是对投标人必须提供的能证明其资格、资质的文件资料和格式作出规定。招标项目内容和技术要求主要是对所招标的项目作出详细说明,包括项目的实施方案、项目的主要内容、项目的技术方案及其技术要求、相关的指标参数、所依据的标准、相关的技术设计图纸、相关的设备技术参数和具体的项目资料及采购清单等。在编制招标文件时,要特别注意把握好招标文件的这些基本要素,按照规范的招标文件的主要结构,把所有应明确的内容和要求都毫无遗漏地载入招标文件中,并确保招标文件的公平性,让参加投标的每一位供应商都能公平地获取相关的信息资料。

四、应注意把握有关法律、法规对政府采购及其招标的禁止性规定

《中华人民共和国招标投标法》《中华人民共和国政府采购法》等法律、法规对招标投标、政府采购及招标投标的有关事项分别作了明确规定。这些规定有些是禁止性的,在招标投标以及政府采购招标投标中,不得违反这些规定,编制的政府采购招标文件也不得有违反这些规定的内容。这些规定主要有如下几个方面的内容。

(1)《中华人民共和国招标投标法》第二十条规定,招标文件不得要求或者标明特定的生产供应者以及含有倾向或者排斥潜在投标人的其他内容。第十九条规定了招标文件中

必须包含的内容,这些内容将使供应商或承包商能够提交符合招标人需求并使招标人能够以客观和公平的方式进行比较的投标,从而体现招标程序的公开性、公平性和公正性。这就要求招标文件中规定的内容,特别是其中的技术规格,必须符合竞争公平性的要求,招标文件中规定的各项技术规格或其他内容均不得要求或标明某一特定的专利、商标或商号、设计或型号、具体原产地或生产厂家,不得有倾向某一潜在投标人或排斥某一潜在投标人的内容。

(2)《中华人民共和国政府采购法》第五条规定,任何单位和个人不得采用任何方式,阻挠和限制供应商自由进入本地区和本行业的政府采购市场。第二十二条规定了供应商参加政府采购活动应当具备的条件,但同时又规定,采购人可以根据采购设备的特殊要求,规定供应商的特定条件,但不得以不合理的条件对供应商实行差别待遇或者歧视待遇。在《中华人民共和国政府采购法实施条例》中,对政府采购法所规定的原则作了具体规定。这些规定与《中华人民共和国招标投标法》关于"招标文件不得要求或者标明特定的生产供应者以及含有倾向或者排斥潜在投标人的其他内容"的规定是一致的,其主要精神就是在招标过程中保证实现公平竞争,严格禁止采购人、采购代理机构用有意设定不合理条件的办法来限制和阻挠供应商参加政府采购活动的行为。因而,在编制政府采购招标文件时,就不得在招标文件中设定阻挠和限制供应商参加政府采购投标活动的内容和条款。

(3)《中华人民共和国政府采购法》第十条规定,政府采购应当采购本国货物、工程和服务。但有下列情形之一的除外:①需要采购的货物、工程或者服务在中国境内无法获取或者无法以合理的商业条件获取的;②为在中国境外使用而进行采购的;③其他法律、行政法规另有规定的。前款所称本国货物、工程和服务的界定,依照国务院有关规定执行。

五、应注意把握有关法律、法规对政府采购的鼓励性规定

在编制政府采购招标文件时,除要遵守有关法律、法规对招标及政府采购招标的禁止性规定外,还应遵守有关法律、法规对招标及政府采购招标的鼓励性规定。《中华人民共和国政府采购法》第九条规定,政府采购应当有助于实现国家的经济和社会发展政策目标,包括保护环境、扶持不发达地区和少数民族地区、促进中小企业发展等。《中华人民共和国政府采购法实施条例》第六条规定,国务院财政部门应当根据国家的经济和社会发展政策,会同国务院有关部门制定政府采购政策,通过制定采购需求标准、预留采购份额、价格评审优惠、优先采购等措施,实现节约能源、保护环境、扶持不发达地区和少数民族地区、促进中小企业发展等目标。对此,财政部制定出台并与有关部门联合制定出台了一些规章、规范性文件。这些规章及规范性文件主要是为了促进政府采购政策功能的实现,要求采购人的采购必须有利于实现政府采购在保护环境、促进节能和自主创新产品政府采购政策的落实等方面发挥作用。这些规章及规范性文件主要有以下几类。

(1)财政部出台的《财政部关于印发〈政府采购竞争性磋商采购方式管理暂行办法〉的通知》(财库〔2014〕214 号)、《财政部关于印发〈政府和社会资本合作项目政府采购管理办法〉的通知》(财库〔2014〕215 号)、《财政部关于推进和完善服务项目政府采购有关问题的通知》(财库〔2014〕37 号)等。

(2)财政部、国家发展改革委出台的《节能产品政府采购实施意见》(财库〔2004〕185 号)。

思考题

1. 设备采购和设备监造的监理依据有哪些？
2. 设备采购和设备监造的监理职责有哪些？
3. 设备采购与设备监造的监理内容、程序、方法、措施有哪些？
4. 设备采购合同谈判与签订应注意哪些问题？
5. 设备采购的文件资料主要包括哪些内容？
6. 设备监造的质量控制要点有哪些主要内容？
7. 设备监造的文件资料主要包括哪些内容？
8. 设备进场验收的主要内容有哪些？
9. 设备安装质量控制要点有哪些主要内容？
10. 设备试运行调试控制要点有哪些主要内容？

第 2 章　建设工程相关服务

工程监理单位目前的主要业务是工程施工阶段的监理工作。随着社会对建设工程监理重要作用认识的提高,委托监理单位开展工程监理相关服务工作的建设单位也逐步增多。工程监理当前的相关服务范围可包括工程勘察、设计和保修阶段的管理等服务工作。建设单位可委托其中一项、多项或全部服务,并支付相应的服务费用。

工程监理单位应根据建设工程监理合同约定的相关服务范围,编制相关服务工作计划,包括相关服务工作的内容、程序、措施、制度等。

2.1　工程勘察阶段服务

2.1.1　工程勘察及建设工程各阶段勘察要求

一、工程勘察概述

(一) 工程勘察的目的、任务

工程勘察的目的是查明、分析、评价场地的岩土性质和工程地质条件,提供地质资料和设计参数,预测或查明有关的工程(岩土工程)地质问题,使工程建设与工程地质环境相适应,保证建设工程的安全稳定、经济合理、运营正常,避免因兴建工程而使工程地质环境恶化,引起地质灾害,从而达到合理利用和保护工程地质环境的目的。

工程勘察的任务概括起来有如下几个方面。

(1) 研究建设场地与相关地区的工程地质条件,指出有利因素和不利因素,阐明工程地质条件特征及变化规律。

(2) 分析存在的工程(岩土工程)地质问题,作出定性分析,并在此基础上进行定量分析,为建筑物的设计和施工提供可靠依据。

(3) 依据勘察结果选定正确建设地点是工程规划设计中的一项战略性工作,也是一项根本性工作。地点选择合适可以取得最大效益。一项工程所包括的各项建筑物配置得当、场地适宜,不需要复杂的地基处理就能保证安全使用,这是勘察工作所追求的目标。工程勘察的重要性在场地选择方面表现得尤为明显。

(4) 对选定的场地进一步勘察后,根据上述分析研究,对建设场地的工程地质进行评价,按照场地条件和建筑适应性对场地进行合理分区,提出各区段适合的建筑物类型、结构、规模及施工方法的合理建议,以及保证建筑物安全和正常使用应注意的技术要求,以供设计、施工和管理人员参考。

（5）预测工程兴建后对工程地质环境造成的影响,可能引起的地质灾害的类型和严重性。许多行业勘察规范已列入研究论证环境工程地质问题的内容和要求。

（6）改善工程地质条件,进行工程治理。针对不良条件的性质、工程（岩土工程）地质问题的严重程度以及环境地质问题的特征等,采取措施加以防治。这是工程地质由工程勘察向岩土工程治理以及设计、监测的延伸,也是工程地质学科领域的扩展,并由此演化出土木工程学科的一个分支——岩土工程。

（二）工程勘察级别

《岩土工程勘察规范》（GB 50021—2001）（2009 年版）规定:根据工程重要性等级、场地复杂程度等级和地基复杂程度等级划分岩土工程勘察等级。

1. 工程重要性等级

工程重要性等级主要考虑工程岩土体或工程结构失稳破坏导致工程建筑毁坏,造成生产及财产损失、社会影响,以及修复可能性等因素。《建筑地基基础设计规范》（GB 50007—2011）根据地基复杂程度、建筑物规模和功能特征以及由于基础问题可能造成建筑物破坏或影响正常使用的程度将地基设计分为甲、乙、丙三个安全设计等级。岩土工程勘察中,根据工程的规模,以及由于岩土工程问题造成工程破坏或影响正常使用的后果把工程重要性等级划分为一、二、三三个等级,与地基基础设计等级相一致。

2. 场地复杂程度等级

场地复杂程度等级可以从建筑抗震稳定性、不良地质作用发育情况、地质环境破坏程度、地形地貌环境和地下水条件五个方面考虑。

（1）建筑抗震稳定性。

按照国家标准《建筑抗震设计规范》（GB 50011—2010）（2016 年版）规定,选择建筑场地时,应根据工程需要和地震活动情况、工程地质和地震地质的有关资料,对抗震有利、一般不利和危险地段作出综合评价。对不利地段,应提出避开要求。当无法避开时,应采取有效措施。对危险地段严禁建造甲、乙类建筑,不应建造丙类建筑。

（2）不良地质作用发育情况。

不良地质作用泛指由地球外动力地质作用引起的,对工程建设不利的各种地质作用。它们分布于场地内及附近地段,主要影响场地稳定性,也对地基基础、边坡和地下洞室等具体的岩土工程有不利影响,分为不良地质作用强烈发育和一般发育。

不良地质作用强烈发育是指泥石流、沟谷、崩塌、滑坡、土洞、塌陷、岸边冲刷、地下水强烈侵蚀等极不稳定的场地,这些不良地质作用直接威胁着工程安全。不良地质作用一般发育指虽有上述不良地质作用,但并不强烈,对工程安全的影响不严重。

（3）地质环境破坏程度。

地质环境破坏是指人为因素和自然因素引起的地下采空、地面沉降、地裂缝、化学污染、水位上升等。地质环境破坏对岩土工程的影响不容忽视,往往对场地稳定性构成威胁。地质环境破坏有受到强烈破坏和受到一般破坏两种情况,前者直接威胁安全,后者影响不严重。

（4）地形地貌环境。

地形地貌环境主要是指地形起伏和地貌单元的变化情况。

（5）地下水条件。

地下水是影响场地稳定性的重要因素。地下水的埋藏条件、类型和水位等直接影响工程建设。

根据上述五个方面的影响,场地复杂程度可划分为一级、二级、三级三个等级。

3. 地基复杂程度等级

地基复杂程度根据地质土质条件划分为一级、二级、三级。土质条件包括:是否存在极软弱或非均质的需要采取特别处理措施的地层;是否存在极不稳定的地基土或需要进行专门分析和研究的特殊土类;对可借鉴的成功建筑经验是否仍需要进行地基土的补充验证工作。

4. 工程勘察等级

综合工程重要性等级、场地复杂程度等级和地基复杂程度等级把岩土工程勘察分为甲、乙、丙三个等级。其目的在于针对不同等级的岩土工程勘察项目划分勘察阶段,制定有效勘察方案,解决主要工程问题。另外,《高层建筑岩土工程勘察标准》(JGJ/T 72—2017)增加了特级规定,主要是依据超高层建筑、高耸构筑物等设定的。

(三) 工程勘察阶段的划分

工程勘察服务工程建设的全过程,总的基本任务是为工程设计、施工、岩土体的整治改造和利用提供地质资料和必要的技术参数,对有关岩土体问题进行分析评价,保证工程建设中不同阶段设计、施工的顺利进行。因此,岩土工程勘察应满足工程设计的要求。工程勘察阶段的划分是与工程设计阶段相适应的,大致可分为可行性研究勘察(或选址勘察)、初步勘察、详细(或施工图设计)勘察三个阶段。对工程地质条件复杂或有特殊施工要求的重大工程地基,还需要进行施工勘察,但施工勘察并不作为一个固定勘察阶段。

1. 可行性研究勘察阶段

这一阶段的勘察是为了获取几个场地(场址)方案的主要工程地质资料,对岩土工程拟选场地的稳定性、适宜性作出评价,进行技术、经济论证和方案比较,以选取最优的工程建设场地。因此,这一阶段的勘察也称为选址勘察。

2. 初步勘察阶段

本阶段设计工作要确定主要建筑物的具体位置、结构形式和具体规模,以及它与各相关建筑物的布置等。勘察工作必须为此提供工程地质资料,所以各种勘察手段都要使用,对其地质质量作出评价。

3. 详细勘察阶段

详细勘察是为了满足施工图设计的要求,对岩土工程设计、岩土体处理与加固及不良地质作用的防治工作进行计算与评价,这一阶段的勘察也称为施工图设计勘察。

另外,水利水电、铁路、公路等建设行业勘察规范中均对勘察阶段的划分作了规定,所用的名称也不尽相同,但内涵实质是一致的。例如《水利水电工程地质勘察规范》(GB 50487—2008)规定:水利水电工程地质勘察宜分为规划、工程项目建议书、可行性研究、初步设计、招标设计和施工详图设计等阶段。病险水库除险加固工程勘察宜分为安全评价、可行性研究、初步设计三个阶段。不同类别的建设项目对勘察阶段的划分不尽相同,但原理无异,所以,在进行一项工程勘察之前,应了解工程的属性和相应的设计阶段,对照不同的规范要求,进行勘察和工程(岩土工程)地质评价。

(四) 工程勘察的主要类型

工程勘察的主要类型如下。

（1）房屋建筑与构筑物岩土工程勘察。

（2）地下洞室岩土工程勘察。

（3）岸边工程岩土工程勘察。

（4）基坑工程岩土工程勘察。

（5）边坡工程岩土工程勘察。

（6）管道和架空线路岩土工程勘察。

（7）桩基础岩土工程勘察。

（8）废弃物处理岩土工程勘察。

（9）桥涵岩土工程勘察。

（10）水利水电岩土工程勘察。

（11）不良地质作用和地质灾害岩土工程勘察。

（五）工程勘察技术方法

随着科学技术的发展，勘察方法也日新月异，新的理论、计算技术深入勘察方法的各个方面，概括起来有工程地质测绘、遥感技术、工程物探及勘探、工程测试技术、监测及反分析、物理模拟与数据模拟等几个方面。

1．工程地质测绘

工程地质测绘是最基本的方法，它为我们认识整个场地的地表地质条件及各种地质现象提供了可能，为其他各种勘察技术提供基础性资料。

2．勘探工作

勘探工作包括钻探、坑探、井探、洞探和槽探。此外，还包括地球物理勘探。

3．测试工作和监测工作

测试工作和监测工作在工程勘察中占有重要地位。定量评价和工程计算的数据资料，包括岩土体的物理力学性质指标、地下水运动和渗流参数、动力地质作用的发展速度、地下水变化动态、建筑物地基的沉降变形、各种工程治理的效果等，都要通过测试工作和监测工作获得。

二、工程各阶段勘察要求

各项工程建设在设计前必须按基本建设程序进行工程勘察，得到正确规划选址、初步设计、施工图设计的地质水文等资料。

1．可行性研究勘察（选址勘察）阶段

要选取最优工程建设场地或地址，应从自然条件和经济条件等方面考虑，一般情况下，应力争避开如下地质条件恶劣的地区和地段。

（1）避开的地区和地段。

①不良地质作用发育（如崩塌、滑坡、泥石流、岸边冲刷、地下潜蚀等），且对建筑场地特定性构成直接危害或潜在威胁。

②地基土质严重不良。

③对建筑抗震不利。

④受洪水威胁或地下水的不利影响严重。

⑤地下有未开采的有价值矿藏或未稳定的地下采空区。

（2）勘察工作的主要内容。

①调查区域地质构造、地形地貌与环境工程地质问题,如断裂、岩溶、区域地震及震情等。

②调查第四纪底层的分布、地下水埋藏性状、岩石和土的性质、不良地质作用等工程地质条件。

③调查地下矿藏及古文物分布范围。

④必要时进行工程地质测绘及少量勘探工作。

（3）勘察的主要任务。

①分析场地的稳定性和适宜性。

②明确选择场地范围和应避开的地段。

③进行选址方案对比,确定最优场地方案。

④为初步拟定建筑类型和规模提供资料。

2. 初步勘察阶段

初步勘察的目的是密切配合工程初步设计的要求,对岩土工程建设场地的稳定性作出进一步的评价,为确定建筑总平面布置、选择主要建筑物或构筑物的地基基础设计方案和制定不良地质作用的防治对策提供依据。

（1）主要工作内容。

①根据选址方案范围,按本阶段勘察要求,布置一定的勘探与测试工作量。

②查明场地内的地质构造及不良地质作用的具体位置。

③探测场地土的地震效应。

④查明地下水性质及含水层的渗透性。

⑤搜集当地已有建筑经验及已有勘察资料。

（2）主要工作任务。

①根据岩土工程条件分区,论证建设场地的适宜性。

②根据工程规模及性质,建议总平面布置应注意的事项。

③提供地质结构、岩土层物理力学性质指标。

④提供地基岩土的承载力及变形量资料。

⑤地下水对工程建设的影响评价。

⑥指出下一阶段勘察应注意的问题。

3. 详细勘察阶段

详细勘察的目的是满足工程施工图设计的要求,对岩土工程设计、岩土体处理与加固及不良地质作用的防治工程进行计算与评价。经过选址勘察和初步勘察后,建设场地和场地内建筑地段的工程地质条件已查明,详细勘察的工作范围更加集中,主要针对的是具体建筑物地基或其他(如基坑支护、斜坡开挖岩土体稳定性预测等)具体问题。所以,这一阶段勘察的成果资料应更详细可靠,而且要求提供更多更具体的计算参数。

此阶段的主要工作内容和任务如下。

（1）取得附有坐标及地形的工程建筑总平面图,各建筑物的地面整平标高,建筑物的性质、规模、结构特点,可能采取的基础形式、尺寸,预计埋置深度,对地基基础设计的特殊要求。

（2）查明不良地质作用的成因、类型、分布范围、发展趋势及危害程度,并提出评价与整治所需的岩土技术参数和整治方案建议。

（3）查明建筑范围内各层岩土类别、结构、厚度、坡度、工程特征,计算和评价地基的稳定性和承载力。

（4）对需要进行沉降计算的建筑物,提供地基变形计算参数,预测建筑物的沉降、差异沉降或整体倾斜。

（5）对抗震设防烈度大于或等于6度的场地,应划分场地土类型和场地类别。对抗震设防烈度大于或等于7度的场地,尚应分析预测地震效应,判定饱和砂土或饱和粉土的地震液化,并计算液化指数。

（6）查明地下水的埋藏条件。当进行基坑降水设计时,尚应查明水位变化幅度与规律,提供地层的渗透性参数。

（7）判定水和土对建筑材料及金属的腐蚀性。

（8）判定地基土及地下水在建筑物施工和使用期间可能产生的变化及其对工程的影响,提出防治措施与建议。

（9）对深基坑开挖尚应提供稳定计算和支护设计所需的岩土技术参数,论证和评价基坑开挖、降水等对邻近工程的影响。

（10）提供桩基设计所需的岩土技术参数,并确定单桩承载力,提出桩的类型、长度和施工方法等建议。

2.1.2　工程勘察阶段的前期服务

一、前期服务的工作内容

（1）建立项目监理机构。

（2）编制勘察服务工作计划。

（3）搜集资料,编写勘察任务书或招标文件,确定技术要求和质量标准。

（4）组织考察勘察单位,协助建设单位委托竞选、招标或直接委托,进行商务谈判,签订勘察合同。

（5）审核满足相应设计阶段需求的勘察工作方案,提出审核意见。

二、勘察任务书的编写

（一）编写要求

（1）明确勘察范围,包括工程名称、工程性质、拟建地点、相关政府部门对项目的限制条件等。

（2）明确建设目标和建设标准。

（3）提出对勘察成果的要求,包括提交内容、提交质量和深度、提交时间、提交方式。

（二）编写内容

1. 项目概况

（1）工程名称。

（2）工程地址。

（3）建设单位。

（4）项目情况。

（5）勘察范围。

（6）勘察阶段。

（7）勘察单位。

2. 勘察阶段的划分与选取

（1）勘察阶段的划分。

勘察阶段的划分可以用表格的方式表述，划分为可行性研究勘察、初步勘察、详细勘察、必要时的施工阶段勘察。每一阶段的勘察目的、工作内容、报告适用范围也应明确。

（2）勘察阶段选取的原则。

勘察阶段应依据相关规范规定的原则进行选取。

3. 各阶段勘察的基本要求

各阶段勘察的目的、工作内容和要求，见表 2-1-1。

表 2-1-1　各阶段勘察的目的、工作内容和要求

勘察阶段	范　围	目　　的	工作内容与要求	报告适用范围
可行性研究勘察	包括若干个拟初步比选的场地	根据工程用途、性质、规模及规划布置，为方案比选提供资料	通过搜集区域地质资料、现场踏勘和调查，了解拟选方案的地形、地貌、地层岩性、地质构造、工程地质、水文地质和环境条件	选择合适的建设场址
初步勘察	已选定的场地及周边	查明选定方案的地质和环境条件，初步确定岩体质量等级	通过钻探、试验、补充测绘和物探等方法，初步查明地质构造、岩土性质等，对有抗震要求的场地判断地震效应	作为初步设计、超限边坡论证的依据
详细勘察	选定的工程场地	详细查明工程地质和水文地质条件，分段划分岩体质量等级	以钻探、原位测试和室内土工试验为主	作为施工图设计的依据
施工勘察（必要时）	洞室内及其有关的地段	对工程地质条件复杂或有特殊要求的重要工程进行勘察，以满足施工质量、进度、安全的要求	施工地质编录、危险边坡检测、超前钻探等	当地质条件特别复杂时，作为基础实施方案确定与现场控制的依据

4. 勘察的技术要求

各类工程的勘察有不同的技术要求，编制勘察任务书一定要结合具体的工程实践，提出相应的技术要求。房屋建筑和构筑物（以下简称"建筑物"）的岩土工程勘察，应在搜集建筑物上部荷载、功能特点、结构类型、基础形式、埋置深度和变形限制等方面资料的基础上

进行。勘察任务书对勘察的技术要求如下。

（1）勘察依据。

勘察依据除了建设单位提供的相关技术资料外，一般应包括但不限于下列规范、标准。

①《岩土工程勘察规范》（GB 50021—2001）（2009 年版）。

②《岩土工程基本术语标准》（GB/T 50279—2014）。

③《土工试验方法标准》（GB/T 50123—1999）。

④《工程岩体试验方法标准》（GB/T 50266—2013）。

⑤《建筑工程地质勘探与取样技术规程》（JGJ/T 87—2012）。

⑥《建筑地基基础设计规范》（GB 50007—2011）。

⑦《建筑抗震设计规范》（GB 50011—2010）（2016 年版）。

⑧《建筑地基处理技术规范》（JGJ 79—2012）。

⑨《建筑基坑支护技术规程》（JGJ 120—2012）。

⑩《建筑边坡工程技术规范》（GB 50330—2013）。

⑪《建筑桩基技术规范》（JGJ 94—2008）。

⑫《高层建筑岩土工程勘察标准》（JGJ/T 72—2017）。

（2）勘察方案编制要求。

勘察单位应结合实际情况以及《岩土工程勘察规范》（GB 50021—2001）（2009 年版）的规定，科学合理地确定工程勘察等级，并在勘察作业前结合技术方案和工程实际情况编报工程勘察方案，经工程监理单位（建设单位）和设计单位确认后实施。

（3）勘探点（钻点）的布置要求。

勘探点可采用钻探、原位触探相结合的方式，但是勘探点的布置要满足评价建筑物纵横两个方向的地层土质的均匀性和岩土力学特性的需求，并符合设计对勘探的要求。布置勘探点时应充分考虑勘探工作对工程自然环境的影响，防止对地下管线、地下工程和自然环境造成破坏。

（4）钻探作业要求。

钻探作业需要一定的专业基础作支撑。它与钻探设备使用与维护、钻探方法、钻探质量控制密切相关，因此，钻探作业必须严格遵守现行国家规范、规程。

（5）取样与测试。

采取岩土试样或进行原位测试时，可采用钻探、井探、槽探、洞探和地球物理勘探等方法。勘探方法的选取应符合勘察的目的和岩土的特性。岩土试样采取的工具和方法、试样质量等级应符合现行国家标准的规定。

（6）室内试验。

岩土性质的室内试验项目和试验方法应符合规范规定；具体操作和试验仪器应符合现行国家标准的规定；试验项目和试验方法，应依据工程要求和岩土性质的特点确定。

（7）资料整理、勘察报告编制内容及要求。

岩土勘察的原始资料均应分类、及时整理，并按规定及时归档；所有原始资料应保持原始面貌，严禁涂改，严禁用重抄的资料替代原始资料。当需要更改时，可将被改部分圈住，在旁边写上改后的内容。当需要誊清时，应附上原件。所有原始资料均应注明工程名称、资料名称和编号、完成日期，并有记录人和检查人的签名。原始资料经检查、校对后方可使用，认定不正确、不可靠或其他未应用的资料，应签注说明，并归档。勘探点、试验点和地质点位置（坐标）及标高的测量原始资料,应符合有关测量标准的规定。勘察报告应说明引测的依据。

（8）地质勘察报审要点一览表。

一览表应有序号、勘察要点、基本要求、执行规范条文的内容。

（9）需要说明的事项。

三、勘察单位的选择

1. 选择的方式

根据相关规定,选择勘察单位的方式有招标选择和直接委托两种。招标分为公开招标和邀请招标两种方式。

（1）必须招标项目的规定。

2018 年 3 月,国家发展改革委发布了《必须招标的工程项目规定》（国家发展改革委令第 16 号）,该规定主要对原国家发展计划委员会令第 3 号《工程建设项目招标范围和规模标准规定》进行了修订,于 2018 年 6 月 1 日开始施行。该规定主要修改了以下三个方面的内容。

①缩小了必须招标项目的范围。

②提高了必须招标项目的规模标准,将勘察设计、监理等服务采购的招标限额提高到 100 万元。

③明确全国执行统一的规模标准。

2018 年 6 月,国家发展改革委又印发了《必须招标的基础设施和公用事业项目范围规定》（发改法规〔2018〕843 号）,作为第 16 号令的配套文件同步实施。

（2）可以不进行招标项目的规定。

国家发展改革委的第 16 号令与 843 号文规定了必须招标的项目,未明确可以不进行招标的项目。因此,必须根据《中华人民共和国招标投标法》第六十六条和《中华人民共和国招标投标法实施条例》第九条的规定执行。

（3）邀请招标项目的规定。

同上（2）所述,按《中华人民共和国招标投标法》和《中华人民共和国招标投标法实施条例》相关条款执行。

2. 编制招标文件

招标文件的主要内容包括如下几个方面。

（1）投标须知前附表及投标须知。

（2）合同的主要条款。

（3）勘察技术标准和规范。

（4）投标文件格式。

（5）评标办法。

（6）投标辅助材料,如招标、开标会议议程等。

3. 考察勘察单位资质

根据住房城乡建设部颁发的《工程勘察资质标准》（建市〔2013〕9 号）的规定,工程勘察范围包括岩土工程、水文地质勘察和工程测量。工程勘察资质分为以下三个类别。

（1）工程勘察综合资质。

工程勘察综合资质包括全部勘察专业的工程勘察资质,其资质等级只设置甲级等级。

（2）工程勘察专业资质。

工程勘察专业资质包括岩土工程专业资质、水文地质勘察专业资质和工程测量专业资质。其中岩土工程专业资质包括岩土工程勘察、岩土工程设计、岩土工程物探测试检测监测等岩土工程（分项）专业资质。

岩土工程、岩土工程设计、岩土工程物探测试检测监测专业资质设甲、乙两个等级。

岩土工程勘察、水文地质勘察、工程测量专业资质设甲、乙、丙三个级别。

（3）工程勘察劳务资质。

工程勘察劳务资质包括工程钻探和凿井资质，资质不分等级。

（4）承担业务范围。

①工程勘察综合甲级资质。

承担各类建设工程项目的岩土工程勘察、水文地质勘察、工程测量业务（海洋工程勘察除外），其规模不受限制（岩土工程勘察丙级项目除外）。

②工程专业资质。

甲级：承担本专业资质范围内各类建设工程项目工程勘察业务，其规模不受限制。

乙级：承担本专业范围内各类建设工程项目乙级及以下规模的工程勘察业务。

丙级：承担本专业资质范围内各建设工程项目丙级规模的工程勘察业务。

③工程勘察劳务资质。

承担相应的工程钻探、凿井等工程勘察业务。

（5）考察内容。

①勘察单位的资历和信誉：包括法人条件和工程勘察经历、注册资本、社会信誉及有无安全责任事故、单位工程勘察业绩。

②技术条件：包括专业人员配置、技术负责人个人业绩、技术职称、执业资格、专业人员情况等。

③技术装备及管理水平：主要是考察工程勘察技术装备是否满足规定的要求，办公场所及室内试验室情况，技术、经营、设备物资、人事、财务和档案管理制度，质量体系的认证情况等。

2.1.3　工程勘察合同谈判、签订与履约管理

一、合同谈判

合同谈判有着较大的学问，既要注重方法，又要注重技巧。在合同谈判的时候，尽量搜集与谈判有关的信息，并进行思考、分析，通过多种方式开展合同谈判。

（一）建设工程勘察合同的概念

建设工程勘察合同是指根据建设工程的要求，就查明、分析、评价建设场地的地质、地理环境特征和岩土工程条件，编制建设工程勘察文件订立的协议。

（二）建设工程勘察合同示范文本

为了指导建设工程勘察当事人的签约行为，维护合同当事人的合法权益，依照《中华人民共和国合同法》《中华人民共和国建筑法》《中华人民共和国招标投标法》等法律、法规的

规定,住房城乡建设部、原国家工商行政管理总局对《建设工程勘察合同(一)[岩土工程勘察、水文地质勘察(含凿井)、工程测量、工程物探]》(GF-2000-0203)及《建设工程勘察合同(二)[岩土工程设计、治理、检测]》(GF-2000-0204)进行了修订,制定了《建设工程勘察合同(示范文本)》(GF-2016-0203)(以下简称《示范本文》)。

1. 合同协议书

《示范文本》中合同协议书共计 12 条,主要包括工程概况,勘察范围和阶段、技术要求及工作量,合同工期,质量标准,合同价款,合同文件构成,承诺,词语定义,签订时间,签订地点,合同生效和合同份数等内容,集中了合同当事人基本的合同权利义务。

2. 通用合同条款

通用合同条款是合同当事人根据《中华人民共和国合同法》《中华人民共和国建筑法》《中华人民共和国招标投标法》等相关法律、法规的规定,就工程勘察的实施及相关事项对合同当事人的权利和义务作出的原则性约定。

通用合同条款具体包括一般约定、发包人、勘察人、工期、成果资料、后期服务、合同价款与支付、变更与调整、知识产权、不可抗力、合同生效与终止、合同解除、责任与保险、违约、索赔、争议解决及补充条款等,共计 17 条。上述条款安排既考虑了现行法律、法规对工程建设的有关要求,也考虑了工程勘察管理的特殊要求。

3. 专用合同条款

专用合同条款是对通用合同条款原则性约定的细化、完善、补充、修改或另行约定的条款。合同当事人可以根据不同建设工程的特点及具体情况,通过双方的谈判、协商对相应的专用合同条款进行修改、补充。在使用专用合同条款时,应注意以下事项。

(1)专用合同条款编号应与相应的通用合同条款编号一致。

(2)合同当事人可以通过对专用合同条款的修改,满足具体项目工程勘察的特殊要求,避免直接修改通用合同条款。

(3)在专用合同条款中有横道线的地方,合同当事人可针对相应的通用合同条款进行细化、完善、补充、修改或另行约定;如果无细化、完善、补充、修改或另行约定,则填写"无"或划"/"。

4.《示范文本》的性质和适用范围

《示范文本》为非强制性使用文本,合同当事人可结合工程具体情况,根据《示范文本》订立合同,并按照法律、法规和合同约定履行相应的权利义务,承担相应的法律责任。

《示范文本》适用于岩土工程勘察、岩土工程设计、岩土工程物探测试检测监测、水文地质勘察及工程测量等工程勘察活动,岩土工程设计也可使用《建设工程设计合同示范文本(专业建设工程)》(GF-2015-0210)。

二、合同订立

1. 建设工程勘察合同委托的工作内容

建设工程勘察内容一般包括工程测量、水文地质勘察和工程地质勘察。订立合同时,应具体明确约定勘察工作范围和成果要求。

（1）工程测量。

工程测量，包括平面控制测量、高程控制测量、地形测量、摄影测量、线路测量和绘制测量图等工作，其目的是为建设项目的选址（选线）、设计和施工提供有关地形地貌的根据。

（2）水文地质勘察。

水文地质勘察，一般包括水文地质测绘、地球物理勘探、钻探、抽水试验、地下水动态观测、水文地质参数计算、地下水资源评价和地下水资源保护方案制定等工作。其任务在于提供有关地下水源的详细资料。

（3）工程地质勘察。

工程地质勘察，包括选址勘察、初步勘察、详细勘察以及施工勘察。

2. 建设工程勘察合同当事人

建设工程勘察合同当事人包括发包人和勘察人。发包人通常可能是工程建设项目的建设单位或者工程总承包单位。勘察工作是一项专业性很强的工作，是保障工程质量的基础，因此，国家对勘察合同的勘察人有严格的管理制度。勘察人必须具备以下条件。

（1）依据我国法律规定，作为承包人的勘察单位必须具备法人资格，任何其他组织和个人均不能成为承包人。这不仅是因为建设工程项目具有投资大、周期长、质量要求高、技术要求强、事关国计民生等特点，还因为勘察设计是工程建设的重中之重，影响整个工程建设的质量，因此，一般的非法人组织和自然人是无法承担的。

（2）建设工程勘察合同的承包方必须持有工商行政主管部门核发的企业法人营业执照，并且必须在其核准的经营范围内从事建设活动。超越其经营范围订立的建设工程勘察合同为无效合同。

（3）建设工程勘察合同的承包方必须持有建设行政主管部门核发的工程勘察资质证书、工程勘察收费资格证书，而且应当在其资质等级许可的范围内承接建设工程勘察业务。

3. 订立勘察合同应约定的内容

（1）发包人应向勘察人提供的文件资料。

①以书面形式向勘察人明确勘察任务及技术要求。

②开展工程勘察工作所需要的图纸及技术资料，包括总平面图、地形图、已有水准点和坐标控制点等。若上述资料由勘察人负责搜集时，发包人应承担相关费用。

③工程勘察作业所需的批准及许可文件，包括立项批复、占用和挖掘道路许可等。

④作业场地内地下埋藏物（包括地下管线、地下构筑物等）的资料、图纸，没有资料、图纸的地区，发包人应委托专业机构查清地下埋藏物。若因发包人未提供上述资料、图纸，或提供的资料、图纸不实，致使勘察人在工程勘察工作过程中发生人身伤害或造成经济损失时，由发包人承担赔偿责任。

（2）发包人应为勘察人提供现场的工作条件。

发包人应提供具备条件的作业场地及进场通道并承担相关费用（包括土地征用、障碍物清除、场地平整、提供水电接口和青苗赔偿等）。

（3）勘察工作成果。

在明确委托勘察工作的基础上，双方要约定勘察成果资料的质量、成果资料的份数、成果资料的交付时间，以及成果资料验收期限。

（4）勘察费用阶段支付。

勘察合同当事人可选择总价合同、单价合同价格形式，也可在专用合同条款中约定其他合同价格形式。实行定金或预付款的，双方应在专用合同条款中约定发包人向勘察人支付定金或预付款数额,支付时间应不迟于约定的开工日期前 7 天。定金或预付款在进度款中抵扣。发包人应按照专用合同条款约定的进度款支付方式、支付条件和支付时间进行支付。

(5) 合同约定的勘察工作开始和终止时间。

当事人双方应明确约定勘察工作开始的日期以及勘察成果的提交日期。勘察人应按合同约定的工期进行工程勘察工作,并应按照合同约定的日期或双方同意顺延的工期提交成果资料。

(6) 合同争议的最终解决方式。

发生合同争议时,合同当事人应通过自行和解和第三方调解解决合同争议。合同专用条款中应约定当事人不愿和解、调解或者和解、调解不成的,合同争议的最终解决方式是采用仲裁或诉讼。采用仲裁时,需注明仲裁委员会的名称。

三、建设工程勘察合同履约管理

1. 合同当事人的权利和义务

(1) 发包人权利。

①发包人对勘察人的勘察工作有权依照合同约定实施监督,并对勘察成果予以验收。

②发包人对勘察人无法胜任工程勘察工作的人员有权提出更换要求。

③发包人拥有勘察人为其项目编制的所有文件资料的使用权,包括投标文件、成果资料和数据等。

(2) 发包人义务。

①发包人应以书面形式向勘察人明确勘察任务及技术要求。

②发包人应提供开展工程勘察工作所需要的图纸及技术资料,包括总平面图、地形图、已有水准点和坐标控制点等。若上述资料由勘察人负责搜集时,发包人应承担相关费用。

③发包人应提供工程勘察作业所需的批准及许可文件,包括立项批复、占用和挖掘道路许可等。

④发包人应为勘察人提供具备条件的作业场地及进场通道并承担相关费用(包括土地征用、障碍物清除、场地平整、提供水电接口和青苗赔偿等)。

⑤发包人应为勘察人提供作业场地内地下埋藏物(包括地下管线、地下构筑物等)的资料、图纸,没有资料、图纸的地区,发包人应委托专业机构查清地下埋藏物。若因发包人未提供上述资料、图纸,或提供的资料、图纸不实,致使勘察人在工程勘察工作过程中发生人身伤害或造成经济损失时,由发包人承担赔偿责任。

⑥发包人应按照法律法规规定为勘察人的安全生产提供条件并支付安全生产防护费用,发包人不得要求勘察人违反安全生产管理规定进行作业。

⑦若勘察现场需要看守,特别是在有毒、有害等危险现场作业时,发包人应派人负责安全保卫工作;按国家有关规定,对从事危险作业的现场人员进行保健防护,并承担费用。发包人对安全文明施工有特殊要求时,应在专用合同条款中另行约定。

⑧发包人应对勘察人达到质量标准的已完工作,按照合同约定及时支付相应的工程勘察合同价款及费用。

(3) 勘察人权利。

①勘察人在工程勘察期间,根据项目条件和技术标准、法律法规规定等方面的变化,有权向发包人提出增减合同工作量或修改技术方案的建议。

②除建设工程主体部分的勘察外,根据合同约定或经发包人同意,勘察人可以将建设工程其他部分的勘察任务分包给其他具有相应资质等级的建设工程勘察单位。发包人对分包的特殊要求应在专用合同条款中另行约定。

③勘察人对其编制的所有文件资料,包括投标文件、成果资料、数据和专利技术等拥有知识产权。

(4)勘察人义务。

①勘察人应按勘察任务书和技术要求并依据有关技术标准进行工程勘察工作。

②勘察人应建立质量保证体系,按合同约定的时间提交质量合格的成果资料,并对其质量负责。

③勘察人在提交成果资料后,应为发包人继续提供后期服务。

④勘察人在工程勘察期间遇到地下文物时,应及时向发包人和文物主管部门报告并妥善保护。

⑤勘察人开展工程勘察活动时应遵守有关职业健康及安全生产方面的各项法律法规的规定,采取安全防护措施,确保人员、设备和设施的安全。

⑥勘察人在燃气管道、热力管道、动力设备、输水管道、输电线路、临街交通要道及地下通道(地下隧道)附近等风险性较大的地点,以及在易燃易爆地段及放射、有毒环境中进行工程勘察作业时,应编制安全防护方案并制定应急预案。

⑦勘察人应在勘察方案中列明环境保护的具体措施,并在合同履行期间采取合理措施保护作业现场环境。

(5)勘察人代表。

勘察人接受任务时,应在专用合同条款中,明确其负责工程勘察的勘察人代表的姓名、职称、职务、联络方式及授权范围等事项。勘察人代表在勘察人的授权范围内,负责处理合同履行过程中与勘察人有关的具体事宜。

2. 违约

(1)发包人违约。

①发包人违约情形。

a. 合同生效后,发包人无故要求终止或解除合同。

b. 发包人未按约定按时支付定金或预付款。

c. 发包人未按约定按时支付进度款。

d. 发包人不履行合同义务或不按合同约定履行义务的其他情形。

②发包人违约责任。

a. 合同生效后,发包人无故要求终止或解除合同,勘察人未开始勘察工作的,不退还发包人已付的定金或发包人按照专用合同条款约定向勘察人支付违约金;勘察人已开始勘察工作的,若完成计划工作量不足50%的,发包人应支付勘察人合同价款的50%;完成计划工作量超过50%的,发包人应支付勘察人合同价款的100%。

b. 发包人发生其他违约情形时,发包人应承担由此增加的费用和工期延误损失,并给予勘察人合理赔偿。双方可在专用合同条款内约定发包人赔偿勘察人损失的计算方法或者发包人应支付违约金的数额或计算方法。

(2)勘察人违约。

①勘察人违约情形。

a. 合同生效后,勘察人因自身原因要求终止或解除合同。

b. 因勘察人原因不能按照合同约定的日期或合同当事人同意顺延的工期提交成果资料。

c. 因勘察人原因造成成果资料质量达不到合同约定的质量标准。

d. 勘察人不履行合同义务或未按约定履行合同义务的其他情形。

②勘察人违约责任。

a. 合同生效后,勘察人因自身原因要求终止或解除合同,勘察人应双倍返还发包人已支付的定金或勘察人按照专用合同条款约定向发包人支付违约金。

b. 因勘察人原因造成工期延误的,应按专用合同条款约定向发包人支付违约金。

c. 因勘察人原因造成成果资料质量达不到合同约定的质量标准,勘察人应负责无偿给予补充完善使其达到质量合格。因勘察人原因导致工程质量安全事故或其他事故时,勘察人除负责采取补救措施外,应通过所投工程勘察责任保险向发包人承担赔偿责任或根据直接经济损失程度按专用合同条款约定向发包人支付赔偿金。

d. 勘察人发生其他违约情形时,勘察人应承担违约责任并赔偿因其违约给发包人造成的损失,双方可在专用合同条款内约定勘察人赔偿发包人损失的计算方法和赔偿金额。

3. 索赔

(1)发包人索赔。

勘察人未按合同约定履行义务或发生错误以及应由勘察人承担责任的其他情形,造成工期延误及发包人的经济损失,除专用合同条款另有约定外,发包人可按下列程序以书面形式向勘察人索赔。

①违约事件发生后 7 天内,向勘察人发出索赔意向通知。

②发出索赔意向通知后 14 天内,向勘察人提出经济损失的索赔报告及有关资料。

③勘察人在收到发包人送交的索赔报告和有关资料或补充索赔理由、证据后,于 28 天内给予答复。

④勘察人在收到发包人送交的索赔报告和有关资料后 28 天内未予答复或未对发包人作进一步要求,视为该项索赔已被认可。

⑤当该违约事件持续进行时,发包人应阶段性向勘察人发出索赔意向,在违约事件终了后 21 天内,向勘察人送交索赔的有关资料和最终索赔报告。索赔答复程序与上述第③④项约定相同。

(2)勘察人索赔。

发包人未按合同约定履行义务或发生错误以及应由发包人承担责任的其他情形,造成工期延误和(或)勘察人不能及时得到合同价款及勘察人的经济损失,除专用合同条款另有约定外,勘察人可按下列程序以书面形式向发包人索赔。

①违约事件发生后 7 天内,勘察人可向发包人发出要求其采取有效措施纠正违约行为的通知;发包人收到通知 14 天内仍不履行合同义务,勘察人有权停止作业,并向发包人发出索赔意向通知。

②发出索赔意向通知后 14 天内,向发包人提出延长工期和(或)补偿经济损失的索赔报告及有关资料。

③发包人在收到勘察人送交的索赔报告和有关资料或补充索赔理由、证据后,于 28 天内给予答复。

④发包人在收到勘察人送交的索赔报告和有关资料后 28 天内未予答复或未对勘察人作进一步要求,视为该项索赔已被认可。

⑤当该索赔事件持续进行时,勘察人应阶段性向发包人发出索赔意向,在索赔事件终

了后 21 天内,向发包人送交索赔的有关资料和最终索赔报告。索赔答复程序与上述第③④项约定相同。

2.1.4 工程勘察实施阶段监理服务

岩土工程勘察应按工程建设各阶段的要求,正确反映工程地质条件,查明不良地质作用和地质灾害,精心勘察、精心分析,提出资料完整、评价正确的勘察报告。

工程勘察实施阶段监理服务的主要工作内容包括:检查、监督工程勘察单位的勘察任务书,勘察设备,人员配置,勘察手段、方法和程序,调绘范围、内容和精度,勘探点数量、深度及勘探工艺,水、土、砂、石试样的数量,取样运输和保管方法,试验内容和方法,原位测试和水文地质试验的内容、数量和方法,原始资料、勘察报告及图件等方面是否符合国家法律、法规、行业标准、规范、规程的规定,能否满足设计要求,并就重大地质问题的认识与勘察单位达成共识。

一、监理服务的基本原则和要求

(1)项目监理机构应根据建设工程监理合同的约定,遵循动态控制原理,坚持预防为主原则,制定和实施相应的监理服务措施,采用检查、巡视、旁站等方式实施工程勘察服务。

(2)监理人员应熟悉各类工程勘察及其各阶段的勘察工作内容,参加工程勘察会议,会议纪要应由总监理工程师签认。

(3)项目监理机构定期召开监理例会,组织解决工程勘察相关问题,并根据工作需要,主持或参加专题会议,解决勘察服务范围内的工程勘察专项问题。

(4)项目监理机构应协调工程建设相关方的关系,相关工作联系单可按《建设工程监理规范》(GB/T 50319—2013)中表 C.0.1 的要求填写。

(5)监理单位应审查勘察单位提交的勘察方案,提出审查意见,并应报建设单位。变更勘察方案时,应按原程序重新审查。

勘察方案报审表按《建设工程监理规范》(GB/T 50319—2013)中表 B.0.1 的要求填写。

监理单位在审查勘察单位提交的勘察方案前,应事先掌握工程特点、设计要求及现场地质情况,在此基础上运用综合分析手段,对勘察方案进行详细审查。审查的重点包括以下几个方面。

①勘察方案中工作内容与勘察合同及设计要求是否相符,是否有漏项或冗余。

②勘察点的布置是否合理,其数量、深度是否满足规范和设计要求。

③各类相应的工程地质勘察手段、方法和程序是否合理,是否符合有关规范的要求。

④勘察重点是否符合勘察项目特点,技术与质量保证措施是否需要细化,以确保勘察成果的有效性。

⑤勘察方案中配备的勘察设备是否满足本项目勘察技术要求。

⑥勘察单位现场勘察组织及人员安排是否合理,是否与勘察进度计划相匹配。

⑦勘察进度计划是否满足工程总进度计划的要求。

(6)总监理工程师应组织专业监理工程师审查勘察单位报送的野外作业开工报审资料。开工前,应通过踏勘了解本工程地质条件,结合既有工程地质资料,组织监理人员按专业审查勘察单位的勘察计划,符合开工条件时,应由总监理工程师签署审核意见,并应报建设单位。勘察单位开工报审表按《建设工程监理规范》(GB/T 50319—2013)中表 B.0.2 的要求填写,监理单位签发开工令按《建设工程监理规范》(GB/T 50319—2013)中表 A.0.2 的要求填写。

(7)项目监理机构应审核勘察单位报送的工程勘察劳务分包资格报审表,劳务分包资格审核的主要内容如下。

①资历和信誉。

②技术力量。

③技术装备。

④管理水平。

劳务分包资格报审表按《建设工程监理规范》(GB/T 50319—2013)中表 B.0.4 的要求填写。

(8)项目监理机构宜根据工程特点、勘察合同,对工程风险进行分析,并宜提出勘察质量控制、造价控制、目标控制及安全生产管理的防范性对策。

二、勘察质量控制

(一)勘察现场作业质量控制

现场作业包括野外作业和室内作业两个方面。

1. 野外作业控制

野外作业的监理服务工作有以下几个方面。

(1)对现场作业人员应进行专业培训,重要岗位人员应持证上岗。

(2)检查任务书下达、技术安全交底是否及时,勘探点位、标识等是否正确,是否符合规范要求。

(3)检查勘探设备、器具和施工用电情况是否满足勘察工作需要。

(4)检查勘探钻孔,钻完后,应及时回填、封孔。

(5)测量仪器设备,检测工具是否在检定时期内并合格。

(6)现场安全措施及施工动力配套是否正常。

(7)开孔、终孔深度是否符合要求。

(8)钻孔编录与分层是否正确,编录是否及时,编录人、检查人是否签字。

(9)初见水、稳定水是否测量,记录是否齐全。

(10)检查现场取样测试数量、位置及控制程序,检查取样与试验是否符合要求。

(11)所有测试数量、记录是否真实、齐全、准确。

(12)静力触探探头的标定是否在有效期内,试验点位置及试验孔深度应符合要求,分层合理,结论正确。

(13)动力触探试验工作量应满足勘察大纲的要求。

(14)检查现场操作是否规范,测量贯入深度和计数的准确情况。标贯测试应满足设计和勘察大纲要求,其数量及数据应准确。

(15)波速及其他试验应按规范要求进行,并满足场地要求。

(16)取样深度、取土数量、取样方法以及水样、岩样的数量是否满足规范要求。

（17）取土深度及水样、岩样的标签应无误，防护的蜡封等措施应合理有效。保管、运输过程中有防冻、防晒、防震等措施，且应有效，交接试样应有记录。

上述既是监理工程师应严格检查、监督的工作内容，也是质量的控制点。对于关键点位项目应进行旁站监理，旁站的范围和内容应在监理实施细则或服务工作计划中予以明确，并应做好监理记录。

2．室内作业控制

室内作业的重点是试验室的试验工作，室内试验应符合《岩土工程勘察规范》（GB 50021—2001）（2009 年版）及相关行业规范的规定，主要涉及以下几个方面的内容。

（1）试验室的资质等级及试验范围。

（2）法定计量部门对试验设备出具的计量检定证明。

（3）试验室的管理制度，包括试验人员的工作纪律、人员考核及培训制度、资料管理制度、原始记录管理制度、试验检测报告管理制度、样品管理制度、仪器设备管理制度、安全环保管理制度、外委试验管理制度、对比试验及能力考核管理制度等。

（4）试验人员的资格证书。

3．外业验收

外业完成后，勘察单位应向监理单位报请验收。监理单位经过审核，勘察单位报请资料符合要求，且外业工作确定按合同完成，报请建设单位组织验收。外业验收提供的资料应符合相关规范的规定。

（1）监理单位验收前的检查。

①勘察单位是否完成了规定的目标任务。

②勘察单位是否完成了批准的工程量。

③勘察单位的工作质量。

④勘察单位资料的汇总整理、综合研究是否符合要求。

⑤勘察单位质量安全保证体系运转情况。

⑥审查勘察单位工作总结。

（2）验收程序。

验收程序一般为审阅勘察资料、听取勘察单位汇报、分组查阅内业资料、讨论与交流、给出结论意见。

工程勘察外业验收在一些较大的土木工程中十分受重视，相关文件对勘察外业、内业的规定十分具体。如《公路工程地质勘察规范》（JTG C20—2011）对各种勘察提供的资料作了规定。又如交通运输部《关于进一步加强公路勘察设计工作的若干意见》（交公路发〔2011〕504 号）中规定外业勘察验收工作是开展设计工作的基本要求和条件。因此，监理单位在开展工程勘察相关监理服务工作时，除了熟悉国家标准外，还必须熟悉相关行业标准和规定。

（二）勘察文件质量控制

监理单位对勘察文件质量的控制，主要是对勘察成果的审核与评定，是勘察阶段质量控制的重要工作。

1．岩土工程分析评价一般规定

（1）岩土工程分析评价应在工程地质测绘、勘探、测试和搜集资料的基础上，结合工程特点和要求进行。各类工程、不良地质作用、地质灾害以及各种特殊性岩土的分析评价应符合规范规定。

（2）岩土工程分析评价应符合下列要求。

①充分了解工程结构的类型、特点、荷载情况和变形控制要求。

②掌握场地的地质背景，考虑岩土材料的非均质性、各向异性和随时间的变化，评估岩土参数不确定性，确定其最佳值。

③充分考虑当地经验和类似工程的经验。

④对于理论依据不足、实践经验不够的岩土工程问题，可通过现场模型试验或足尺试验取得实测数据，然后进行分析评价。

⑤必要时可建议通过施工检测、调整设计和施工方案。

（3）岩土工程分析评价应在定性分析的基础上进行定量分析，岩土体的变形、强度和稳定性可定量分析，场地的适宜性、场地地质的稳定性可以作定性分析。

（4）岩土工程计算应符合下列要求。

①按承载能力极限状态计算，可用于评价岩土地基承载能力和边坡、挡墙、地基稳定性等。可根据有关设计规范规定，按分项系数或总安全系数方法计算，有经验时也可用隐含安全系数的抗力容许值进行计算。

②按正常使用极限状态要求进行验算控制，可用于判断岩土体的变形、动力反应、透水性和涌水量等。

（5）岩土工程的分析评价，应根据岩土工程勘察等级进行。对丙级岩土工程勘察，可根据邻近工程经验，结合触探和钻探取样试验资料进行；对乙级岩土工程勘察，应在详细勘探、测试的基础上，结合邻近工程经验进行，并提供岩土的强度和变形指标；对甲级岩土工程勘察，除按乙级要求进行外，尚应提供载荷试验资料，必要时对其中的复杂问题进行专门研究，并结合检测对评估结论进行检验。

2．岩土参数的分析和选定

岩土参数应根据工程特点和地质条件选用，并按下列内容评估其可靠性和适用性。

（1）取样方法和其他因素对试验结果的影响。

（2）采用的试验方法和取值标准。

（3）不同测试所得结果的分析比较。

（4）测试结果的离散程度。

（5）测试方法与计算模型的配套性。

3．勘察报告的内容和要求

岩土工程勘察报告应根据任务书的要求、勘察阶段、工程特点和地质条件等具体情况编写，并应包括下列内容。

（1）勘察目的、任务要求和依据的技术标准。

（2）拟建工程概况。

（3）勘察方法和勘察工作布置。

（4）场地地形、地貌、地层、地质构造、岩土性质及其均匀性。

（5）各项岩土性质指标，岩土的强度参数、变形参数，地基承载力的建议值。

（6）地下水埋藏情况、类型、水平及其变化。

（7）土和水对建筑材料的腐蚀性。

（8）对可能影响工程稳定的不良地质作用的描述和对工程危害程度评价。

（9）对场地稳定性和适应性的评价。

（10）岩土工程报告应对岩土利用、整治和改造的方案进行论证，提出建议；对工程施工和使用期间可能发生的岩土工程问题，提出监控和预防措施的建议。

（11）勘察报告应附下列文件。

①勘察点平面布置图。

②工程地质柱状图。

③工程地质剖面图。

④原位测试成果表。

⑤室内试验成果图表。

（12）对岩土的利用、整治和改造的建议，宜对不同方案进行技术经济论证，并提出对设计、施工和现场检测要求的建议。

4．专题报告

任务需要时，可提交下列专题报告。

（1）岩土工程测试报告。

（2）岩土工程简要或检测报告。

（3）岩土工程事故调查与分析报告。

（4）岩土利用、整治或改造方案报告。

（5）专门岩土工程问题的技术咨询报告。

（三）勘察报告的审查与验收

1．勘察报告的审查

依据《房屋建筑和市政基础设施工程勘察文件编制深度规定》（2010 年版）对勘察深度的要求，勘察报告的内容除了满足上述要求外，还必须满足深度的要求。勘察文件深度要求一般如下。

（1）岩土工程勘察应正确反映场地工程地质条件，查明不良地质作用和地质灾害，并通过原始资料的整理、检查和分析，提供资料完整、评价正确、建议合理的勘察报告。

（2）勘察报告应有明确的针对性，详勘阶段报告应满足施工图设计的要求。

（3）勘察报告一般由文字和图表构成。

（4）勘察报告应采用计算机辅助编制。勘察文件的文字、标点、术语、代号、符号、数字均应符合有关规范、标准。

（5）勘察报告应盖完成单位的公章（法人公章或资料专用章），应有法人代表（或其他委托代理人）和项目主要负责人签章。图表均应有完成人、检查人或审核人签字。各种室内试验和原位测试，其成果应有试验人、检查人或审核人签字。当测试、试验项目委托其他单位完成时，受委托单位提交的成果还应盖单位公章，有单位负责人签字。

勘察成果报审表可按《建设工程监理规范》（GB/T 50319—2013）中表 B.0.7 的要求填写。

2．勘察成果验收

（1）勘察成果验收程序。

勘察成果验收的程序和组织应符合《建筑工程施工质量验收统一标准》（GB 50300—

2013)的规定。

（2）工程监理单位应审查勘察单位提交的勘察成果报告，并应向建设单位提交勘察成果评估报告，参与勘察成果验收。

（3）勘察成果报告的内容。

《岩土工程勘察规范》(GB 50021—2001)(2009 年版)、《高层建筑岩土工程勘察标准》(JGJ/T 72—2017)、《房屋建筑和市政基础设施工程勘察文件编制深度规定》(2010 年版)等都对勘察成果报告的内容作了规定。

岩土工程勘察成果报告应根据任务书要求、勘察阶段、工程特点和地质条件等具体情况编写，并应包括下列内容。

①勘察目的、任务要求和依据的技术标准。

②拟建工程概况。

③勘察方法和勘察工作布置。

④场地地形、地貌、地质构造、岩土性质及其均匀性。

⑤各项岩土性质指标、岩土的强度指标、变形参数、地基承载力的建议值。

⑥地下水埋藏情况、类型、水位及其变化。

⑦土和水对建筑材料的腐蚀性。

⑧可能影响工程稳定性的不良地质作用的描述和对工程危害程度的评价。

⑨场地稳定性和适宜性的评价。

⑩结论与建议应有针对性，包括的内容有：岩土工程评价的主要结论的阐述；工程设计、施工应注意的问题；施工对环境的影响及有关防治措施的建议。

⑪勘察报告应包括如下图表。

a. 勘探点平面位置图。

b. 工程地质剖面图。

c. 原位测试成果图表。

d. 室内试验成果图表。

e. 探井(探槽)展示图。

f. 物理力学试验指标统计表。

（4）勘察成果评估结论一般包括如下内容。

①勘察成果是否符合相关规定。

②勘察成果是否符合勘察任务书的要求。

③勘察成果依据是否充分。

④勘察成果是否真实、准确、可靠。

⑤存在问题的汇总及解决方案建议。

⑥勘察成果是否可验收等。

（四）工程勘察文件的使用

设计单位、施工单位、监理单位不得修改勘察文件。设计单位、施工单位、监理单位发现工程勘察文件不符合建设强制性标准，不能满足设计或合同约定的质量要求的，应当报告建设单位，建设单位有权要求勘察单位对勘察文件进行补充、修改。确需修改的，应当由原勘察单位修改，并按原程序审查。

（五）后期服务质量保证

勘察单位交付勘察文件后,监理单位应根据工程进度,督促勘察单位做好施工阶段的勘察配合及施工验收,对施工过程中出现的地质问题进行跟踪服务,做好监测、回访,特别是应及时参加验槽、基础工程验收、工程竣工验收及与地基基础有关的工程事故处理等工作。

（六）勘察技术档案管理

工程项目完工后,监理单位应检查勘察单位技术档案管理情况,要求将全部资料,特别是质量审查、监管依据的主要原始资料,分类编目,归档保存。

三、进度、投资、合同管理

工程监理单位应检查勘察进度计划执行情况,督促勘察单位完成勘察合同约定的工作内容,审核勘察单位提交的费用支付申请,以及签发勘察费用支付证书,并应报建设单位。

（一）进度管理

1. 工程监理单位检查勘察进度计划执行的主要工作

（1）审核勘察进度计划是否符合勘察合同的约定,是否与勘察设计方案相符。

（2）记录实际勘察进度,对不符合进度计划的现象或遗漏处予以分析,必要时下发监理通知,要求勘察单位进行调整。

（3）定期召开会议,及时了解勘察中存在的进度问题。

2. 进度管理的工作内容

（1）审核总进度计划、阶段性计划。

（2）建立勘察计划的组织体系,分析、解决计划实施中的问题。

（3）检查进度计划的实施情况,督促勘察单位按合同计划目标实施。

（4）建议勘察单位尽可能采取先进技术、方法,保证进度计划的实施。

（5）检查勘察单位制定满足目标实现的技术经济措施。

（6）分析总结进度控制经验,逐步提高进度控制的能力。

（7）如有进度延迟的情况,应要求勘察单位提出改进的方案。

（8）处理工期索赔事宜。

（二）投资管理

1. 投资管理的内容

（1）进行全过程投资跟踪,进行动态控制和分析预测投资风险。

（2）及时处理和审核已完工程的工作量。

（3）严格控制勘察工程变更,工程变更程序必须符合相关规定。

（4）严格按合同支付勘察费用。

2. 费用支付的条件审查

（1）勘察成果进度、质量符合勘察合同及规范、标准的相关要求。

（2）勘察变更内容的增补费用具有相应的文件，如补充协议、工程变更单、工作联系单和监理通知单等。

（3）各项支付款项必须符合勘察合同支付条款的规定。

（4）勘察费用支付申请符合审批程序规定。

（三）合同管理

1. 履约管理

见本章 2.1.3 节的"三、建设工程勘察合同履约管理"。

2. 检查勘察方案的执行

工程监理单位应检查勘察单位执行勘察方案的情况，对重要点位的勘察与检测试验进行现场检查。

重要点位是指勘察方案中勘察所需要的控制点，如作为持力层的关键层和一些重要层的变化处。对重要点位的勘察与测试必要时可实行旁站，并检查勘察单位执行勘察方案的情况，发现问题应及时通知勘察单位一起到现场进行检查。当工程监理单位与勘察单位对重大工程地质问题的意见不一致时，工程监理单位应提出书面意见供勘察单位参考，必要时可建议邀请有关专家进行论证，并及时报建设单位。

工程监理单位在检查勘察单位执行勘察方案的情况时，需要重点检查以下内容。

（1）工程地质勘察范围、内容是否准确齐全。

（2）钻探及原位测试等勘探点的数量、深度及勘探操作工艺，现场记录和勘探测试成果是否符合规范要求。

（3）水、土、石试样的数量和质量是否符合要求。

（4）取样、运输和保管方法是否合理。

（5）试验项目、试验方法和成果资料是否全面。

（6）物探方法的选择、操作过程和解释成果资料是否符合规定。

（7）检查水文地质试验方法、试验过程及成果资料。

（8）勘察单位的操作是否符合有关安全操作规章制度。

（9）勘察单位的内业是否规范。

四、安全生产管理的监理工作

安全生产管理的监理工作涉及以下几个方面的内容。

（1）督促勘察单位落实安全保证体系，建立健全安全生产责任制，并在勘察作业中具体落实。

（2）督促勘察单位按有关作业安全技术标准和规范要求落实安全防护措施。

（3）督促勘察单位加强现场防雷电、防雨排水、冬季防寒、夏季防暑、文明施工、卫生防疫等工作。

（4）检查现场作业人员是否存在不安全行为，机具运行是否存在安全隐患，发现问题及时处理。

（5）参与安全事故的调查与处理事宜。

2.2 工程设计阶段服务

2.2.1 工程设计及建设工程各阶段设计要求

一、建筑工程设计概述

（一）建筑工程设计阶段划分

按照规定，通常所讲的建筑工程设计包括民用建筑、工业厂房、仓库及其配套工程的新建、改建、扩建工程设计。

按照《建筑工程设计文件编制深度规定（2016 年版）》的规定，建筑工程设计一般分为方案设计、初步设计和施工图设计三个阶段。对于技术要求相对简单的民用建筑工程，经有关部门同意，且合同中没有作初步设计的约定时，可在方案设计审批后直接进入施工图设计，又称两阶段设计。

（二）工程设计管理原则

工程设计管理原则如下。
（1）先勘察，后设计，再施工。
（2）按照招投标规定选择设计单位。
（3）签订设计合同不得随意压缩工期。
（4）坚持适用、安全、美观、经济、环保、节能的设计方针。
（5）严格执行国家规定的各项设计审查制度。
（6）执行经审查同意的设计文件，不得擅自调整。
（7）设计文件深度必须符合相关规定。
（8）承担提供设计资料或设计文件的质量责任。

（三）设计文件编制深度的原则

依据现行《建筑工程设计文件编制深度规定（2016 年版）》，各阶段设计文件编制深度应按以下原则确定。
（1）方案设计文件，应满足编制初步设计文件的需要，应满足方案审批或报批的需要。
（2）初步设计文件，应满足编制施工图设计文件的需要，应满足初步设计审批的需要。
（3）施工图设计文件，应满足设备材料采购、非标准设备制作和施工的需要。对于将项目分别发包给几个设计单位或实施设计分包的情况，设计文件相互关联处的深度应满足各承包或分包单位设计的需要。

建筑工程设计文件的编制，必须符合国家有关法律、法规和现行工程建设标准、规范的规定，其中工程建设强制性条款必须严格执行。

当建设单位对设计文件编制深度另有要求时，设计文件编制深度应同时满足相关规定和设计合同的要求。设计文件编制深度的要求具有通用性，对于具体的工程项目设计，执行时应根据项目的内容和设计范围对相关规定的条文进行合理取舍。将项目分别发包给几个设计单位或实施设计分包,通常包括建筑主体由一个单位设计,而幕墙、室内装修、局部钢结构构件、某项设备系统等内容由其他单位承担设计的情况。在这种情况下,一方的施工图设计文件将成为另一方施工图设计的依据,且各方的设计文件可能存在相互关联之处。作为设计依据,相关内容的设计文件编制深度应满足有关承包方或分包方的需要。

(四) 设计文件编制的依据

《建设工程勘察设计管理条例》(2017 年修正)第二十五条规定,编制建设工程勘察设计文件,应当以下列规定为依据。

(1) 项目批准文件。

(2) 城乡规划。

(3) 工程强制性标准。

(4) 国家规定的工程勘察、设计深度要求。

铁路、交通、水利等专业建设工程还应当以专业规划的要求为依据。

二、建设工程各阶段设计要求

(一) 方案设计阶段

依据住房城乡建设部颁发的《建筑工程方案设计招标投标管理办法》(建市〔2008〕63号发布,依据建法规〔2019〕3 号修正)的规定,建筑工程方案设计应严格执行《建设工程质量管理条例》《建设工程勘察设计管理条例》和国家强制性标准条文;满足现行的建筑工程设计标准、设计规范(规程)和相应文件编制深度要求。

1. 方案设计类型

按照《建筑工程方案设计招标投标管理办法》(建市〔2008〕63 号发布,依据建法规〔2019〕3 号修正)的规定,根据设计条件及设计深度,建筑工程方案设计招标类型分为建筑工程概念性方案设计招标和建筑工程实施性方案设计招标两种类型。该办法的第二条规定:"在中华人民共和国境内从事建筑工程方案设计招标投标及其管理活动的,适用本办法。学术性的项目方案设计竞赛或不对某工程项目下一步设计工作的承接具有直接因果关系的'创意征集'等活动,不适用本办法。"

方案设计竞赛、"创意征集"等方案设计活动与下一步设计任务的承接没有关系,因此,不需要招标。但实际工作中还有报批方案设计,即可行性研究方案设计。

需要说明的是,对于大中型综合性项目或成片开发建设项目,方案设计往往是指规划方案设计或总体方案设计,也称场地方案设计;对于单一建筑物或小规模建筑物项目均是指建筑方案设计。概念性方案设计的设计方法和设计程序,常用于大中型建设项目设计前期工作中的项目初步研究。

2. 方案设计文件一般要求和编排顺序

(1) 设计说明书,包括各专业设计说明以及投资估算等内容;对涉及建筑节能、环保、绿色建筑、人防等设计的专业,其设计说明应有相应的专门内容。

(2) 总平面图及相关建筑设计图纸(若为城市区域供热或燃气调压站工程,应提供热能动力专业的设计图纸)。

（3）设计委托书或设计合同规定的透视图、鸟瞰图、模型等。

（4）方案设计文件的编排顺序。

①封面：写明项目名称、编制单位、编制年月。

②扉页：写明编制单位法定代表人、技术总负责人、项目总负责人及各专业负责人的姓名，并经上述人员签署或授权盖章。

③设计文件目录。

④设计说明书。

⑤设计图纸。

（二）初步设计阶段设计文件深度要求

初步设计是根据项目设计的目标要求，在政府相关部门确认的设计方案基础上，编制具体实施方案的设计活动。

初步设计阶段的设计文件应当满足下列要求。

（1）初步设计文件应当满足主管部门对初步设计的审查管理规定。

（2）各专业工程设计的技术深度应能够满足和控制施工图设计文件的条件。

（3）深入细化经主管部门批准确认的建设方案中的技术经济设计，达到能够编制项目设计概算的深度；满足编制施工招标文件、主要设备材料订货的需求。

（4）对项目分别发包给几个设计单位或实施设计分包的情况，初步设计文件相互关联处的深度应满足各设计分包单位的需要。

初步设计文件编制的内容和深度应当符合国家有关规定和要求。其中建筑工程应当按照住房城乡建设部颁发的《建筑工程设计文件编制深度规定（2016年版）》执行；其他行业工程按照国家有关行业主管部门的规定执行，如公路工程设计应符合原交通部发布的《公路工程基本建设项目设计文件编制办法》的规定。没有规定的，可以参照相近行业主管部门的有关规定执行。

（三）施工图设计阶段文件深度要求

1. 编制施工图设计的目的

编制施工图设计的目的是：指导建筑安装的施工，设备、构配件、材料的采购和非标准设备的加工制造，并明确建设工程的合理使用年限。

2. 施工图设计文件深度要求

施工图设计阶段的设计文件，需要完整地表现建筑物外形、内部空间分割、结构体系、构造状况以及建筑群的组成和周围环境配合，具有详细的构造尺寸。在工艺方面，应具体确定各种设备的型号、规格及各非标准设备的制造加工图。施工图设计阶段的设计文件应当满足以下要求。

（1）施工图设计文件应满足设备材料采购、非标准设备制作和施工的需要，满足施工投标书的要求。

（2）应符合主管部门有关施工图设计文件审查管理制度的各项规定。

（3）当项目分别发包且需要深化施工图设计时，设计文件的深度应该能够满足各分包单位设计的需要。

（4）应满足设计合同中规定的其他设计文件（如施工图预算书）的要求。

2.2.2　工程设计阶段的前期服务

一、设计准备阶段服务工作内容、程序、方法

（一）工作内容

（1）组建项目监理机构,明确监理服务任务、岗位职责,编制服务工作计划。
（2）组织设计招标或设计方案竞赛,编制招标文件。
（3）编制设计任务书,确定设计质量要求和标准。
（4）优选设计单位,协助建设单位签订设计合同。

（二）工作程序

设计准备阶段服务工作程序,见图 2-2-1。

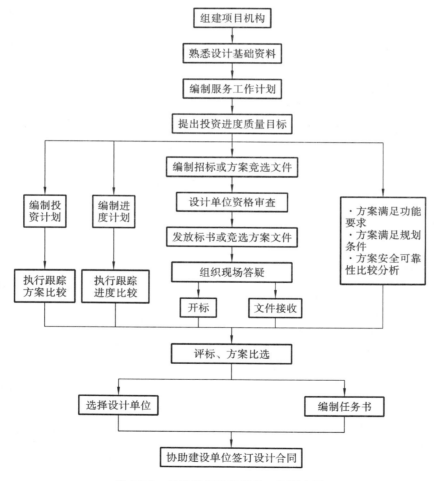

图 2-2-1　设计准备阶段服务工作程序图

（三）工作方法

（1）搜集和熟悉项目原始资料，充分领会建设单位的建设意图。监理单位要检查已批准的项目建议书、可行性研究报告、选址报告、城市规划部门的批文、土地使用要求、环境要求；工程地质和水文地质、区域图、地形图；动力、资源、设备、气象、人防、消防、地震烈度、交通运输、生产工艺、基础设施等资料；有关设计规范、标准和技术经济指标等，并分析、研究、整理满足设计要求的基本条件。

（2）项目总目标论证方法。监理单位组织对建设单位提出的项目总投资目标、总进度和质量目标进行分析，讨论其可行性。

（3）以初步确定的总建筑规模和质量要求为基础，将论证后所得总投资和总进度切块分解，确定投资和进度规划。

（4）起草设计合同，并协助建设单位尽量与设计单位达成限额设计条款。

二、设计任务书的编写

1. 设计任务书的概念及意义

设计任务书又称设计说明书。设计任务书是建设单位在工程项目可行性研究之后，对设计单位提出的建设项目构成、规模、功能空间布局、建筑总体要求以及项目在规划、建筑、结构、设备等方面应达到的目标的系统描述，是对项目功能要求的集中表现形式。

进行可行性研究的工程项目，被批准的可行性研究报告可以用来代替设计任务书，一般不再需要编写初步设计的设计任务书。经批准的设计任务书是编写设计工作大纲和进行项目工程设计的主要依据之一。

设计任务书是设计合同的主要组成文件，是设计管理工作中进行工程设计和审核设计的主要依据。设计任务书会对工程项目设计的后续工作产生影响，设计任务书的编写是决定项目设计能否达到预期目的的关键环节。

2. 设计任务书编写要求

设计任务书是项目进入设计阶段的决策性文件，是项目建设单位与项目设计单位在设计工作中的主要信息传递手段。一份好的设计任务书，应当既可使设计单位得到明确的设计要求和系统概念，又能给设计单位留有充分的发挥空间。因此，编写时要注意以下几个方面。

（1）设计任务书的内容应科学有效。

（2）设计任务书的组成应系统完整。

（3）设计任务书的叙述应简洁明确。

（4）设计任务书的表述应给设计留出发挥的空间。

（5）设计任务书的功能要求应适当可行。

（6）明确设计投资限额及设计周期。

3. 设计任务书的类型

工程设计的每一个阶段应有针对性的设计任务书。根据设计阶段或专业的不同，工程设计深度或内容的要求不同，相应的设计任务书亦有所不同，如概念性方案设计任务书、方案优化设计任务书、初步设计任务书、施工图设计任务书、景观设计任务书、建筑智能系统设计任务书、建筑节能设计任务书、精装修专项设计任务书等。

工程性质不同,建设规模不同,每个工程特点各异,设计阶段及设计功能要求的内容不同,因此,设计任务书的编写只能根据实际情况编写。在实际工程应用中,可以根据设计任务书的编写要求,参照同类或相近工程的设计任务书进行编写。

4. 设计任务书的主要内容

(1) 编写的依据。

①经批准的可行性研究报告。

②选址报告与批准的选址意见书。

③规划设计条件。

④建设场地的工程地质报告。

(2) 建设项目的背景。

①建设单位名称。

②建设项目性质。

③建设投资性质。

④建设项目名称。

⑤建设用地情况。

⑥建设项目地理位置。

⑦建设项目周边环境等。

(3) 项目的定位:在国内外社会、行业、市场等方面的设计目标定位。

(4) 项目概况:包括功能、性质、类别、建设规模、建设周期、投资估算等。

(5) 设计原则:包括设计指导思想、设计总体原则、特定设计原则等。

(6) 设计条件:包括规划条件、地形图、有关立项批复或已批准的总平面图、行政和公共设施配套条件及其他需要的设计基础资料。

(7) 设计范围、设计周期、设计深度要求。

(8) 技术经济指标。

民用建筑主要技术经济指标如下。

①总用地面积(hm^2)。

②总建筑面积(m^2)。

③建筑基底总面积(hm^2)。

④道路广场总面积(hm^2)。

⑤绿地总面积(hm^2)。

⑥容积率。

⑦建筑密度(%)。

⑧绿地率(%)。

⑨机动车停车泊位数(辆)。

⑩非机动车停放数量(辆)。

(9) 城乡规划条件。

①建筑红线范围及后退红线。

②建筑高度、层数及道路要求。

③容积率、建筑密度、绿化率等。

④防火间距及消防通道。

⑤日照、通风、朝向。

⑥主要及次要出入口与城市道路的关系。

⑦停车场及车库面积。

⑧对于水污染、噪声、粉尘等环境保护方面的规定。

⑨市政、给水、排水、电力、燃气、热力、电信等站点布局和管线的布置。

（10）功能空间设计要求。

①功能的组成及其比例。

②主要功能空间尺寸、面积、形状和空间感。

③空间序列导向和空间感。

④使用空间的合理利用要求。

（11）平面布局要求。

①功能组成部分的面积比例及使用功能。

②各使用部分的联系与分隔。

③水平与垂直交通的布置与选型。

④出入口布置。

⑤防烟、防火、安全疏散及消防中心。

⑥人防设施。

（12）辅助用房设置。

①煤炉、热力、给排水、电力、电信等专业用房及管井。

②居住建筑的户型设计要求。

③户型比、主要房间的开间控制要求、层高等。

（13）建筑风格及造型。

①建筑立意、特色与创新。

②建筑群体与个性的体型组合。

③建筑立面构图、比例与尺度。

④建筑物视线焦点部位的重点处理。

⑤外装饰的材料质感与色彩。

⑥景观及环境。

（14）建筑剖面的要求。

①建筑标准层的高度。

②有特殊使用要求的高度。

③建筑地上、地下高度应满足规划及防火规范。

（15）室内装饰要求。

①一般用房的装饰。

②重点公用房装饰。

③有特殊使用要求房间的装饰。

（16）结构设计要求。

①主体结构体系选择。

②对地基基础的设计及选型。

③抗震结构设计。

④人防和特殊结构设计。

⑤结构设计主要参数的确定。

⑥装配式建筑设计的技术策划。

（17）设备设计要求。

①给水系统（生活、生产、消防用水）、管网、水量及设备。

②排水系统管网、污水处理及化粪池等。

③电气系统的电源、负荷、变配电房、高低压设备、自备电源、防雷等。

④空调、采暖、通风设备。

⑤燃气管线、调压站及管网。

⑥建筑智能化系统及其各子系统、集成系统等。

（18）建筑节能设计要求。

①建筑专业节能。

②节水、节电和空调采暖、节能减排。

（19）消防设计要求。

①消防等级。

②消防指挥中心。

③自动报警系统。

④防火及防烟分区。

⑤安全疏散口的数量、位置、距离和疏散时间。

⑥防火材料、设备及器材等。

（20）其他设计要求和说明。

三、选择设计单位

（一）选择的方式

设计招标有公开招标和邀请招标两种形式，并分为国际招标和国内招标。

设计任务委托的方式有平行委托、总设计委托、设计合作、设计联合体。设计过程的组织方式有直接委托、设计招标委托、设计方案竞赛（方案征集）、协议评审。根据具体项目的规模、工程设计的难易程度、项目设计的工期要求等因素，可以分别选择一种或多重委托方式。但不论选择何种方式委托设计任务，都必须符合国家相关法律、法规及行业的规定。

（二）工程设计资质分级

根据《工程设计资质标准》的规定，工程设计行业资质设甲、乙、丙三个级别。除建筑工程、市政公用、水利和公路等行业所设工程设计丙级资质可独立进入工程设计市场外，其他行业工程设计丙级资质设置的对象仅为行业内部所属的非独立法人设计单位。

分级主要从设计单位的资历和信誉、技术力量、技术水平、技术装备及应用水平、管理水平、业务成果六个方面进行核定，分为甲、乙、丙三级。因此，监理单位考察工程设计单位也应从这六个方面进行考察。

（三）承担业务范围

取得工程设计资质的单位允许承担的业务范围如下。

（1）甲级工程设计单位承担相应行业建设项目的工程设计,规模不受限制。

（2）乙级工程设计单位可承担相应行业中小型建设项目的工程设计任务（按各行业建设项目设计规模划分的规定执行）,承担工程设计任务的地区不受限制。

（3）丙级工程设计单位可承担相应的小型建设项目的工程设计任务（按各行业建设项目设计规模划分的规定执行）。承担工程设计限定在省、自治区、直辖市所辖行政区范围内。

具有甲级、乙级资质的单位,可承担相应的咨询业务,除特殊规定外,还可以承担相应的工程设计专项资质可承接的业务。

（四）工程设计招标

1. 建筑工程方案招标的类型

建筑工程方案招标的类型,见图 2-2-2。

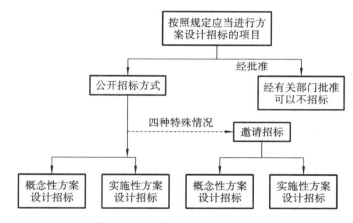

图 2-2-2　建筑工程方案招标类型

2. 概念性方案设计招标条件

（1）具有经过审批机关同意的项目建议书或招标人已取得土地使用证。

（2）具有规划管理部门确定的项目建设地点、规划控制条件和用地红线图。

（3）设计所需要的资金已经落实。

（4）设计基础资料已经搜集完成。

（5）具备相关法律、法规规定的其他条件。

3. 实施性方案招标条件

（1）政府投资的项目已取得政府有关部门的审批,以及对项目建议书或可行性研究报告的批复;企业（含外资、合资企业）投资的项目具有经核准或备案的项目确认书。

（2）具有规划部门确定的项目建设地点、规划控制条件和用地红线图。

（3）有符合要求的地形图,能提供需要的建设场地工程地质、水文地质勘察资料,以及水、电、燃气、供热、环保、通信、市政道路和交通等方面的基础资料。

（4）有符合规划控制条件、立项批复和充分体现招标人意愿的设计任务书。

（5）设计所需要的资金已落实。

（6）设计基础资料已搜集完成。

（7）具备相关法律、法规规定的其他条件。

4．方案设计招标流程

（1）发布招标公告（投标邀请）。

（2）发放资格预审文件（需要资格预审的）。

（3）发放招标文件。

（4）现场踏勘、答疑。

（5）组织评标委员会。

（6）接受投标文件、开标。

（7）评标。

（8）定标（发中标通知书）。

（9）根据投标情况的书面报告备案。

（10）签订合同。

2.2.3　工程设计的合同谈判、签订与履约管理

一、合同谈判

（一）概念

1．建设工程设计合同

建设工程设计合同，是指设计人依据约定向发包人提供建设工程设计文件，发包人受领该成果并按约定支付酬金的合同。

2．工程设计合同谈判

工程设计合同谈判是建设单位与设计单位双方就意向建设工程设计的质量、价格、工期、结算方式、违约责任等事项进行协谈、沟通，最后达成一致意见的过程。

（二）谈判知识的构成

建设工程设计合同谈判涉及谈判学、博弈学、管理学、工程造价、法律、合同管理等建筑设计技术以外的知识，专业性非常强，非专业人士不能为之。如合同文本的选择、订立合同的方式、法律规范的适用、格式合同与格式条款、缔约责任、合同免责、合同无效、合同效力待定、合同条款规定不明时的处理原则、合同风险的转移、违约责任承担方式等，这些问题需要法律人士来解决。因此，合同谈判离不开懂法律、懂合同的人的参与。

（三）谈判的准备工作

1．人员组成

工程设计合同谈判，人员的组成十分重要，参与谈判的人员应该具备如下知识。

（1）熟悉法律、法规知识，并有一定的政策水平。

（2）具有工程设计技术并有一定工作经历的人员。

（3）懂得建筑工程设计管理知识的人员。

（4）有一定语言表达能力的人员。

2. 注重资料搜集

工程设计合同谈判准备工作中，应搜集整理各种设计基础资料和背景材料，包括对方的资信情况、履约能力、工程设计业绩等。

3. 合同谈判主体及其情况分析

合同谈判主体分析包括自我分析与评价、对方基本情况的分析、谈判内容分析等。

4. 拟订谈判方案

在对项目情况进行综合分析的基础上，拟订方案时应考虑双方可能存在的意见与分歧、谈判的重点和难点，从而有针对性地运用谈判策略与技巧，以获得谈判成功。

（四）谈判要点

工程设计合同谈判的内容很多，作为谈判人员应掌握其要点。

1. 合同一般规定

合同一般规定中的内容有：术语定义，投标书和进度计划是否构成合同，以及设计过程中各种备忘录是否具备合同效力等。

2. 合同的工作范围

这是实际工程实施中界定工作范围的依据。

3. 设计分包与合同谈判要点

建设单位可能将项目分别发包给几个设计单位或实施设计分包。在这种情况下，一方的施工图设计文件将成为另一方进行施工图设计的依据，且各方的设计文件可能存在相互关联之处。因此，必须明确分包项目的部位、范围及谈判的重点，具体如下。

（1）计价方式。

（2）费用支付与支付程序。

（3）支付方式。

（4）价格调整。

（5）支付的货币与汇率。

（6）付款时间。

（7）延迟付款的利息。

（8）款项类别，包括定金、阶段性付款等。

（9）付款保证。

（10）质量保证金。

（11）合同结算等。

二、合同示范文本

建设工程设计合同示范文本有房屋建筑工程和专业建设工程两种版本。

（一）房屋建筑工程

《建设工程设计合同示范文本（房屋建筑工程）》（GF-2015-0209）由合同协议书、通用合同条款和专用合同条款三部分组成。

1. 合同协议书

该示范文本中的合同协议书集中约定了合同当事人基本的合同权利义务。

2. 通用合同条款

通用合同条款是合同当事人根据《中华人民共和国建筑法》《中华人民共和国合同法》等法律、法规的规定，就工程设计的事实及相关事项，对合同当事人的权利义务作出的原则性约定。

通用合同条款既考虑了现行法律、法规对工程建设的有关要求，也考虑了工程设计管理的特殊要求。

3. 专用合同条款

专用合同条款是对通用合同条款原则性约定的细化、完善、补充、修改或另行约定的条款。合同当事人可以根据不同建设工程的特点及具体情况，通过双方的谈判、协商对相应的专用合同条款进行修改补充。在使用专用合同条款时，应注意以下事项。

（1）专用合同条款的编号应与相应的通用合同条款的编号一致。

（2）合同当事人可以通过对专用合同条款的修改，满足具体房屋建筑工程的特殊要求，避免直接修改通用合同条款。

（3）在专用合同条款中有横道线的地方，合同当事人可针对相应的通用合同条款进行细化、完善、补充、修改或另行约定；如无细化、完善、补充、修改或另行约定，则填写"无"或划"/"。

4. 示范文本适用范围

该示范文本供合同双方当事人参照使用，可适用于方案设计招标投标、队伍比选等形式下的合同订立。

该示范文本适用于建设用地规划许可证范围内的建筑物构筑物设计、室外工程设计、民用建筑修建的地下工程设计及住宅小区、工厂厂前区、工厂生活区、小区规划设计及单体设计等，以及所包含的相关专业的设计内容（总平面布置、竖向设计、各类管网管线设计、景观设计、室内外环境设计及建筑装饰、道路、消防、智能、安保、通信、防雷、人防、供配电、照明、废水治理、空调设施、抗震加固等）等工程设计活动。

（二）专业建设工程

1. 示范文本的组成

《建设工程设计合同示范文本（专业建设工程）》（GF-2015-0210）由合同协议书、通用合同条款和专用合同条款三部分组成。三部分的内容与《建设工程设计合同示范文本（房屋建筑工程）》（GF-2015-0209）基本相同。

2. 示范文本适用范围

该示范文本供合同双方当事人参照使用。

该示范文本适用于房屋建筑工程以外各行业建设工程项目的主体工程和配套工程（含厂（矿）区内的自备电站、道路、专用铁路、通信、各种管网管线和配套的建筑物等全部配套工程）以及与主体工程、配套工程相关的工艺、土木、建筑、环境保护、水土保持、消防、安全、卫生、节能、防雷、抗震、照明工程等工程设计活动。房屋建筑工程以外的各行业建设工程统称为专业建设工程，具体包括煤炭、化工石化医药、石油天然气（海洋石油）、电力、冶金、军工、机械、商物粮、核工业、电子通信广电、轻纺、建材、铁道、公路、水运、民航、市政、农林、水利、海洋等工程。

三、合同订立

合同订立是指两方及以上当事人相互之间通过协商建立合同关系的行为。当事人订立合同,采取要约、承诺方式,这是合同订立的一般程序。要约是希望和他人订立合同的意思表示,承诺是受要约人同意要约的意思表示。当事人所作出的要约和承诺都应符合法律的规定,否则,是没有法律效力的要约和承诺。

(一) 建设工程设计合同的特点

(1) 合同当事人双方一般具有法人资格。合同当事人双方应具有民事权利能力和民事行为能力,取得法人资格的组织或者其他组织及个人在法律允许范围内均可以成为合同当事人。作为发包人(建设单位),一般应是对国家批准的建设项目落实投资计划的企业、事业单位、社会组织。

(2) 设计合同的订立,必须符合工程项目建设程序。

(3) 工程设计合同具有建设工程合同的基本特征,是建设工程合同中的类型之一(详见《建设工程监理业务指南——从业必备》第 6 章)。

(二) 订立设计合同应约定的内容

1. 委托设计项目的内容

订立设计合同时应明确委托设计项目的具体要求,包括分项工程与单位工程的名称、设计阶段和各部分的设计费。如民用建筑工程各分项的名称及对应的建设规模(层数、建筑面积);设计人承担的设计任务是全过程设计(方案设计、初步设计、施工图设计),还是部分阶段的设计任务;相应分项对应的建筑工程总投资,相应的设计费用。

2. 发包人应向设计人提供的文件资料

发包人应当在工程设计前或设计合同专用合同条款附件 2 约定的时间向设计人提供工程设计所必需的工程设计资料,并对所提供资料的真实性、准确性和完整性负责。

按照法律规定确需在工程设计开始后方能提供的设计资料,发包人应及时地在相应工程设计文件提交给发包人前的合理期限内提供,合理期限应以不影响设计人的正常设计为限。

通常发包人应向设计人提供以下文件资料。

(1) 设计依据的文件资料。

①经批准的可行性研究报告或项目建议书。

②城市规划许可文件。

③工程勘察资料。

发包人向设计人提交的有关资料和文件在合同内需约定资料和文件的名称、份数、提交时间和有关事宜。

(2) 项目设计要求。

①限额设计的要求。

②设计依据的标准。

③建筑物设计使用年限的要求。

④设计深度的要求(见本章 2.2.1 节的"二、建设工程各阶段设计要求")。

3. 设计工作开始和终止时间

合同应约定设计工作开始和完成的日期,作为设计周期。

(1) 开始设计日期。

发包人应按照法律规定获得工程设计所需的许可。发包人发出的开始设计通知应符合法律规定,一般应在计划开始设计日期 7 天前向设计人发出开始工程设计工作通知,工程设计周期自开始设计通知中载明的开始设计的日期起算。

设计人应当在收到发包人提供的工程设计资料及专用合同条款约定的定金或预付款后,开始工程设计工作。

各设计阶段的开始时间均以设计人收到的发包人发出开始设计工作的书面通知书中载明的开始设计的日期起算。

(2) 完成设计日期。

合同协议书约定了计划完成设计及相关服务的日期,当设计进度延误时,应根据造成设计进度延误的原因,由责任人承担责任。

①因发包人原因导致工程设计进度延误。

在合同履行过程中,发包人导致工程设计进度延误的情形主要有以下几种。

a. 发包人未能按合同约定提供工程设计资料、所提供的工程设计资料不符合合同约定或存在错误或疏漏的。

b. 发包人未能按合同约定日期足额支付定金或预付款、进度款的。

c. 发包人提出影响设计周期的设计变更要求的。

d. 专用合同条款中约定的其他情形。

因发包人原因未按计划开始设计日期开始设计的,发包人应按实际开始设计日期顺延完成设计日期。

除专用合同条款对期限另有约定外,设计人应在发生上述情形后 5 天内向发包人发出要求延期的书面通知,在发生该情形后 10 天内提交要求延期的详细说明供发包人审查。除专用合同条款对期限另有约定外,发包人收到设计人要求延期的详细说明后,应在 5 天内进行审查并就是否延长设计周期及延期天数向设计人进行书面答复。

如果发包人在收到设计人提交要求延期的详细说明后,在约定的期限内未予答复,则视为设计人要求的延期已被发包人批准。如果设计人未能在约定的时间内发出要求延期的通知并提交详细资料,则发包人可拒绝作出任何延期的决定。

发包人上述工程设计进度延误情形导致增加了设计工作量的,发包人应当另行支付相应设计费用。

②因设计人原因导致工程设计进度延误。

因设计人原因导致工程设计进度延误的,设计人应当按照设计合同第 14.2 款(设计人违约责任)承担责任。设计人支付逾期完成工程设计违约金后,不免除设计人继续完成工程设计的义务。

4. 设计费用支付

(1) 发包人和设计人应当在专用合同条款中明确约定合同价款各组成部分的具体数额,主要包括以下几种。

①工程设计基本服务费用。

②工程设计其他服务费用。

③在未签订合同前发包人已经同意或接受或已经使用的设计人为发包人所做的各项工作的相应费用等。

（2）发包人和设计人应在合同协议书中选择采用单价合同、总价合同或其他合同价格形式。

（3）定金的比例不应超过合同总价款的20%。预付款的比例由发包人与设计人协商确定，一般不低于合同总价款的20%。定金或预付款的支付按照专用合同条款约定执行，但最迟应在开始设计通知载明的开始设计日期前专用合同条款约定的期限内支付。

（4）发包人应当按照专用合同条款附件6约定的付款条件及时向设计人支付进度款。

5. 施工现场配合服务

（1）除专用合同条款另有约定外，发包人应为设计人派赴现场的工作人员提供工作、生活及交通等方面的便利条件。

（2）设计人应当提供设计技术交底、解决施工中的设计技术问题和竣工验收服务。如果发包人在专用合同条款约定的施工现场服务时限外仍要求设计人负责上述工作的，发包人应按所需工作量向设计人另行支付服务费用。

6. 设计人应交付的设计资料和文件

（1）工程设计文件交付的内容。

①工程设计图纸及设计说明。

②发包人可以要求设计人提交专用合同条款约定的具体形式的电子版设计文件。

（2）工程设计文件的交付方式。

设计人交付工程设计文件给发包人，发包人应当出具书面签收单，内容包括图纸名称、图纸内容、图纸形式、份数、提交和签收日期、提交人与接收人的亲笔签名。

（3）工程设计文件交付的时间和份数。

工程设计文件交付的名称、时间和份数在专用合同条款附件3中约定。

7. 合同争议的最终解决方式

发生合同争议时，合同当事人应通过自行和解和第三方调解解决合同争议，还可在专用合同条款中约定通过争议评审方式解决合同争议。专用合同条款中应约定当事人不愿和解、调解或者和解、调解不成的，任何一方当事人不接受争议评审小组决定或不履行争议评审小组决定的，合同争议的最终解决方式是采用仲裁或诉讼。采用仲裁时，需注明仲裁委员会的名称。

四、建设工程设计合同履约管理

（一）合同当事人

1. 发包人

（1）发包人一般义务。

①发包人应遵守法律，并办理法律规定由其办理的许可、核准或备案，包括但不限于建设用地规划许可证、建设工程规划许可证、建设工程方案设计批准、施工图设计审查等许可、核准或备案。

发包人负责向规划设计管理部门送审报批本项目各阶段设计文件的工作，并负责将报批结果书面通知设计人。因发包人原因未能及时办理完毕前述许可、核准或备案手续，导致设计工作量增加和(或)设计周期延长时,由发包人承担由此增加的设计费用和(或)延长设计周期。

②发包人应当负责工程设计的所有外部关系(包括但不限于当地政府主管部门等)的协调,为设计人履行合同提供必要的外部条件。

③专用合同条款约定的其他义务。

(2) 发包人代表。

发包人应在专用合同条款中明确其负责工程设计的发包人代表的姓名、职务、联系方式及授权范围等事项。发包人代表在发包人的授权范围内,负责处理合同履行过程中与发包人有关的具体事宜。发包人代表在授权范围内的行为由发包人承担法律责任。发包人更换发包人代表的,应在专用合同条款约定的期限内提前书面通知设计人。

发包人代表不能按照合同约定履行其职责及义务,并导致合同无法继续正常履行的,设计人可以要求发包人撤换发包人代表。

(3) 发包人决定。

①发包人在法律允许的范围内有权对设计人的设计工作、设计项目和(或)设计文件作出处理决定,设计人应按照发包人的决定执行,涉及设计周期和(或)设计费用等问题按合同第 11 条(工程设计变更与索赔)的约定处理。

②发包人应在专用合同条款约定的期限内对设计人书面提出的事项作出书面决定,如发包人不在约定时间内作出书面决定,设计人的设计周期相应延长。

(4) 支付合同价款。

发包人应按合同约定向设计人及时足额支付合同价款。

(5) 设计文件接收。

发包人应按合同约定及时接收设计人提交的工程设计文件。

2. 设计人

(1) 设计人一般义务。

①设计人应遵守法律和有关技术标准的强制性规定,完成合同约定范围内的房屋建筑工程方案设计、初步设计、施工图设计,提供符合技术标准及合同要求的工程设计文件,提供施工配合服务。

设计人应当按照专用合同条款约定配合发包人办理有关许可、核准或备案手续的,因设计人原因造成发包人未能及时办理许可、核准或备案手续,导致设计工作量增加和(或)设计周期延长时,由设计人自行承担由此增加的设计费用和(或)设计周期延长的责任。

②设计人应当完成合同约定的工程设计其他服务。

③专用合同条款约定的其他义务。

(2) 项目负责人。

①项目负责人应为合同当事人所确认的人选,并在专用合同条款中明确项目负责人的姓名、执业资格及等级、注册执业证书编号、联系方式及授权范围等事项,项目负责人经设计人授权后代表设计人负责履行合同。

②设计人需要更换项目负责人的,应在专用合同条款约定的期限内提前书面通知发包人,并征得发包人书面同意。通知中应当载明继任项目负责人的注册执业资格、管理经验等资料,继任项目负责人继续履行第 3.2.1 项约定的职责。未经发包人书面同意,设计人不得擅自更换项目负责人。设计人擅自更换项目负责人的,应按照专用合同条款的约定承

担违约责任。对于设计人项目负责人确因患病、与设计人解除或终止劳动关系、工伤等需更换项目负责人的,发包人无正当理由不得拒绝更换。

③发包人有权书面通知设计人更换其认为不称职的项目负责人,通知中应当载明要求更换的理由。对于发包人有理由的更换要求,设计人应在收到书面更换通知后在专用合同条款约定的期限内进行更换,并将新任命的项目负责人的注册执业资格、管理经验等资料书面通知发包人。继任项目负责人继续履行第 3.2.1 项约定的职责。设计人无正当理由拒绝更换项目负责人的,应按照专用合同条款的约定承担违约责任。

（3）设计人人员。

①除专用合同条款对期限另有约定外,设计人应在接到开始设计通知后 7 天内,向发包人提交设计人项目管理机构及人员安排的报告,其内容应包括建筑、结构、给排水、暖通、电气等专业负责人名单及其岗位、注册执业资格等。

②设计人委派到工程设计中的设计人员应相对稳定。设计过程中如有变动,设计人应及时向发包人提交工程设计人员变动情况的报告。设计人更换专业负责人时,应提前 7 天书面通知发包人,除专业负责人无法正常履职情形外,还应征得发包人书面同意。通知中应当载明继任人员的注册执业资格、执业经验等资料。

③发包人对于设计人主要设计人员的资格或能力有异议的,设计人应提供资料证明被质疑人员有能力完成其岗位工作或不存在发包人所质疑的情形。发包人要求撤换不能按照合同约定履行职责及义务的主要设计人员的,设计人认为发包人有理由的,应当撤换。设计人无正当理由拒绝撤换的,应按照专用合同条款的约定承担违约责任。

（4）设计分包。

①设计分包的一般约定。

设计人不得将其承包的全部工程设计转包给第三人,或将其承包的全部工程设计肢解后以分包的名义转包给第三人。设计人不得将工程主体结构、关键性工作及专用合同条款中禁止分包的工程设计分包给第三人,工程主体结构、关键性工作的范围由合同当事人按照法律规定在专用合同条款中予以明确。设计人不得进行违法分包。

②设计分包的确定。

设计人应按专用合同条款的约定或经过发包人书面同意后进行分包,确定分包人。按照合同约定或经过发包人书面同意后进行分包的,设计人应确保分包人具有相应的资质和能力。工程设计分包不减轻或免除设计人的责任和义务,设计人和分包人就分包工程设计向发包人承担连带责任。

③设计分包管理。

设计人应按照专用合同条款的约定向发包人提交分包人的主要工程设计人员名单、注册执业资格及执业经历等。

④分包工程设计费。

a.除本项第 b 条约定的情况或专用合同条款另有约定外,分包工程设计费由设计人与分包人结算,未经设计人同意,发包人不得向分包人支付分包工程设计费。

b.生效的法院判决书或仲裁裁决书要求发包人向分包人支付分包工程设计费的,发包人有权从应付设计人合同价款中扣除该部分费用。

（5）联合体。

①联合体各方应共同与发包人签订合同协议书。联合体各方应为履行合同向发包人

承担连带责任。

②联合体协议应当约定联合体各成员工作分工,经发包人确认后作为合同附件。在履行合同过程中,未经发包人同意,不得修改联合体协议。

③联合体牵头人负责与发包人联系,并接受指示,负责组织联合体各成员全面履行合同。

④发包人向联合体支付设计费用的方式在专用合同条款中约定。

(二) 违约责任

1. 发包人违约责任

(1) 合同生效后,发包人因非设计人原因要求终止或解除合同,设计人未开始设计工作的,不退还发包人已付的定金或发包人按照专用合同条款的约定向设计人支付违约金;已开始设计工作的,发包人应按照设计人已完成的实际工作量计算设计费,完成工作量不足一半时,按该阶段设计费的一半支付设计费;超过一半时,按该阶段设计费的全部支付设计费。

(2) 发包人未按专用合同条款附件 6 约定的金额和期限向设计人支付设计费的,应按专用合同条款约定向设计人支付违约金。逾期超过 15 天时,设计人有权书面通知发包人中止设计工作。自中止设计工作之日起 15 天内发包人支付相应费用的,设计人应及时根据发包人要求恢复设计工作;自中止设计工作之日起超过 15 天后发包人支付相应费用的,设计人有权确定重新恢复设计工作的时间,且设计周期相应延长。

(3) 发包人的上级或设计审批部门对设计文件不进行审批或本合同工程停建、缓建,发包人应在事件发生之日起 15 天内按合同第 16 条(合同解除)的约定向设计人结算并支付设计费。

(4) 发包人擅自将设计人的设计文件用于本工程以外的工程或交第三方使用时,应承担相应法律责任,并应赔偿设计人因此遭受的损失。

2. 设计人违约责任

(1) 合同生效后,设计人因自身原因要求终止或解除合同,设计人应按发包人已支付的定金金额双倍返还给发包人或设计人按照专用合同条款约定向发包人支付违约金。

(2) 由于设计人原因,未按专用合同条款附件 3 约定的时间交付工程设计文件的,应按专用合同条款的约定向发包人支付违约金,前述违约金经双方确认后可在发包人应付设计费中扣减。

(3) 设计人对工程设计文件出现的遗漏或错误负责修改或补充。由于设计人原因产生的设计问题造成工程质量事故或其他事故时,设计人除负责采取补救措施外,应当通过所投建设工程设计责任保险向发包人承担赔偿责任或者根据直接经济损失程度按专用合同条款约定向发包人支付赔偿金。

(4) 由于设计人原因,工程设计文件超出发包人与设计人书面约定的主要技术指标控制值比例的,设计人应当按照专用合同条款的约定承担违约责任。

(5) 设计人未经发包人同意擅自对工程设计进行分包的,发包人有权要求设计人解除未经发包人同意的设计分包合同,设计人应当按照专用合同条款的约定承担违约责任。

(三) 工程设计变更与索赔

(1) 发包人变更工程设计的内容、规模、功能、条件等,应当向设计人提供书面要求,设计人在不违反法律规定以及技术标准强制性规定的前提下应当按照发包人要求变更工程设计。

（2）发包人变更工程设计的内容、规模、功能、条件或因提交的设计资料存在错误及作较大修改时，发包人应按设计人所耗工作量向设计人增付设计费，设计人可按本条约定和专用合同条款附件7的约定，与发包人协商对合同价格和（或）完工时间做可共同接受的修改。

（3）如果发包人要求更改而造成项目复杂性的变更或性质的变更，使得设计人的设计工作减少，发包人可按本条约定和专用合同条款附件7的约定，与设计人协商对合同价格和（或）完工时间做可共同接受的修改。

（4）基准日期后，与工程设计服务有关的法律、技术标准的强制性规定颁布及修改，由此增加的设计费用和（或）延长的设计周期由发包人承担。

（5）如果发生设计人认为有理由提出增加合同价款或延长设计周期的要求事项，除专用合同条款对期限另有约定外，设计人应于该事项发生后5天内书面通知发包人。除专用合同条款对期限另有约定外，在该事项发生后10天内，设计人应向发包人提供证明设计人要求的书面声明，其中包括设计人关于因该事项引起的合同价款和设计周期的变化的详细计算。除专用合同条款对期限另有约定外，发包人应在接到设计人书面声明后的5天内，予以书面答复。逾期未答复的，视为发包人同意设计人关于增加合同价款或延长设计周期的要求。

2.2.4 工程设计实施阶段的监理服务

工程设计实施阶段是建设项目从可行性研究阶段进入开工建设过程的重要阶段。

监理单位在工程设计实施阶段，应把工程质量控制、工程造价控制、工程进度控制作为重中之重。

一、工程设计阶段质量控制

（一）工程方案设计阶段质量控制

1. 工程方案设计准备阶段质量控制

（1）根据有关规定和设计计划安排确定工程方案的设计招标方式（公开招标或邀请招标）。选择社会信誉良好，具有同类工程设计业绩及法规许可的相应资质的潜在设计招标人参加投标。

（2）工程方案设计要求的基础资料要全面、真实可靠、表达完整、界定清晰，基础资料中文字表述正确、避免歧义。

（3）对设计工程的特殊功能、特殊要求应在提交前充分论证，批准后一次性提出。

（4）方案设计文件编制要求要明确。如果对方案设计文件编制深度仅简单提出应符合《建筑工程方案设计招标技术文件编制内容及深度要求》是不够的，因为对具体工程并非完全适用，应结合具体工程的特定情况适当增加、细化需要的内容。

2. 工程方案设计评审与完善质量控制

（1）仔细编写投标方案的评审指标、评审条件。根据项目功能需要细化项目功能的重要指标，以提高设计方案评审选择的精准度。

（2）认真组织安排开标后的工程方案设计评审，充分发挥评审专家的质量把关作用，如招标人应确保评审专家有足够时间审阅投标文件。评审专家对投标人的方案设计文件有疑问需要向投标人质疑时，应按照规定安排投标人到场解释或澄清有关质疑的问题内容。

（3）对大型公共建筑工程项目、有特殊要求的项目中涉及的有关规划、安全、技术、经济、结构、环境、节能等方面的问题，根据需要应安排专项技术论证的环节，以确保建筑方案的安全性和合理性达到质量要求。

（4）对专家评审后选定的设计方案进行完善，达到报批方案规定的标准和要求。

（二）初步设计阶段质量控制

1. 初步设计文件内审质量控制

（1）审查是否符合政府有关部门对该项目批准文件的要求，设计单位是否严格落实了有关行政主管部门的审批意见。

（2）审查是否符合批准的设计方案和设计任务书中明确的项目规模及组成，是否符合要求的设计原则、功能要求，主要技术经济指标的确定是否合理。

（3）设计所执行的主要法规和采用的标准，特别是强制性标准是否恰当、有效。

（4）审查是否符合规划、用地、环保、节能、卫生、绿化、消防、人防、抗震、安全设施、防雷、无障碍设施等各专项管理规定和设计要求，是否符合社会公共利益。

（5）设计文件是否满足现行国家和省市地方有关初步设计深度规定的要求。

（6）采用的新技术、新材料、新设备和新结构是否适用、可靠、先进。

（7）总体布局和建筑设计是否在方案设计基础上更合理、完善、细化，是否有利于合理利用土地和资源节约，是否预留了发展需要的备用空间。

（8）工艺设计是否成熟、可靠，所采用设备是否先进、合理，是否符合设计的生产规模的要求。

（9）所采用的技术方案是否可行可靠、经济合理，是否达到项目确定的质量标准，有关专业设计之间的技术协调是否充分。

（10）结构选型、结构布置是否考虑项目环境条件的可实施性，是否经济合理，是否符合抗震要求和环境使用要求。

（11）工程配套设施，如电力、供水、燃气、供热所要求的数据条件是否超出预计。

（12）设计概算编制内容是否符合报批规定，依据文件是否有效、完整，引用条文是否恰当、准确，概算结果是否控制在合理范围内。若超出投资估算，超出的理由是否合理充分。

监理单位应协助建设单位将内审提出的问题进行整理分析，并编写内审纪要。设计单位应按照内审纪要调整、修改、补充初步设计图纸文件及设计概算。编制正式初步设计文件，由建设单位提交政府有关部门进行审查。

2. 初步设计文件会审

初步设计文件会审是初步设计审批的规定方式和主要内容，一般由政府建设行政主管部门牵头主持，参加会议的包括主要专业评审的主管部门、项目配套的主管单位和评审专家组、建设单位、设计单位、监理单位及其他应邀参会者。因各地方政府管理机构的具体分工不同，加上行业不同，具体的审查形式存在差异，这是监理单位应掌握和熟悉的。

按照初步设计行政审查和技术审查的层次,审查的内容通常如下。

(1)行政审查的主要内容。

①报审需要的文件是否齐全,报审项目的性质、规模是否符合审批管理权限规定。

②报审申报单位是否具备法定申报资格。

③报审设计项目是否是国家发展改革委等政府相关部门批准或核准备案的项目。

④报审设计项目的规模、功能、工艺、投资等文件批复内容是否齐全。

⑤报审设计项目设计依据是否符合经审查通过的规划方案设计,是否符合作为设计依据的政府有关部门批准的文件要求。

⑥报审设计文件是否符合经审查批准通过的有关专项设计文件,如已审查通过的消防方案设计、园林绿化方案设计、人防设置要求;是否符合经审批的环评报告、安全生产防护方案设计等。

⑦勘察设计单位的企业资质是否符合相应的标准规定;勘察设计单位和执业人员的市场行为是否规范,是否存在挂靠、出卖图章等行为。

⑧参与初步设计的执业人员是否具备注册建筑师、注册工程师等可从事此设计工作的执业资格。

⑨初步设计文件编制签署、执业人员签字是否齐全;文件形式是否规范;文件格式是否符合相应的规定。

⑩勘察设计承包、发包是否符合招标投标管理有关规定,勘察、设计合同是否合法、有效。

⑪勘察、设计周期是否合理,是否存在随意压缩勘察、设计周期的行为;勘察、设计收费是否符合国家的相关规定。

⑫项目设计是否充分体现了国家在环境保护、建筑节能、节水、节材、节地和新工艺、新材料、新设备、新结构等新技术应用方面的产业发展政策及工程建设标准强制性条文要求。

(2)技术审查的原则。

①初步设计选用的规范、规程、标准、规定等是否恰当和有效。

②初步设计文件编制的深度是否符合国家、行业和地方有关规定的要求。

③初步设计是否符合有关工程建设标准强制性条文要求。

④初步设计中所适用的技术性方案是否可靠、成熟先进、经济合理,是否符合工程建设和使用环境条件。

⑤技术性能设计是否符合环保、节能、安全等公众利益。

(3)技术审查的内容。

①设计采用的设计标准、规范是否齐全、正确,版本是否有效。

②设计是否符合规划批准的建设用地位置,建筑高度、密度、面积等技术指标是否在规划许可范围内;设计用地红线是否与规划局审批的用地红线一致。

③初步设计中是否落实了方案设计阶段的审批意见,应说明设计中修改的原因,并应说明修改符合审批要求和有关规定。

④场地有无不良地形地貌;四周有无可能影响本建筑物的特殊建(构)筑物(如加油站、加气站、危险品仓库、架空高压线、轨道交通线等);有无地震、洪水、滑坡等自然灾害的影响及采取的相应防治措施;有无对文物的保护措施。

⑤总平面布局是否符合相关规范要求;项目的分期原则及相关措施是否合理、可靠;绿地布置、地面排水、用地防护的设施是否符合规范要求。

⑥交通组织方面的道路宽度、坡度、出入口、停车场设施和无障碍设计是否符合相关规范要求。

⑦是否说明市政管网与本工程的相互关系,接口位置、容量(管径)大小参数和不能满足时所采取的技术措施。

⑧是否给出本工程功能所需的总用水量,总污水量,总天然气用量,总冷(暖)负荷量,变(配)电站的位置、容量等。

⑨竖向设计是否符合规划控制标高,场地外围的城市道路等关键性标高是否标准。场地标高与城市道路标高的关系是否合理,复杂场地是否有详细的场地剖面设计图。

⑩重点审查初步设计对涉及建筑安全可靠、节能减排、环境保护、消防、抗震、无障碍建设等专项标准的执行情况。

⑪初步设计文件编制深度是否满足编制施工招标文件、主要材料设备订货和编制施工图设计文件的需要。

⑫各专业工种的设计是否协调;对有关专业的主要技术方案是否进行了技术经济论证分析。

⑬根据项目的行业属性,由行业主管部门审查初步设计中的生产工艺方案、技术水平是否先进可靠,设备选型(包括采用的新工艺、新设备和新技术)等是否科学合理。

⑭对应初步设计技术审查,全面审查初步设计概算文件编制的正确性和可靠性。

初步设计审查是一项科学、严谨、责任重大的工作,是对设计质量多层面、多角度、多专业的综合把关,评审专家应以客观、公正、尽责的态度,对初步设计文件整体及各专业设计提出具体明确的评审意见。

对审查通过的初步设计由政府主管部门在规定期限内发布初步设计审查批文。初步设计文件经批准后,任何单位和个人不得擅自修改。

(三) 施工图设计阶段的质量控制

施工图设计是建设工程设计的最后阶段,施工图设计文件是项目设计的最终成果和项目后续实施的直接依据。因此,监理单位应掌握施工图设计质量控制要点并跟踪检查落实各项质量控制措施。

1. 制定并跟踪检查质量控制要点

在施工图设计阶段,监理单位应根据工程设计项目的特点,设定施工图设计质量控制要点,并制定跟踪检查的制度,确保质量控制措施的落实。施工图设计控制要点如下。

(1)要求设计单位明确界定并严格遵守施工图设计的范围界限。

(2)施工图设计文件的深度应满足设备采购、非标准设备制作和施工的需要,并满足施工招投标和编制施工图预算的要求。通过检查有关设计文件判断其设计深度。

(3)施工图设计文件应当合理解决建筑与结构、建筑与设备、结构与设备等专业工种之间的矛盾。检查专业间的矛盾节点以判断其设计质量。

(4)施工图设计文件是项目施工的直接依据,应达到直接指导施工或可指导施工的可实施性程度,通过检查复杂部位和特殊部位的设计详图及说明来予以确认。

(5)施工图设计文件编制深度应符合现行《建筑工程设计文件编制深度规定(2016 年

版)》的要求,或其他行业的规定。

(6)项目的室外管线、市政配套工程的各类接口设计是否与相关协议的要求相符合,通过检查相关协议要求予以确认。

(7)是否满足项目设计的特殊要求,如工艺流程、防震、防腐蚀、防尘、防噪声、防辐射、防磁以及洁净、恒温、恒湿等。对照批准文件或邀请专门人员审查。

(8)施工图预算不得超过设计限额并应完整准确,通过全面审查施工图预算确认。

(9)对跟踪检查发现的问题应及时书面反馈设计单位,由其纠正完善。

2. 施工图设计文件内审

设计单位对施工图设计文件应进行严格的管理,应根据质量管理计划的安排,报请建设单位组织施工图设计文件内审。报审的程序是:设计单位完成施工图设计文件后,向监理单位申请内审;监理单位通过审查,确认是否符合内审条件;符合内审条件后,监理单位报请建设单位组织内审。

施工图设计文件内审的内容与上述施工图设计质量控制要点大致相同。

通过内审,形成施工图设计文件内审记录文件。设计单位将根据记录文件提出的意见完善施工图设计文件。监理单位对设计单位修改完善的设计文件进行审查,提出书面意见。建设单位签收完善后的设计文件,方可按照规定报政府规定的施工图审查机构进行审查。

3. 施工图设计文件的政府审查

住房城乡建设部2018年修订的《房屋建筑和市政基础设施工程施工图设计文件审查管理办法》规定:"按规定应当进行审查的施工图,未经审查合格的,住房城乡建设主管部门不得颁发施工许可证。"

施工图未经审查合格的,不得使用。从事房屋建筑工程、市政基础设施工程施工、监理等活动,以及实施对房屋建筑和市政基础设施工程质量安全监督管理,应当以审查合格的施工图为依据。

(1)向审查机构提供的审查资料。

①作为勘察、设计依据的政府有关部门的批准文件及附件。

②全套施工图。

③其他应当提交的材料。

(2)审查机构审查的内容。

①是否符合工程建设强制性标准。

②地基基础和主体结构的安全性。

③是否符合民用建筑节能强制性标准。对执行绿色建筑标准的项目,还应审查是否符合绿色建筑标准。

④勘察、设计单位和注册执业人员以及相关人员是否按规定在施工图上加盖相应的图章和签字。

⑤法律、法规、规章规定必须审查的其他内容。

(3)审查机构对审查结果的处理。

①审查合格的,审查机构应当向建设单位出具审查合格证书,并在全套施工图上加盖审查专用章。

②审查不合格的,审查机构应当将施工图退建设单位并出具审查意见告知书,说明不合格原因。

③施工图退建设单位后,建设单位应当要求原勘察单位、设计单位进行修改,并将修改后的施工图送原审查机构复审。

（4）审查合格的施工图使用。

任何单位或者个人不得擅自修改审查合格的施工图。确需修改的,凡涉及上述审查内容规定的,建设单位应当将修改的施工图送原审查机构审查。

二、工程设计阶段的造价控制

（一）工程项目总投资构成

工程项目总投资由建设投资、建设期利息和流动资金三个部分组成。对于非生产建设项目,工程项目总投资包括建设投资和建设期利息两部分。工程项目总投资构成关系见图2-2-3。

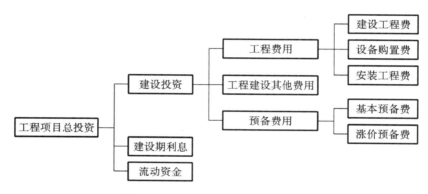

图 2-2-3　工程项目总投资构成关系

（二）各设计阶段的造价管理

1. 方案设计阶段

（1）设计估算计划值应作为方案设计阶段造价控制的目标。

（2）设计估算是优选和优化设计方案的依据。

（3）设计估算是初步设计及设计概算的编制依据。

（4）方案设计投资估算的编制依据、内容及深度应按现行《建筑工程设计文件编制深度规定（2016 年版）》及其他相关文件执行。

2. 初步设计阶段

（1）初步设计概算是确定和控制项目投资额的依据。

（2）经过批准的设计概算是建设项目造价控制的最高限额和财政部门拨款的依据。

（3）设计概算是建设项目列入建设计划的必要条件。

（4）设计概算是签订建设项目总承包合同、分包合同和贷款的依据。

（5）设计概算的编制依据、内容及深度应按照《建筑工程设计文件编制深度规定（2016年版）》及相关政策文件执行。

3. 施工图设计阶段

（1）施工图预算不得突破设计总概算。

（2）竣工结算不能突破施工图预算。

（3）施工图预算编制应按现行《建筑工程设计文件编制深度规定（2016 年版）》及相关政策文件执行。

4. 设计阶段造价控制方法

（1）运用价值工程理论，进行造价控制。

价值工程是指通过有组织的创造性系统分析，把功能与成本、技术与经济结合起来，以功能分析为核心、以提高价值为目标的技术经济评价办法。运用价值工程选择和优化设计方案可以尝试以下途径。

①在保证项目目标不变的情况下降低工程的造价。

②在建设工程造价不变的情况下提高工程系统功能。

③在工程系统功能略有下降的情况下使工程造价大幅度降低。

④在建设投资略有上升的情况下使工程系统功能大幅度提高。

（2）实行限额设计，进行造价控制。

实行限额设计以控制造价，就是按照批准的设计任务书及投资估算控制初步设计，按照批准的初步设计总概算控制施工图设计预算。各专业工程设计在保证达到使用功能的前提下，按分配的投资限额控制设计标准。原则上各个分项目的概算不允许超过分配限额，使控制指标得到有效控制，保证已批准总投资额不被突破。

（3）鼓励创新、优化设计。

通过实施多方案比选、方案优化等措施完善设计，对重大的设计方案通过经济技术论证进行审查，在招标条款中明确对被选用的节约投资的方案进行一定比例的奖励。

优化设计，是指在充分满足设计限额指标基础上开展的多方案设计。

（4）推行标准设计，控制造价。

标准设计也称通用设计，是指按照现行的设计标准对各种建筑、结构、构配件等编制具有重复使用性质的整套技术文件图纸，经主管部门审查，批准后在全国或地区推广应用的设计。

（5）推广建筑信息模型（BIM）技术，实施精准控制（参见本书第 6 章中相关内容）。

5. 设计概算、施工图预算审查

（1）审查的依据。

①批准的可行性研究报告。

②设计工程量。

③项目设计的概算指标或定额。

④国家、行业和地方有关法律、法规或规定。

⑤资金筹措方式。

⑥正常的施工组织设计。

⑦项目涉及的设备材料供应及价格。

⑧项目的管理（含监理）、施工条件。

⑨项目所在地区有关的气候、水文、地质地貌等自然条件。

⑩项目所在地区有关的经济、人文等社会条件。

⑪项目的技术复杂程度，以及新技术、专利使用情况等。

⑫有关文件、合同、协议等。

（2）审查的项目。

①设计概算编制说明。

②设计概算的范围说明。

③与批准文件的对应情况。

④工程量的计算及计算方法。

⑤材料的用量与价格。

⑥设备参数与价格。

⑦进口设备、材料价格。

⑧建安工程各项费用。

⑨补充定额的审查。

⑩项目环保治理费用。

⑪技术经济指标。

⑫其他审查项目的费用。

⑬总概算文件的组成。

（3）审查方法。

①设计概算审查的方法：对比分析法、查询核实法、分类整理法、联合会审法四种方法。

②施工图设计预算审查的方法：逐项审查法、标准预算审查法、重点审查法三种方法。

三、工程设计阶段进度控制

根据住房城乡建设部印发的《全国建筑设计周期定额（2016 版）》（建质函〔2016〕295 号）（以下简称《周期定额》）的规定，监理单位在设计阶段应对设计工作所需要的设计周期进行认真测算，制定有效的进度控制措施。

（一）工程设计周期的确定

1. 工作时间的界定

《周期定额》规定工作周期的每个日历月以四个日历周近似计算，即 0.25 个月为 1 个日历周，每年度为 12 个日历月，每个日历周 7 天。

设计时间范围包括自设计条件具备开始实施方案设计、初步设计到全部施工图完成，通过施工图审查并完成改图，向建设单位提交设计文件的时间。

2. 不包括在《周期定额》范围内的时间

（1）设计前期工作。

（2）设计方案投标及方案多轮概念性筛选。

（3）设计赴外地现场踏勘、搜集资料和工程调研的时间。

（4）方案设计、初步设计的审批时间，施工图审查的时间。

（5）由于建设单位原因或方案设计、初步设计批复后发生方案性重大变更造成的设计返工、修改所用时间。

（6）施工图预算。

（7）有专门要求的室内外装修设计。

（8）专项设计。

（9）绘制竣工图。

（10）不属于项目合同涉及范围内的其他技术服务。

3.《周期定额》中可调整的情况

（1）重复使用设计（套图）。

（2）改建、扩建工程。

（3）分阶段分别委托设计。

（4）工程设计由一个以上的设计单位共同设计。

（5）五级及以上附建式人防设计。

（6）大型工程或居住小区由多个单体子项组成时。

（7）建于风景区的宾馆的设计。

（8）古建筑、仿古建筑、保护性建筑、园林庭院式建筑、宗教类建筑的设计。

（9）在工程设计中采用新技术、新工艺、新材料等先进技术。

（10）国外、境外、援外或对外总承包的工程设计可根据工程复杂程度，套用同类工程并增加周期。

（11）由于建设单位的原因造成一般性设计返工、修改。

（12）遇有国家法定节假日。

（13）建设单位因工程特殊原因要求减少设计周期时。

（14）特殊工程，工作量发生较大变化需要调整周期。

（二）设计合同中影响进度的因素

1. 发包人影响进度的因素

合同履行中，因发包人未按照约定的时间履行或履行出现影响设计进度的问题，导致设计进度受影响的情况有以下几种。

（1）发包人未按工程设计的目的、范围、功能要求及工程设计文件审查范围和内容等提供书面文件资料的情况。

（2）工程开始设计后，未及时提交设计需要的设计资料。

（3）发包人要求在设计中使用国外技术标准的，未能在约定时间提供国外技术标准资料的情况。

（4）发包人未遵守法律、法规规定办理所设计项目的许可、核准或备案等。

（5）发包人因外部原因协调不力，影响设计正常开展的情况。

（6）对某些事项，专用条款中约定应作出书面决定而没有作出书面决定的。

（7）发包人要求修改或更改设计超出合同约定范围以外的。

（8）政府有关部门的审查意见不需要发包人修改，而设计人需按审查意见修改的；需要修改发包人要求的，发包人应重新提出要求，设计人应根据发包人要求修改的情况。

2. 设计人影响进度的因素

（1）在合同约定的设计周期内，因设计人原因（如涉及资料理解偏差、错误，对技术参数使用不当等）造成发包人未能及时办理许可、核准或备案手续，导致设计工作量增加和（或）设计周期延长的。

（2）因设计人原因（没有执行新的标准文件、内部各专业协调不当等），未能按约定的工程设计文件交付时间向发包人提交设计文件，致使工程设计文件审查无法进行或无法按期进行的情况。

3. 其他影响进度的因素

其他影响进度的因素是指合同当事人以外的第三方造成设计延迟的情况，如不可抗力事件的发生。

（三）进度控制的措施

1. 建立内部工作管理制度

内部工作管理制度应包括以下几个方面的内容。

（1）制定限时完成管理制度。

（2）制定复查、检查、批准签发文件管理制度。

（3）协调工作时限与信息沟通制度。

（4）各阶段工作制度。

2. 掌握偏差控制的方法

偏差控制主要采用主动控制及动态控制的方法。定时检查设计进度计划执行的情况，对可能发生的延迟设计的情况及时进行分析，找出原因，评价影响程度，制定相应方案或采取具体措施。控制节点如下。

（1）设计各专业间的逻辑关系及进度。

（2）各阶段必须报批、审批的设计文件完成和提交的时间。

（3）关键（或国外）设备和材料招标采购设计文件的提交时间。

（4）建设单位要求的除了必须报批、审核的设计文件外其他文件的完成和提交时间。

（5）设计文件全部交付时间。

3. 发生影响总进度事项的处理

因第三方的原因，如国家政策、标准的改变，或其他意外事件，致使设计进度明显延迟的，监理单位在分析情况后，应及时报告建设单位，并与设计单位进行协商，提出加快设计进度的建议措施，减少因设计周期延迟对建设项目总进度的不利影响。

2.3　工程保修阶段服务

2.3.1　工程保修及保修期限

一、工程保修

工程质量保修制度是《中华人民共和国建筑法》确定的一项制度。《建设工程质量管理条例》（以下简称《质量条例》）对工程质量保修制度作了进一步明确规定。这对促进施工单位加强质量管理，保护用户及消费者的合法权益起到了重要保障作用。

（一）保修制度

1. 工程质量保修

根据原建设部颁布的《房屋建筑工程质量保修办法》（建设部令第 80 号）规定，房屋建筑工程质量保修，是指对房屋建筑工程竣工验收后在保修期限内出现的质量缺陷，予以修复。

其中，质量缺陷是指房屋建筑工程的质量不符合工程建设强制性标准以及合同的约定。

2. 工程质量保修制度

根据《建设工程质量管理条例释义》(国务院法制办、建设部编著,中国城市出版社2000年4月出版)的解释:建设工程质量保修制度是指建设工程办理竣工验收手续后,在规定的保修期限内,因勘察、设计、施工、材料等原因造成的质量缺陷,应当由施工承包单位负责维修、返工或更换,由责任单位负责赔偿损失。

(二) 保修期限

《质量条例》第四十条规定,在正常使用条件下,建设工程的最低保修期限如下。

(1) 基础设施工程、房屋建筑的地基基础工程和主体结构工程,为设计文件规定的该工程的合理使用年限。

(2) 屋面防水工程、有防水要求的卫生间、房间和外墙面的防渗漏,为5年。

(3) 供热与供冷系统,为2个采暖期、供冷期。

(4) 电气管线、给排水管道、设备安装和装修工程,为2年。

《房屋建筑工程质量保修办法》(建设部令第80号),在上述最低保修期限的基础上,增加了装修工程的最低保修期限为2年的规定。

其他项目的保修期限由发包方与承包方约定。

建设工程的保修期,自竣工验收合格之日起计算。

二、工程质量保修书

质量保修书中应明确建设工程保修范围、保修期限和保修责任等。其内容主要依据《建设工程施工合同(示范文本)》(GF-2017-0201)附件3"工程质量保修书"。

(1) 工程质量保修范围和内容。

质量保修范围包括地基基础工程,主体结构工程,屋面防水工程,有防水要求的卫生间、房间和外墙面的防渗漏,供热与供冷系统,电气管线,给排水管道,设备安装和装修工程,以及双方约定的其他项目。具体保修内容由双方约定。

(2) 质量保修期。

质量保修期应根据《质量条例》及有关规定进行约定。

建设工程的最低保修年限和保修期的计算办法必须符合规定。

保修书中的保修期限可以长于《质量条例》所规定的最低保修期限,但不应低于《质量条例》中所列的最低年限,否则视作无效。

(3) 缺陷责任期。

依据住房城乡建设部、财政部下发的《建设工程质量保证金管理办法》(建质〔2017〕138号)的规定,缺陷责任期一般为1年,最长不超过2年。由发包方、承包方在合同中约定。

缺陷责任期从工程通过竣工验收之日起计算。单位工程先于全部工程进行验收,单位工程缺陷责任期自单位工程验收合格之日起计算。缺陷责任期终止后,发包人应返还剩余质量保证金。

预留保证金的比例按照《建设工程质量保证金管理办法》执行:发包人应按照合同约定方式预留保证金,保证金总预留比例不得高于工程价款结算总额的3%;合同约定由承包人以银行保函替代预留保证金的,保函金额不得高于工程价款结算总额的3%。

（4）质量保修责任。

①属于保修范围内的项目,承包人应当在接到保修通知之日起 7 天内派人保修。承包人不在约定期限派人保修的,发包人可以委托他人修理。

②发生紧急事故需抢修的,承包人在接到事故通知后,应立即到达事故现场抢修。

③对于涉及结构安全的质量问题,应当按照《质量条例》的规定,立即向当地建设行政主管部门和有关部门报告,采取安全防范措施,并由原设计人或具有相应资质的设计人提出修改方案,承包人实施保修。

④质量保修完成后,由发包人组织验收。

对于涉及国计民生的公共建筑,特别是住宅工程的质量保修,国务院在《城市房地产开发经营管理条例》（2018 年修正）中规定:房地产开发企业应当在商品房交付时,向购买人提供住宅质量保证书和住宅使用说明书。

住宅质量保证书应当列明工程质量监督单位核验的质量等级、保修范围、保修期和保修单位等内容。房地产开发企业应当按照住宅质量保证书的约定,承担商品房保修责任。

保修期内,因房地产开发企业对商品房进行维修,致使房屋原使用功能受到影响,给购买人造成损失的,应当依法承担赔偿责任。

（5）保修费用。

保修费用由造成质量缺陷的责任方承担。

（6）双方约定的其他工程质量保修事项。

工程质量保修书由发包人、承包人在工程竣工验收前共同签署,作为施工合同附件,其有效期限至保修期满。

2.3.2　工程保修的监理服务

一、保修服务工作内容

工程质量保修服务是指监理在工程竣工验收后,按照建设单位与监理单位签订的建设工程监理合同,承担的工程保修期的监理服务工作。具体内容如下。

（1）检查、记录工程质量缺陷。

（2）督促施工单位对已完工程项目所存在的质量缺陷进行修复。

（3）调查分析质量缺陷产生的原因,确定责任归属。

（4）核实修复工程费用。

（5）不定期对保修项目进行观测。

（6）签发工程款支付证书,并报建设单位。

（7）保修项目完成后,全面检查质量,参加建设单位组织的保修质量验收。

二、保修服务工作依据

保修服务的主要工作依据如下。

（1）《中华人民共和国建筑法》。

（2）《质量条例》。

（3）工程建设强制性标准。

（4）《房屋建筑工程质量保修办法》。

（5）《城市房地产开发经营管理条例》。

（6）《建设工程质量保证金管理办法》。

（7）设计文件及相关质量验收规范。

（8）建设工程监理合同。

（9）建设单位与其他单位签订的相关合同，包括以下几类。

①建设工程施工合同。

②材料、设备供应合同。

③独立分包的专业施工合同。

三、保修服务工作流程

1. 监理组织

根据《建设工程监理规范》（GB/T 50319—2013）第9.3.1和9.3.2条的条文说明，由于工作的可延续性，工程保修阶段服务工作一般委托原工程监理单位承担。工程监理单位宜在施工阶段监理人员中保留必要的专业监理工程师，对施工单位修复的工程进行验收和签认。因此，监理单位承担保修期的监理工作时，可以不设立项目监理机构，宜在参加施工阶段监理工作的监理人员中保留必要的人员，保修项目的工作仍由工程项目监理机构负责。

2. 定期回访

监理单位在定期回访中，主要是回访工程质量缺陷情况，回访前应制定回访计划及确定检查的内容，并报建设单位。

3. 界定责任

监理单位根据回访计划及检查内容展开监理服务工作，对检查发现的质量问题（缺陷）应分析原因，界定责任，确认责任归属。

4. 跟踪保修

监理单位在保修期间，执行回访计划及检查发现问题后，除了向建设单位汇报外，还应跟踪保修质量，并督促施工单位按期修复完成。

5. 处理突发事件

监理单位在保修服务期间遇突发事件时，应及时到场分析原因和明确责任者，并妥善处理，将处理结果报建设单位。

6. 保修质量验收

监理单位在保修项目修复完成后，应及时检查验收。

7. 保修期满，合同终止处理

施工单位将施工合同和工程质量保修书中承诺的内容全部完成后，应向监理单位报请验收，监理单位审核资料、全面检查保修项目质量，预验收合格后，监理单位报请建设单位组织验收，监理单位参加验收。

建设单位组织的验收程序要合法，参加验收的单位和人员的条件应符合要求。保修项目质量验收全部合格后，施工单位向监理单位报送终止合同的申请，监理单位审核无误后，报请建设单位与施工单位办理合同终止事宜。

施工单位与建设单位终止合同后，对法律规定的永久性保修项目仍然继续承担保修责任。

8. 保修服务期满，合同终止

监理单位按建设工程监理合同约定完成服务范围内的全部保修阶段服务工作后，办理监理合同终止手续和编制监理业务手册。

9. 监理服务工作资料整理归档

对于监理保修服务的资料，《建设工程监理规范》(GB/T 50319—2013)第 9.1.2 条规定：“工程监理单位应按规定汇总整理、分类归档相关服务工作的文件资料。”该条没有条文说明。中国建设监理协会编写的《建设工程监理规范 GB/T 50319—2013 应用指南》对该条的解析为：本条明确了工程监理单位对相关服务文件资料整理、分类、归档的工作要求。相关服务文件资料的分类应根据服务阶段和内容在相关服务工作计划中确定，一般涉及如下文件。

(1) 监理合同及补充协议。

(2) 相关服务工作计划。

(3) 相关服务的依据性文件。

(4) 相关服务的过程性文件(会议纪要、工作日志、检查和审核记录、通知单、联系单、支付证书、月报、谈判纪要、调查和考察报告、来往文件等)。

(5) 工作成果或评估报告。

(6) 回访记录、工程质量缺陷检查及修复复查记录等。

(7) 相关服务工作总结。

根据上述条文解析，保修服务资料的具体内容应在保修服务工作计划中予以明确。

四、保修服务工作方法与措施

1. 召开工程质量保修工作会议，明确保修任务

工程竣工验收完成后，建设单位、施工单位、监理单位及其他相关单位要召开会议，会议应由建设单位组织，监理单位编制会议纪要，与会单位负责人均应签字。会议的主要内容包括明确保修期的工作程序、工作任务以及工作的协调配合等。会议纪要作为各方工作的依据。

2. 督促施工单位及时提交工程质量保修书

在工程竣工验收时，督促施工单位与建设单位签订工程质量保修书，其内容包括保修内容、保修范围、保修项目、保修期限等。

3. 定期对工程使用情况进行回访及检查

监理单位应组织施工单位对工程及其使用情况进行回访及检查，并在气候突然变化(如突遇暴雨、低温等恶劣天气)后，组织相关单位进行检查，对发现的问题按单位工程进行登记。

4. 对工程质量问题及缺陷进行调查分析，确定责任归属

在回访与检查中发现的质量问题及缺陷，应查明原因，调查分析是施工不符合要求、材料质量或者设计上的问题，还是使用不当造成的。从而确定质量问题与缺陷的事实和责任。《质量条例》规定，在正常使用条件下出现的质量缺陷均应由施工单位无条件保修。

5. 督促施工单位及时处理质量缺陷

对已确定责任归属的保修项目，应及时发出监理通知单，要求施工单位及时派人进行保修。比较重大的质量缺陷，应要求责任方提出缺陷的处理方案，经过监理、设计、建设单位共同审批后，由监理单位督促施工单位实施保修。

6. 施工单位不能按要求保修的处理

按工程质量保修书和施工合同要求，如施工单位拒绝或不按时派人保修，监理单位应会同建设单位,就工程质量问题出现的原因进行调查,划分责任,将结果书面通知施工单位。如属于施工单位的责任,施工单位依然不保修,则监理单位应如实记录,作为今后解决该纠纷的原始依据,其保修工作可由建设单位委托其他施工单位完成,费用在原施工单位质量保证金中扣除。

7. 核实工程费用及签署工程款支付证书

项目监理机构对施工单位在合同(协议)约定时间内提交的工程款支付报审表应认真核实。施工单位在提交工程款支付报审表的同时必须提交下列支持性证明文件。

（1）合同(协议)约定的支付条件(复印件)。

（2）保修质量验收记录。

（3）质量保修回访意见。

（4）与保修结算相关的经甲乙双方确认的协议、备忘、会议纪要等。

项目监理机构均核实符合后,由总监理工程师签认工程款支付证书,同时报建设单位。

8. 对保修工程质量进行验收和确认

工程监理单位宜在施工阶段的监理人员中保留必要的监理工程师,对施工单位修复的工程进行验收和确认。保修期结束前,应组织相关单位对工程进行全面检查,检查合格后,作出评估报告,连同施工单位验收报审表一同报请建设单位组织验收,验收合格予以签认。按照原建设部颁布的《房屋建筑工程质量保修办法》(建设部令第 80 号)规定,保修完成后,由建设单位或者房屋建筑所有人组织验收。涉及结构安全的,应当交当地建设行政主管部门备案。

9. 保修期满后移交相关资料

保修服务期满前,监理机构组织相关单位对工程进行全面检查后编制检查报告,作为保修期保修服务工作总结的内容报送建设单位,具体应按监理保修服务工作计划中确定的资料内容予以移交。

五、工程质量鉴定

通过回访与检查,对发现的质量问题从质量表现形式入手,结合观察、访问、测量的各种数据,分析质量缺陷或质量事故的成因、危害,判定质量缺陷的性质和责任。督促责任方提出保修技术措施及处理方案,审核后确定完成的期限。工程质量鉴定的原则如下。

（1）在检查过程中,对质量问题与质量缺陷进行详细分析,确定质量缺陷的事实和责任,及时做好记录。

（2）对于一般工程质量缺陷,工程监理单位可直接通知施工单位进行保修。

（3）对于比较严重的质量缺陷或问题,则由工程监理单位组织建设单位、勘察设计单位、施工单位共同分析原因,确定修复处理方案。修复处理方案经总监理工程师审批后,由监理人员监督施工单位实施。

（4）若修复处理方案不能及时得到实施,工程监理单位应书面通知建设单位,并建议建设单位委托其他施工单位完成,费用由责任方承担。

（5）施工单位整改后,工程监理单位应及时复查整改内容,并做好复查记录。

六、不属于保修范围的情况处理

1. 不属于保修范围的质量缺陷

根据原建设部颁布的《房屋建筑工程质量保修办法》(建设部令第 80 号)的规定,下列情况不属于保修范围。

（1）因使用不当或者第三方造成的质量缺陷。

（2）不可抗力造成的质量缺陷。

2．费用审核

监理单位在核实因非施工单位原因造成的工程质量缺陷修复费用中，应注意以下几个方面。

（1）修复费用核实应以各方确定的修复方案作为依据。

（2）修复质量验收合格后，方可计取全部修复费用。

（3）修复发生的建筑材料费、人工费、机械费等应按正常的市场价格计取，所发生的材料、人工、机械台班数量一般按实结算，也可按相关定额或事先约定的方式结算。

2.4　监理企业转型升级及相关服务扩展

2.4.1　监理企业转型升级

随着近几年国家行政体制政策的深入实施，强制监理范围逐步缩小及监理收费指导价放开，监理企业不得不面临政策调整后转型升级的重大生存考验。

（1）在国家"一带一路"建设布局下，监理企业面临着管理和实力的挑战，亟待转型升级。在"一带一路"建设布局下，将会有更多的建设项目涌现，作为监理企业必须抓住机遇，参与"一带一路"建设。

（2）在国家"一带一路"建设布局下，监理企业面临的考验会更多。监理企业一旦融入"一带一路"的建设中，就一定会面临经济、法律、安全等方面的风险，作为企业必须有抗风险的能力和应对的预案。

（3）面对不确定的未来，监理企业转型升级要有一定的勇气和决心，以及一定的资源储备。监理企业必须坚持"四个自信"，树立和落实"创新、协调、绿色、开放、共享"的发展理念，实现思想观念、企业文化、服务模式、经营信息技术、品牌影响力、监理技术、员工素质及能力等方面的转型升级。

2.4.2　监理企业服务主体的多元化

监理企业为建设单位做好委托服务的同时，应进一步拓展服务主体的范围，积极为市场各主体提供专业化服务。因为，监理制度已实施 30 年了，监理企业有了庞大的队伍，取得了长足发展，积累了工程建设的经验，有实力和能力为各方主体提供优质的服务。

（1）适应政府加强工程质量安全管理的工作要求，按照政府购买社会服务的方式，接受政府质量安全监督机构的委托，对工程项目关键环节、关键部位进行质量安全检查。

（2）适应推行工程质量保险制度要求，接受保险机构的委托，开展施工过程中的风险分析评估、质量安全检查等工作。

（3）参与政府委托的建设工程质量监督工作，有可能出现由政府出钱购买，监理企业提供工程质量监督服务。2017 年，武汉东湖新技术开发区购买安全文明施工管理项目，在武汉开创了政府与监理企业协同管理的先河。

（4）采取联合经营、并购重组等方式，通过联合经营，成为多位一体的复合型企业。

2.4.3 工程监理相关服务领域拓展

依托于国家高速增长的建设投资，监理企业走过了快速发展的30年。然而，在国家经济进入新常态且行业政策调整的背景下，监理企业的业务如果仅限于工程监理领域，监理企业的价值链就无法延伸，对业主和社会提供的增值服务有限，企业利润来源的渠道就会越来越小。利润小了，企业抗风险能力就会减弱。因此，监理企业必须转型升级。

（1）监理企业在立足施工监理的基础上，向"上下游"拓展服务领域，提供项目咨询、造价咨询、项目管理、现场监督等多元化"菜单式"咨询服务。

所谓"上下游"拓展，实质是服务范围向产业链前后延伸，就是将建设项目的生命周期向前延伸至项目策划、可行性研究等阶段，向后延伸至项目运行、后评估阶段。从而使建设项目成为立项、开发、建设、运行直至运营保障的结合。作为监理服务的提供方，监理企业将会为业主承担策划、融资、设计、咨询、施工、工程管理及运行期间的全部相关工作，为企业创造更多的增值空间。

（2）建设单位可选择具有监理资质的企业开展全过程工程咨询服务，不再另行委托监理。这一趋势，已经在倒逼监理企业尽快转型升级，提高核心竞争力。监理企业要创新监理技术、管理、组织和流程，提高监理服务能力和水平，发展成为具有国际水平的全过程工程咨询企业。要抓住"一带一路"下的发展机遇，参与国际市场竞争，提升国际竞争力。监理企业一定要分析自身现状，确定未来的转型升级定位。

2.5 案例分析

2.5.1 案例1

事故发生于2014年，地点为内蒙古乌海市，项目为一个在建的化工项目。当地事故调查组认定该事故为重大安全事故，公诉机关指控、人民法院判决均认定其为工程重大安全事故，最终对相关责任人课以刑罚，并处罚金。

1. 背景

2009年4月30日，某设计公司承担了内蒙古东源科技有限公司（以下简称"东源科技"）6万吨/年1,4-丁二醇（以下简称"BDO"）装置及配套公用工程和辅助设施的工程设计任务。2013年2月，该设计公司将回用水装置和公用辅助设施给排水的地下管网部分交由被告人张××负责设计。被告人张××在设计时，依据已有的设计条件将工艺流程图中通向雨水系统的6根溢流管走向变更为通向污水系统，但未充分考虑变更原有工艺流程图可能存在的安全隐患。

2014年10月7日19时01分，东源科技正在建设的BDO项目回用水厂房二楼发生爆炸，造成3人死亡、2人重伤、4人轻伤，回用水厂房及厂房内的部分设备被损毁，造成直接经济损失约743.6万元的重大安全生产事故。

2. 事故调查组对事故的调查认定

乌海市安全生产监督管理局成立的事故调查组调查认定，事故的发生是由于污水总管内的可燃气体甲醛、氢气等通过 6 根溢流管进入正在施工建设的回用水厂房,长时间积聚并达到爆炸极限,遇操作工打开电灯开关打火,引发受限空间气体爆炸。被告人张××在设计时违反《石油化工企业设计防火规范》(GB 50160—2008)的相关规定,且未在 6 根溢流管或溢流管汇集总管上设计水封等阻隔装置,对事故的发生负有直接责任。另查明,事故发生后,被告人张××经公安机关传唤,从外地主动到案,并如实供述自己的行为。

3. 公安机关的措施

被告人因涉嫌工程重大安全事故罪,于 2015 年 11 月 25 日被乌海市公安局取保候审。

4. 公诉机关起诉

乌海市乌达区人民检察院以乌区检公诉刑诉〔2016〕177 号起诉书指控被告人张××犯重大安全事故罪,2016 年 11 月 16 日向乌海市乌达区人民法院提起公诉,法院受理,依法适用普通程序,公开开庭审理本案。

5. 审理与辩护

(1)公诉机关指控。

公诉机关指控某公司作为设计单位,违反国家规定,降低工程质量标准,造成重大安全生产事故,后果特别严重。被告人张××作为设计人员,对该事故的发生负有直接责任,其行为触犯了《中华人民共和国刑法》第一百三十七条的规定,应当以工程重大安全事故罪追究其刑事责任。被告人张××归案后如实供述自己的行为,属坦白交待,根据《中华人民共和国刑法》第六十七条第三款的规定,可以从轻处罚,建议法院对被告人张××在有期徒刑五年至七年幅度课以刑罚,并处罚金。

(2)辩护人辩护。

①公诉机关指控被告人张××违反《石油化工企业设计防火规范》(GB 50160—2008)相关规定,该规定并非国家规定。

②本案事故的发生系多因一果,调查组作出的事故调查报告无调查组成员签字,该证据有瑕疵,该份报告也未认定被告人张××应当承担事故的主要责任。

③被告人张××经公安机关电话传唤,主动到案,如实供述自己的行为,系自首。

④本案是因疏忽大意导致的过失犯罪,被告人主观恶性小。且被告人张××为初犯、偶犯,认罪态度也较好,平时表现良好。

综上,本案有法定减轻处罚和酌定从轻处罚的情节,建议对被告人减轻处罚,并适用缓刑。

(3)法院的支持与采纳。

①法院对公诉机关指控被告人张××犯工程重大安全事故罪的指控,认为事实清楚,证据确凿、充分,予以支持。

②法院认为,被告人张××的行为违反了《中华人民共和国建筑法》第七十三条的规定,故对辩护人有关该项的意见不予采纳。对辩护人认为被告人有自首情节的意见予以采纳。

6. 法院判决

根据被告人张××的犯罪情节及悔罪表现,法院决定对其适用缓刑,依法进行社区矫正。依照《中华人民共和国刑法》第一百三十四条第一款、第六十七条第一款、第七十二条的规定,判决如下。

被告人张××犯工程重大安全事故罪,判处有期徒刑三年,缓刑三年,并处罚金100000 元(缓刑考验期从判决确定之日起计算,罚金在判决生效后十日内一次性缴纳)。

7. 说明

（1）本案例据乌海市乌达区人民法院刑事判决书（〔2016〕内 0304 刑初 193 号）的内容编制。

（2）对监理人员的启迪及警诫。

①监理单位在工程设计服务工作中要注重设计审查，特别是强制性条文的执行审查。

②工程设计人员进行工程设计不得违反国家法律、法规及相关行业的规范、标准、规程、规章等规定，否则就要承担法律责任。

③事故一旦发生就要认真对待，正确处理，勇于面对，毕竟我们深知自己肩负的责任。

2.5.2 案例 2

1. 工程概况

某工程地上 11 层，高 37 m，地下 1 层，每层建筑面积约 2610 m²，为高层民用建筑。耐火等级设计确定为一级，地上每层分 2 个防火分区，地下层分 5 个防火分区。

2. 问题

（1）主要建筑构件的耐火极限和燃烧性能方面。

①原设计图纸未明确建筑内部各类墙体的材质和厚度，如防火墙，疏散楼梯间墙，疏散通道侧墙，电梯井道、管道井隔墙，各类不同功能用房之间的隔墙等。

②建筑内的疏散通道、门厅和防烟前室的吊顶，设计用矿棉装饰（吊顶龙骨等材质未明确），其燃烧性能等级为 B_1 级，用于安全出口的门厅不满足《建筑内部装修设计防火规范》（GB 50222—2017）的要求。

（2）防火分区及防火建筑构造方面。

①相邻防火分区间防火墙端部两侧外窗窗口的水平距离不满足规范规定的最小距离。

②各楼层的楼面变形缝未作防火构造设计（无变形缝详图）。

③建筑外墙的跨层竖窗和玻璃幕墙，在上下楼层间未按规范规定作防火构造设计。

④各类竖向管井未按规范规定设计防火分隔，且检修门采用普通木门（应为丙级防火门）。

（3）安全疏散方面。

①第十层新技术开发机房位于走道端部，距疏散楼梯的距离达 33 m，超过规范规定的 20 m。

②地下室与地面建筑共用楼梯间，在首层楼梯间内未按规范规定设置防火隔墙和防火门，也未设明显的标志。

（4）消防设施方面。

①消防电梯前室的门口未按规范规定设计挡水设施。

②消防泵房的门未按规范规定设计为甲级防火门（设计为普通木门），泵房隔墙未明确墙体材质或耐火极限。

3. 解析

（1）建筑构件的耐火极限和燃烧性能。

①墙体设计不符合《建筑设计防火规范》（GB 50016—2014）（2018 年版）第 5.1.2 条表 5.1.2 的规定，该表对不同耐火等级的建筑构件的燃烧性能和耐火极限作了明确规定，而

本案例的设计中未明确。

②建筑内的疏散走道、门厅和防烟前室的吊顶材料,其燃烧性能等级设计为 B₁级显然不妥,且吊顶龙骨等材质未明确,违反了《建筑内部装修设计防火规范》(GB 50222—2017)第 4.0.4 条的规定,应采用 A 级装饰材料。

(2) 防火分区及防火建筑构造设计。

①相邻防火分区间防火墙端部外窗口的水平距离,不满足《建筑设计防火规范》(GB 50016—2014)(2018 年版)第 6.1.3 条的规定:建筑外墙为难燃性或可燃性墙体时,防火墙应凸出墙的外表面 0.4 m 以上,且防火墙两侧的外墙均应为宽度不小于 2.0 m 的不燃性墙体,其耐火极限不应低于外墙的耐火极限。建筑外墙为不燃性墙体时,防火墙可不凸出墙的外表面,紧靠防火墙两侧的门、窗、洞口之间最近边缘的水平距离不应小于 2.0 m。本案例的设计不满足以上要求。

②变形缝不作设计是不妥的。《建筑设计防火规范》(GB 50016—2014)(2018 年版)第 6.3.4 条规定:变形缝内的填充材料和变形缝的构造基层应采用不燃材料。设计时应设计构造详图,而本案例中没有设计详图。

③外墙跨层竖窗和玻璃幕墙,在上下楼层间应按《建筑设计防火规范》(GB 50016—2014)(2018 年版)第 6.2.5 条和第 6.2.6 条的规定进行防火构造设计,而未进行防火构造设计。

④管井未作封堵设计,管井检修门采用普通木门,违反了《建筑设计防火规范》(GB 50016—2014)(2018 年版)第 6.2.9 条第 2 款、第 3 款的规定。封堵应采用不燃材料或防火封堵材料,检修门应采用丙级防火门。

(3) 安全疏散防火设计。

①《建筑设计防火规范》(GB 50016—2014)(2018 年版)第 5.5.17 条表 5.5.17 规定,直通疏散走道的房间疏散门至最近安全出口的直线距离应为 20 m,而本案例中设计为 33 m,显然超标。

②地下室与地面建筑共用楼梯间,不符合《建筑设计防火规范》(GB 50016—2014)(2018 年版)第 6.4.4 条相关条款的规定:建筑的地下或半地下部分与地上部分不应共用楼梯间,确需共用楼梯间时,应在首层采用耐火极限不低于 2.00 h 的防火隔墙和乙级防火门将地下或半地下部分与地上部分的连通部位完全分隔,并应设置明显的标志。

(4) 消防设施设计。

①消防电梯前室设计不符合《建筑设计防火规范》(GB 50016—2014)(2018 年版)第 7.3.7 条的规定:消防电梯间前室的门口宜设置挡水设施。

②消防泵房防火门设计为普通木门不妥。不过,这里对建筑设计防火规范和专业规范的理解需要厘清。《建筑设计防火规范》(GB 50016—2014)(2018 年版)第 6.2.7 条强调防火分隔问题,第 8.1.6 条规定有疏散门,对其耐火等级未予明确,而是由专业规范来规定。《消防给水及消火栓系统技术规范》(GB 50974—2014)第 5.5.12 条明确规定消防水泵房的疏散门为甲级防火门。以上两规范侧重点不同,因此,执行规范时要理解全面。

对于泵房墙体设计,《建筑设计防火规范》(GB 50016—2014)(2018 年版)第 6.2.7 条规定:应采用耐火极限不低于 2.00 h 的防火隔墙和 1.50 h 的楼板与其他部位分隔。设计对此应该明确而并没有明确。

4. 点评

(1) 建筑耐火等级反映抵抗火灾的能力,如主要建筑构件的耐火极限和燃烧性能等级低于该建筑耐火等级的规定,就会降低建筑耐火等级,从而降低建筑物防火抗灾的能力。

(2)由于防火分区间未按规定作防火构造设计,一旦发生火灾,火势易在各建筑内迅速蔓延,烟气迅速扩散。

(3)由于疏散距离过长和疏散路线存在误导,一旦发生火灾,人员就不能在允许疏散时间内达到安全地带。

(4)如果有大量消防用水进入消防电梯井道,就会损坏安装在井壁上的专用操纵按钮,使电梯无法操控,消防人员和器材就无法及时到达上层火灾现场。消防泵房内水泵机组如果受火灾破坏,就不能在火灾延续期间供水。

思考题

1. 勘察任务书应包括哪些内容?
2. 简述工程勘察阶段的划分情况与各阶段的要求。
3. 工程设计任务书编写的内容有哪些?
4. 工程设计各阶段设计文件深度的要求是什么?
5. 勘察设计文件审查的主要内容有哪些?
6. 如何理解限额设计?
7. 简述工程质量保修的相关法律制度。
8. 监理服务范围如何向价值链前后延伸,增加高附加值内容?

第3章 建筑节能与绿色施工

3.1 建筑节能监理概述

3.1.1 绿色建筑与建筑节能

一、绿色建筑的概念

根据《绿色建筑评价标准》(GB/T 50378—2014)的阐述,绿色建筑是指在建筑的全寿命周期内,因地制宜,通过先进技术和科学管理,最大限度地节约资源(节能、节地、节水、节材)、保护环境和减少污染,为人们提供健康、适用和高效的使用空间,与自然和谐共生的建筑。

绿色建筑在侧重面和内容上统筹考虑建筑全寿命周期内,节能、节地、节水、节材、环境保护与满足建筑功能之间的辩证关系。

该标准作为国家标准最具权威性,今后建筑的评定将更多地以绿色建筑的评定为主。只有被认定为绿色建筑的房屋,才有资格对外宣称是"绿色建筑"。

二、建筑节能的概念

建筑节能是指在居住建筑和公共建筑的规划、设计、建造和使用的过程中,通过执行建筑节能标准,提高建筑围护结构热工性能,采用节能型用能系统和可再生能源利用系统,切实降低建筑能源消耗的活动。

建筑节能具体是指在建筑物的规划、设计、新建(改建、扩建)、改造和使用过程中,执行节能标准,采用节能型的技术、工艺、设备、材料和产品,提高保温隔热性能和采暖供热、空调制冷制热系统效率,加强建筑物用能系统的运行管理,利用可再生能源,在保证室内热环境质量的前提下,减少供热、空调制冷制热、照明、热水供应系统的能耗。

全面的建筑节能,就是建筑全寿命过程中每一个环节节能的总和。它是指建筑在选址、规划、设计、建造和使用过程中,通过采用节能型的建筑材料、产品和设备,执行建筑节能标准,加强建筑物所使用的节能设备的运行管理,合理设计建筑围护结构的热工性能,提高采暖、制冷、照明、通风、给排水和管道系统的运行效率,以及利用可再生能源,在保证建筑物使用功能和室内热环境质量的前提下,降低建筑能源消耗,合理、有效地利用能源。全面的建筑节能是一项系统工程,必须由国家立法、政府主导,对建筑节能作出全面的、明确的政策规定,并由政府相关部门按照国家的节能政策,制定全面的建筑节能标准。要真正做到全面的建筑节能,还须由设计、施工、各级监督管理部门、开发商、运行管理部门、用户等各个环节,严格按照国家的节能政策和节能标准的规定,全面地贯彻执行各项节能措施,从而使每一位公民真正树立起全面的建筑节能观,将建筑节能真正落到实处。

三、绿色建筑与建筑节能的关系

建筑节能是绿色建筑评定的核心内容,是作为绿色建筑的最低要求。节能建筑是绿色建筑的基本标准,绿色建筑是节能建筑的"升级版"。

节能建筑符合建筑节能设计标准这一单项要求即可,而绿色建筑涉及多个方面,涵盖节能、节地、节水、节材、环境保护和物业管理。

3.1.2 建筑节能的主要技术手段和外部环境设计

一、建筑节能的主要技术手段

理想的节能建筑应在最少的能量消耗下满足以下三点:一是能够在不同季节、不同区域控制接收或阻止太阳辐射;二是能够在不同季节保持室内的舒适性;三是能够使室内实现必要的通风换气。目前,建筑节能的途径主要包括:尽量减少不可再生能源的消耗,提高能源的使用效率;减少建筑围护结构的能量损失;降低建筑设施运行的能耗。在这三个方面,高新技术起着决定性的作用。当然建筑节能也采用一些传统技术,但这些传统技术只有在先进的试验论证和科学的理论分析的基础上才能用于现代化的建筑中。

1. 减少能源消耗,提高能源的使用效率

为了维持居住空间的环境质量,在寒冷的季节要取暖以提高室内的温度,在炎热的夏季需要制冷以降低室内的温度,干燥时需要加湿,潮湿时需要抽湿,这些往往都需要消耗能源才能实现。从节能的角度讲,应提高供暖(制冷)系统的效率,它涉及设备本身的效率、管网传送的效率、用户端的计量以及室内环境的控制装置的效率等。这些都要求相应的行业在设计、安装、运行质量、节能系统调节、设备材料以及经营管理模式等方面采用高新技术。如目前在供暖系统节能方面就有三种新技术。

(1)利用计算机、平衡阀及专用智能仪表对管网流量进行合理分配,既改善了供暖质量,又节约了能源。

(2)在用户散热器上安设热量分配表和温度调节阀,用户可根据需要消耗和控制热能,以达到舒适和节能的双重效果。

(3)采用新型的保温材料包敷送暖水管,以减少水管的热损失。近年来,低温地板辐射技术已被证明节能效果比较好,它采用交联聚乙烯(PEX)管作为通水管,用特殊方式双向循环盘于地面层内,冬天向管内供低温热水(地热、太阳能或各种低温余热);夏天输入冷水可降低地表温度(目前国内只有供暖)。该技术与以对流散热为主的散热器相比,具有室内温度分布均匀、舒适、节能、易计量、维护方便等优点。

2. 减少建筑围护结构的能量损失

建筑围护结构的能量损失主要来自三部分:外墙、门窗、屋顶。这三部分的节能技术是各国建筑界都非常关注的,主要发展方向是开发高效、经济的保温、隔热材料和切实可行的构造技术,以提高围护结构的保温、隔热性能和密封性能。

(1) 外墙节能技术。就墙体节能而言,传统的用材质单一材料增加墙体厚度来达到保温的做法已不能适应节能和环保的要求,复合墙体逐渐成为墙体的主流。复合墙体一般用块体材料或钢筋混凝土作为承载结构,与保温隔热材料复合,或在框架结构中用薄壁材料加保温、隔热材料作为墙体。目前建筑用保温、隔热材料主要有岩棉、矿渣棉、玻璃棉、聚苯乙烯泡沫、膨胀珍珠岩、膨胀蛭石、加气混凝土、精细砂加气混凝土精确砌块及胶粉聚苯颗粒浆料发泡水泥保温板等。这些材料的生产、制作都需要采用特殊的工艺、特殊的设备,而不是传统技术所能及的。值得一提的是胶粉聚苯颗粒浆料,它是将胶粉料和聚苯颗粒轻骨料加水搅拌成浆料,抹于墙体外表面,形成无空腔保温层。聚苯颗粒轻骨料是采用回收的废聚苯板经粉碎制成,而胶粉料掺有大量的粉煤灰,这是一种废物利用、节能环保的材料。墙体的复合技术有内附保温层、外附保温层和夹心保温层三种。中国采用夹心保温做法的较多;在欧洲各国,大多采用外附发泡聚苯板的做法,如在德国,外保温建筑占建筑总量的80%,而其中70%均采用泡沫聚苯板。

(2) 门窗节能技术。门窗具有采光、通风和围护的作用,还在建筑艺术处理上起着很重要的作用。然而门窗又是很容易造成能量损失的部位。为了增大采光、通风面积或表现现代建筑的性格特征,建筑物的门窗面积越来越大,更有全玻璃的幕墙建筑。这就对外围护结构的节能提出了更高的要求。

目前,对门窗的节能处理主要是改善材料的保温隔热性能和提高门窗的密闭性能。从门窗材料来看,近些年出现了铝合金断热型材、铝木复合型材、钢塑整体挤出型材、塑木复合型材以及 UPVC 塑料型材等一些技术含量较高的节能产品。其中使用较广的是 UPVC 塑料型材,它所使用的原料是高分子材料——硬质聚氯乙烯。这种材料不仅在生产过程中能耗少、无污染,而且材料导热系数小,多腔体结构密封性好,因而保温隔热性能好。UPVC 塑料门窗在欧洲各国已经采用多年,在德国塑料门窗已经占了 50%。

在中国,20 世纪 90 年代以后塑料门窗用量不断增大,正逐渐取代钢、铝合金等能耗大的材料。为了解决大面积玻璃造成能量损失过大的问题,人们运用了高新技术,将普通玻璃加工成中空玻璃、镀(贴)膜玻璃(包括反射玻璃、吸热玻璃)、高强度 Low-E 防火玻璃(高强度低辐射镀膜防火玻璃)、采用磁控真空溅射方法镀制含金属银层的玻璃以及智能玻璃。智能玻璃能感知外界光的变化并作出反应,它有两类,一类是光致变色玻璃,在光照射时,玻璃会感光变暗,光线不易透过;停止光照射时,玻璃复明,光线可以透过。在太阳光强烈时,可以阻隔太阳辐射热;天阴时,玻璃变亮,太阳光又能进入室内。另一类是电致变色玻璃,在两片玻璃上镀有导电膜及变色物质,通过调节电压,促使变色物质变色,调整射入的太阳光(但因其生产成本高,现在还不能投入使用)。这些玻璃都有很好的节能效果。

(3) 屋顶节能技术。屋顶的保温、隔热是围护结构节能的重点之一。在寒冷的地区屋顶设置保温层,以阻止室内热量散失;在炎热的地区屋顶设置隔热降温层,以阻止太阳的辐射热传至室内;而在冬冷夏热地区(黄河至长江流域),建筑节能则要冬、夏兼顾。保温常用的技术措施是在屋顶防水层下设置导热系数小的轻质材料,如膨胀珍珠岩、玻璃棉等(此为正铺法）；也可在屋面防水层以上设置聚苯乙烯泡沫（此为倒铺法）。在英国有另外一种保温层做法：采用回收废纸制成纸纤维，这种纸纤维生产能耗极小，保温性能优良，纸纤维经过硼砂阻燃处理，也能防火。施工时，先将屋顶的构造钉一层夹层，再将纸纤维喷吹入其内，形成保温层。屋顶隔热降温的方法有架空通风、屋顶蓄水或定时喷水、屋顶绿化等。以上做法都能不同程度地满足屋顶节能的要求，但目前最受推崇的是利用智能技术、生态技术来实现建筑节能的愿望，如采用太阳能集热屋顶和可控制的通风屋顶等。

3. 降低建筑设施运行的能耗

采暖、制冷和照明是建筑能耗的主要部分，降低部分能耗将对节能起重要的作用，在这个方面一些成功的技术措施很有借鉴价值，英国建筑研究院（BRE）的节能办公楼便是一例。办公楼在建筑围护方面采用先进的节能控制系统，建筑内部采用通透式夹层，以便于自然通风。通过建筑物背面的格子窗进风，建筑物正面顶部墙上的格子窗排风，形成贯穿建筑物的自然通风。办公楼使用的是高效能冷热锅炉和常规锅炉，两种锅炉由计算机系统控制交替使用。通过埋置于地板内的采暖和制冷管道系统调节室温。该建筑还采用了地板下输入冷水通过散热器制冷的技术，用水泵从车库下面的深井抽取冷水通入散热器，再由建筑物旁的另一回水井回灌。为了减少人工照明，办公楼采用了全方位组合型采光、照明系统，由建筑管理系统控制；每一单元都有日光，使用者和管理者通过检测器对系统进行遥控；在 100 座的演讲大厅，设置两种形式的照明系统，允许有 0％～100％ 的亮度，采用节能型管型荧光灯和白炽灯，使每个观众都能享有同样良好的视觉效果和适宜的温度。

4. 新能源的开发利用

在节约不可再生能源的同时，人类还在寻求开发利用新能源以应对人口增加和能源枯竭的现实，这是历史赋予现代人的使命，而新能源有效地开发利用必定要以高科技为依托。如开发利用太阳能、风能、潮汐能、水力、地热及其他可再生的自然界能源，必须借助于先进的技术手段，并且要不断地完善和提高，以更有效地利用这些能源。如人们在建筑上不仅能利用太阳能采暖、太阳能热水器，还能将太阳能转化为电能，并且将光电产品与建筑构件合为一体，如光电屋面板、光电外墙板、光电遮阳板、光电窗间墙、光电天窗以及光电玻璃幕墙等，使耗能变成产能。

（1）外墙保温及饰面系统（EIFS）。该系统是在 20 世纪 70 年代末的最后一次能源危机时期出现的，最先应用于商业建筑，随后开始应用在民用建筑中。今天，EIFS 系统在商业建筑外墙中使用量占 17.0％，在民用建筑外墙中使用量占 3.5％，并且在民用建筑中的使用量正以每年 17.0％～18.0％ 的速度增长。此系统是多层复合的外墙保温系统，在民用建筑和商业建筑中都可以应用。EIFS 系统包括以下几部分：主体部分是由聚苯乙烯泡沫塑料制成的保温板，一般是 30～120 mm 厚，该部分以合成黏结剂或机械方式固定于建筑外墙；中间部分是持久的、防水的聚合物砂浆基层，此基层主要用于保温板上，以玻璃纤维网来增强并传达外力的作用；最外面的部分是美观持久的表面覆盖层，为了防褪色、防裂，覆盖层材料一般采用丙烯酸共聚物涂料，此种涂料有多种颜色和质地可以选用，具有很强的耐久性和耐腐蚀能力。

（2）建筑保温绝热板系统（SIPS）。建筑保温绝热板可用于民用建筑和商业建筑，是高性能的墙体、楼板和屋面材料。板材的中间是聚苯乙烯泡沫或聚亚氨脂泡沫夹心层，一般为 120~240 mm 厚,两面根据需要可采用不同的平板面层,例如,在房屋建筑中两面可以采用工程化的胶合板类木制产品。用此材料建成的建筑具有强度高、保温效果好、造价低、施工简单、节约能源、保护环境的特点。板材一般为 1.2 m 宽,最大可以做到 8 m 长,尺寸成系列化,很多工厂还可以根据工程需要按照实际尺寸定制,成套供应,承建商只需在工地现场进行组装即可,真正实现了住宅生产的产业化。

(3)隔热水泥模板外墙系统(ICFS)。该产品是一种绝缘模板系统,主要由循环利用的聚苯乙烯泡沫塑料和水泥类的胶凝材料制成模板,用于现场浇筑混凝土墙或基础。施工时在模板内部水平或垂直配筋,墙体建成后,该绝缘模板将作为永久墙体的一部分,形成在墙体外部和内部同时保温绝热的混凝土墙体。混凝土墙面外包的模板材料满足了建筑外墙的保温、隔声、防火等要求。

二、建筑节能的外部环境设计

建筑整体及外部环境设计是在分析建筑周围气候、环境条件的基础上,通过选址规划、外部环境和体型朝向等设计,使建筑获得一个良好的外部微气候环境,达到节能的目的。

1. 合理选址

建筑选址主要是根据当地的气候、土质、水质、地形及周围环境条件等因素的综合状况来确定。建筑设计既要使建筑在其整个寿命周期中保持适宜的微气候环境,为建筑节能创造条件,又要不破坏整体生态环境的平衡。

2. 合理的外部环境设计

在建筑场址确定之后,应研究其微气候特征。根据建筑功能的需求,应通过合理的外部环境设计来改善既有的微气候环境,创造建筑节能的有利环境,主要方法为:①在建筑周围布置树木等植被,既能有效地遮挡风沙、净化空气,还能遮阳、降噪;②创造人工自然环境,如在建筑附近设置水面,利用水来平衡环境温度、降风沙及收集雨水等。

3. 合理的建筑规划和体型设计

合理的建筑规划和体型设计能有效地适应恶劣的微气候环境。它包括对建筑整体体量、建筑体型、建筑形体组合、建筑日照及朝向等方面的确定。像蒙古包的圆形平面、圆锥形屋顶能有效地适应草原的恶劣气候,起到减少建筑的散热面积、抵抗风沙的效果;对于沿海湿热地区,引入自然通风对节能非常重要,在规划布局上,可以通过建筑的向阳面和背阴面形成不同的气压,即使在无风时也能形成通风,在建筑体型设计上形成风洞,使自然风在其中回旋,得到良好的通风效果,从而达到节能的目的。日照及朝向选择的原则是:冬季能获得足够的日照并避开主导风向,夏季能利用自然通风并尽量减少太阳辐射。然而建筑的朝向、方位以及建筑总平面的设计应考虑多方面的因素。受到社会历史文化、地形、城市规划、道路、环境等条件的制约,要想使建筑物的朝向同时满足夏季防热和冬季保温的需求通常是困难的,因此,只能权衡各个因素之间的得失,找到一个平衡点,选择适合这一地区气候环境的最佳朝向和较好朝向。

3.1.3　建筑节能的监理依据

建筑节能的主要监理依据如下。

（1）《中华人民共和国节约能源法》（中华人民共和国主席令第 16 号）。

（2）《民用建筑节能条例》（中华人民共和国国务院令第 530 号,2008 年 10 月 1 日起实施）。

（3）《公共机构节能条例》（中华人民共和国国务院令第 531 号,2008 年 10 月 1 日起实施;据中华人民共和国国务院令第 676 号修订,于 2017 年 3 月 1 日起实施）。

（4）《民用建筑工程节能质量监督管理办法》（建质〔2006〕192 号）。

（5）《建筑节能工程施工质量验收规范》（GB 50411—2007）。

（6）《湖北省民用建筑节能条例》。

（7）《市城建委关于进一步加强绿色建筑和建筑节能质量管理的通知》（武城建规〔2017〕8 号）。

3.1.4 建筑节能对监理的要求

一、《民用建筑节能条例》中与监理有关的条款

（1）第十五条要求,设计单位、施工单位、工程监理单位及其注册执业人员,应当按照民用建筑节能强制性标准进行设计、施工、监理。

（2）第十六条要求,施工单位应当对进入施工现场的墙体材料、保温材料、门窗、采暖制冷系统和照明设备进行查验,不符合施工图设计文件要求的,不得使用。

工程监理单位发现施工单位不按照民用建筑节能强制性标准施工的,应当要求施工单位改正;施工单位拒不改正的,工程监理单位应当及时报告建设单位,并向有关主管部门报告。墙体、屋面的保温工程施工时,监理工程师应当按照工程监理规范的要求,采取旁站、巡视和平行检验等形式实施监理。未经监理工程师签字,墙体材料、保温材料、门窗、采暖制冷系统和照明设备不得在建筑上使用或者安装,施工单位不得进行下一道工序的施工。

（3）第二十三条要求,在正常使用条件下,保温工程的最低保修期限为 5 年。保温工程的保修期,自竣工验收合格之日起计算。

保温工程在保修范围和保修期内发生质量问题的,施工单位应当履行保修义务,并对造成的损失依法承担赔偿责任。

（4）第四十二条要求,违反本条例规定,工程监理单位有下列行为之一的,由县级以上地方人民政府建设主管部门责令限期改正;逾期未改正的,处 10 万元以上 30 万元以下的罚款;情节严重的,由颁发资质证书的部门责令停业整顿,降低资质等级或者吊销资质证书;造成损失的,依法承担赔偿责任。①未按照民用建筑节能强制性标准实施监理的;②墙体、屋面的保温工程施工时,未采取旁站、巡视和平行检验等形式实施监理的;③对不符合施工图设计文件要求的墙体材料、保温材料、门窗、采暖制冷系统和照明设备,按照符合施工图设计文件要求签字的,依照《建设工程质量管理条例》第六十七条的规定处罚（处 50 万元以上 100 万元以下罚款,降低资质等级或吊销资质证书;有违法所得的,予以没收）。

（5）第四十四条要求,违反本条例规定,注册执业人员未执行民用建筑节能强制性标准的,由县级以上人民政府建设主管部门责令停止执业 3 个月以上 1 年以下;情节严重的,由颁发资格证书的部门吊销执业资格证书,5 年内不予注册。

二、《建筑节能工程施工质量验收规范》(GB 50411—2007)中规定的监理相关工作

(1)设计变更不得降低建筑节能效果。当设计变更涉及建筑节能效果时,应经原施工图设计审查机构审查,在实施前应办理设计变更手续,并获得监理或建设单位的确认。

(2)材料和设备进场验收应遵守下列规定。

①对材料和设备的品种、规格、包装、外观和尺寸等进行检查验收,并应经监理工程师(建设单位代表)确认,形成相应的验收记录。

②对材料和设备的质量证明文件进行核查,并应经监理工程师(建设单位代表)确认,纳入工程技术档案。进入施工现场用于节能工程的材料和设备均应具有出厂合格证、中文说明书及相关性能检测报告;定型产品和成套技术应有型式检验报告,进口材料和设备应按规定进行出入境商品检验。

③对材料和设备应按照本规范附录 A 及各章的规定在施工现场抽样复验。复验应为见证取样送检。

(3)建筑节能工程应按照经审查合格的设计文件和经审查批准的施工方案施工。

三、《市城建委关于进一步加强绿色建筑和建筑节能质量管理的通知》(武城建规〔2017〕8 号)对监理的相关要求

(1)严格按照审查合格的设计文件、绿色建筑标准和建筑节能标准的要求实施监理,监理规划及监理实施细则应满足绿色建筑和建筑节能相关要求。

(2)绿色建筑施工方案和建筑节能专项施工技术方案应经总监理工程师审查并签字认可。应审查施工单位报送的用于工程的材料、构配件、设备的质量证明文件,对用于工程的墙体材料、保温系统材料、门窗、幕墙、预拌混凝土(砂浆)等材料进行见证取样、平行检验,对各分部工程中绿色建筑相关技术的实施情况进行检查验收并签字认可。

(3)加强对绿色建筑和建筑节能工程的监理,重点是保温工程结构基层的处理。对保温层厚度和保温层外装饰及墙体、屋面、门窗等易产生热桥和热工缺陷的关键部位应以旁站、巡视和平行检验形式实施监理。

(4)节能分部工程验收前,应编制由总监理工程师审定的节能分部工程质量评估报告,其中要明确建筑节能标准实施情况(包括外墙保温工程情况、屋面保温工程情况、楼地面保温工程情况、门窗热工性能及相关节能设备安装工程)的检查内容和检查结论。

3.2　建筑节能监理的主要内容

3.2.1　设计阶段的相关服务

建筑节能作为技术性很强的系统工程,其全面实施在我国时间不长,存在问题较多,要保证建筑节能的整体质量难度较大。监理应有能力把好建筑节能设计关,以保证工程的设计符合建筑节能的要求。监理在图纸设计阶段应做的工作主要有以下几个方面。

（1）搜集有关节能设计、施工的标准、规范等（包括地方性规定）。

（2）协助建设单位委托符合资质要求的施工图审查机构对施工图纸进行审查，尤其是对建筑节能设计专篇和设计图纸进行建筑节能专门审查，并出具建筑节能审查意见。

（3）检查设计单位是否已按专门审查机构出具的建筑节能审查意见进行修改完善，督促建设单位组织建筑节能工程设计技术交底会，总监理工程师应对设计技术交底会议纪要进行确认。

（4）对照国家有关标准、规范及地方性规定，认真审查节能部分的设计图纸及有关说明，并对审查中发现的需整改的地方予以关注。对设计的先进性、合理性进行检查，提出监理意见。

（5）跟踪检查节能设计中存在的问题，尤其要注重不同专业间节能接口地方的问题。

（6）监理应对节能设计部分出具评价报告，并交建设单位，以保证节能设计的质量符合建设项目节能标准的要求，保证节能目标的实现。

3.2.2　施工准备阶段的监理

总监理工程师及监理人员应积极参加建筑节能技术标准专业知识培训和继续教育。根据国家和地方节能规范、标准及管理办法，总监理工程师应组织专业监理工程师、监理员进行学习，以保证现场监理人员都能熟悉工程节能法规规定和要求，并要求专业监理工程师针对工程特点编制节能工程监理实施细则；协助建设单位组织节能图纸设计交底及会审，以明确节能分部工程的重点和难点，消化解决节能设计图纸存在的问题；组织专业监理工程师审核施工方提交的节能施工组织设计，提出监理审核意见，督促施工方按施工组织设计进行施工。对于一些专业分包部分的节能要求，总承包施工单位应一并在施工组织设计中反映。具体应做好如下几项工作。

（1）审查承担建筑节能工程的施工企业是否具备相应的资质；施工现场应建立相应的质量管理体系、施工质量控制和检验制度，具有相应的施工技术标准。

（2）熟悉设计图纸，参加施工图会审和设计交底。

（3）建筑节能工程施工前，总监理工程师应组织专业监理工程师审查施工单位报送的建筑节能工程施工组织设计（方案）报审表，提出审查意见，附上项目监理机构审查意见表，并经总监理工程师审核、签认后报建设单位。项目监理机构应督促施工单位对从事建筑节能工程施工作业的专业人员进行技术交底和必要的实际操作培训。

（4）编制符合工程节能特点的、具有针对性的监理实施细则。

（5）施工前，根据《建筑节能工程施工质量验收规范》（GB 50411—2007）的规定，与施工单位共同商定节能工程各个分项工程的划分，参照表3-2-1。

表 3-2-1　建筑节能分项工程划分

序号	分项工程	主要验收内容
1	墙体节能工程	主体结构基层、保温材料、饰面层等
2	幕墙节能工程	主体结构基层、隔热材料、保温材料、隔汽层、幕墙玻璃、单元式幕墙板块、通风换气系统、遮阳设施、冷凝水收集排放系统等
3	门窗节能工程	门、窗、玻璃、遮阳设施等

续表

序号	分 项 工 程	主要验收内容
4	屋面节能工程	基层、保温隔热层、保护层、防水层、面层等
5	地面节能工程	基层、保温层、保护层、面层等
6	采暖节能工程	系统制式、散热器、阀门与仪表、热力入口装置、保温材料、调试等
7	通风与空气调节节能工程	系统制式、通风与空调设备、阀门与仪表、绝热材料、调试等
8	空调与采暖系统冷热源及管网节能工程	系统制式、冷热源设备、辅助设备、管网、阀门与仪表、绝热保温材料、调试等
9	配电与照明节能工程	低压配电电源、照明光源、灯具、附属装置、控制功能、调试等
10	监测与控制节能工程	冷热源系统的监测控制系统、空调水系统的监测控制系统、通风与空调系统的监测控制系统、监测与计量装置、供配电的监测控制系统、照明自动控制系统、综合控制系统等

3.2.3　施工阶段的监理

建筑节能要达到规定要求,施工过程中的质量控制是关键。在节能设计和建筑材料满足要求的情况下,现场监理要严格控制工序施工及设备安装施工的质量,以保证节能施工质量符合要求。

(1)审核节能工程使用材料的符合性。建筑节能工程使用的材料、设备等,必须符合设计要求及国家有关标准的规定。严禁使用国家明令禁止使用与淘汰的材料和设备。专业监理工程师应按以下规定对材料和设备进行进场验收。

①对材料和设备的品种、规格、包装、外观和尺寸进行检查验收,确认后形成相应的验收记录。

②应按下列要求审核施工单位报送的拟进场的建筑节能工程材料、构配件、设备报审表(包括墙体材料、保温材料、门窗部品、采暖空调系统、照明设备等)及质量证明资料:质量证明资料(保温系统和组成材料质量保证书、说明书、型式检验报告、复验报告,如现场搅拌的黏结胶浆、抹面胶浆等,应提供配合比通知单)是否合格、齐全,是否与设计和产品标准的要求相符,产品说明书和产品标识上注明的性能指标是否符合建筑节能标准;是否使用国家明令禁止、淘汰的材料、构配件、设备;有无建筑材料备案证明及相应验证要求的资料。按照监理合同约定及建筑节能标准有关规定的比例,进行平行检验或见证取样,送样检测。对未经监理人员验收或验收不合格的建筑节能工程材料、构配件、设备,不得在工程上使用或安装。对国家明令禁止、淘汰的材料、构配件、设备,监理人员不得签认,并应签发监理通知单,书面通知施工单位限期将不合格的建筑节能工程材料、构配件、设备撤出现场。当施工单位采用建筑节能新材料、新工艺、新技术、新设备时,应要求施工单位报送相应的施工工艺措施和证明材料,组织专题论证,经审定后予以签认。核查材料和设备的质量证明文件,确认后纳入工程技术档案。进入施工现场用于节能工程的材料和设备均应具有出厂合格证、中文说明书及相关性能检测报告。定型产品和成套技术应有型式检验报告。进口材

料和设备应按规定进行出入境商品检验。

③严格建筑节能材料的验收。近几年节能新材料层出不穷,不可避免地造成材料质量千差万别,以假乱真的事件也屡屡发生。作为监理工程师应严格把好节能材料的进场质量关,对节能材料的品种规格、包装、外观等进行检查验收,核查质量证明文件,对国家规定要复验的及时见证取样复验,材料燃烧性能等级和阻燃处理应符合国家防火规范要求,检查建筑节能材料是否符合国家有关有害物质限量的限定,节能材料不得对室内外环境造成污染。涉及建筑节能的建筑材料(材料、构配件和设备)进场后,专业监理工程师要根据设计图纸和《建筑节能工程施工质量验收规范》(GB 50411—2007)、《湖北省民用建筑节能条例》的规定,按验收规范附录 A(建筑节能工程进场材料和设备的复验项目)内容督促施工单位做取样送检工作,并对照节能产品性能参数和建筑节能设计参数查验送检结果是否合格。对未经监理人员验收或验收不合格的工程材料、构配件、设备,监理人员应拒绝签认,并应签发监理通知单,书面通知施工单位限期将不合格的工程材料、构配件、设备撤出现场。

④对节能工程材料和设备应按照有关规定在现场抽样复验,复验应为见证取样送检。建筑节能工程的质量检测,应委托有资质的检测机构在监理人员的见证下实施。建筑节能工程进场材料和设备见证取样送检的项目见表 3-2-2。

表 3-2-2　建筑节能工程进场材料和设备的复验项目

序号	分项工程	复验项目
1	墙体节能工程	(1) 保温材料的导热系数、密度、抗压强度或压缩强度; (2) 黏结材料的黏结强度; (3) 增强网的力学性能、抗腐蚀性能
2	幕墙节能工程	(1) 保温材料:导热系数、密度; (2) 幕墙玻璃:可见光透射比、传热系数、遮阳系数、中空玻璃露点; (3) 隔热型材:抗拉强度、抗剪强度
3	门窗节能工程	(1) 严寒、寒冷地区:气密性、传热系数和中空玻璃露点; (2) 夏热冬冷地区:气密性、传热系数、玻璃遮阳系数、可见光透射比、中空玻璃露点; (3) 夏热冬暖地区:气密性、玻璃遮阳系数、可见光透射比、中空玻璃露点
4	屋面节能工程	保温隔热材料的导热系数、密度、抗压强度或压缩强度
5	地面节能工程	保温材料的导热系数、密度、抗压强度或压缩强度
6	采暖节能工程	(1) 散热器的单位散热量、金属热强度; (2) 保温材料的导热系数、密度、吸水率
7	通风与空气调节节能工程	(1) 风机盘管机组的供冷量、供热量、风量、出口静压、噪声及功率; (2) 绝热材料的导热系数、密度、吸水率
8	空调与采暖系统冷热源及管网节能工程	绝热材料的导热系数、密度、吸水率
9	配电与照明节能工程	电缆、电线截面和每芯导体电阻值

（2）设计变更不得降低建筑节能效果。当设计变更涉及建筑节能效果时,应经原施工图设计审查单位审查,并经监理单位或建设单位确认。

（3）建筑节能工程采用的新技术、新设备、新材料、新工艺,应要求施工单位按照有关规定进行评审、鉴定及备案。施工前应对新的或首次采用的施工工艺进行评价,并制定专门的施工技术方案。

（4）项目监理机构应按照经审查批准的施工方案要求进行检查,对建筑节能施工中墙体、屋面等部位的隐蔽部分进行旁站并及时验收,督促施工方及时报送建筑节能检验批、分项资料,并对施工已完部分进行现场验收,符合要求的予以签认。对于施工过程中存在的重大问题,专业监理工程师应及时下达监理通知单,要求施工方限时整改,以确保节能施工的质量。

（5）项目监理机构应督促施工单位做好相关工序的施工或安装记录,定期检查施工单位的直接影响建筑节能工程质量的施工、计量等设备的技术状况。

（6）总监理工程师应安排监理人员对建筑节能工程的施工过程进行巡视和检查。在节能构造施工、构件安装、设备安装、系统调试时,项目监理机构应核查施工质量,进行隐蔽工程验收,符合设计要求时,才能进入下一道工序。对建筑节能隐蔽工程的隐蔽过程、下一道工序施工完成后难以检查的重点部位,项目监理机构应安排监理人员旁站。

（7）建筑节能工程施工过程中,项目监理机构应对以下项目进行核查,并应将核查的结果作为判定建筑节能分项工程验收合格与否的依据。

①建筑节能工程施工图纸设计是否经施工图审查机构审查合格,完工后的工程实体是否与经审查的图纸一致(含涉及建筑节能效果的工程变更)。

②有关节能材料、构件、配件、设备的质量证明文件(包括必要的进场复验报告)。

③施工、安装与经审批的专项施工方案是否一致。

④施工过程质量控制技术资料。

⑤当墙体节能工程的保温层采用预埋或后置锚固件固定时,锚固件数量、位置及锚固深度、拉拔力应符合设计要求。后置锚固件应进行锚固力现场拉拔试验。

⑥围护结构实体检验报告。

⑦建筑节能工程现场检测项目资料。

⑧系统节能效果检验报告。

（8）对建筑节能施工过程中出现的质量缺陷,专业监理工程师应及时下达监理通知单,要求施工单位整改,并检查整改结果。

（9）监理人员发现建筑节能施工存在重大质量隐患,可能造成质量事故或已经造成质量事故时,总监理工程师及时下达工程暂停令,要求施工单位停工整改。整改完并经监理人员复查,符合规定要求后,总监理工程师应及时签署工程复工报审表,下达工程复工令。总监理工程师下达工程暂停令、签署工程复工报审表以及下达工程复工令,应事先向建设单位报告。

（10）对需要返工处理或加固补强的建筑节能工程,总监理工程师应及时要求施工单位按建设工程质量事故处理程序进行操作,责令施工单位报送质量事故调查报告和经设计单位等相关单位认可的处理方案,向建设单位及本监理单位提交有关质量事故的书面报告。项目监理机构应对质量事故的处理过程和处理结果进行跟踪检查和验收,并应将完整的质量事故处理记录整理归档。

(11)重视节能保温成品保护。节能保温材料普遍具有轻质、易破损等特点。监理人员有责任提醒施工方重视并做好保温部分成品的保护工作,对于有下一道工序的部分及时进行验收,避免给施工方造成不必要的损失,对已损坏的部分应要求施工方及时整改到位。

3.2.4 建筑节能工程质量的控制

一、建筑节能工程质量要求与特点

(1)强制性。国家及地方批准发布了《民用建筑节能管理规定》(建设部令第 143 号)、《民用建筑工程节能质量监督管理办法》(建质〔2006〕192 号)、《建筑节能工程施工质量验收规范》(GB 50411—2007)、《湖北省民用建筑节能条例》等一批重要强制性标准及规定,将建筑节能作为工程验收的重要内容,未执行节能强制性标准的工程项目不得进行工程的竣工验收。

(2)系统性。建筑节能的系统性表现在:实现设计建造节能与检测验收节能相一致;检测验收节能与实际运行节能相一致;节能建筑的设计、施工、使用与节能要求相统一。

(3)相关性。建设、施工、设计、监理单位和施工图审查机构、工程质量检测机构等单位都应当遵循国家有关建筑节能的法律、法规和技术标准,履行合同约定的义务,并依法对民用建筑工程节能质量负责。

(4)差异性。节能工程受结构类型、质量要求、施工方法等因素的影响,还受自然条件即项目所处地域以及资源、环境承载力的影响,建筑节能质量控制存在差异,应根据实际情况选择合理的节能设计方案和施工方案,实现节能建筑质量控制目标。

二、施工阶段建筑节能的主要监理环节

施工阶段应注意节能图纸及变更审查、节能材料把关、节能施工质量过程控制和节能工程验收 4 个环节。

(1)工程施工所依据的节能设计图纸必须经过审查机构审查,节能设计变更也要经过审查机构同意。

(2)节能材料把关主要有三个方面:外观检查、质量证明文件核查和进场材料复验。复验项目应按照《建筑节能工程施工质量验收规范》(GB 50411—2007)等规范执行。

(3)节能施工质量过程控制的方法主要有:一是监督施工单位按照审查批准的施工方案施工,施工质量应达到设计要求和标准规定;二是应加强隐蔽工程验收、关键工序部位旁站和检验批质量验收。

(4)节能验收应该进行检验批验收、分项工程验收和实体检验,合格后再进行节能分部工程验收。

三、建筑节能施工中的监理控制要点

(1)施工图会审及节能设计交底:熟悉节能设计要求,领会设计意图。

（2）审查施工单位报送的建筑节能专项施工方案：建筑节能专项施工方案是指导施工队伍工作的关键文件，总监理工程师和专业监理工程师要认真审批，监理员应熟悉方案。

（3）专业监理工程师应编制建筑节能监理细则，明确节能工程监理的工作流程和控制要点。

（4）进场材料与设备的报验，应由专业监理工程师或委托监理员对进场节能材料按照相关规定进行查验。

（5）严格控制设计变更，加强施工过程中的质量检查，组织隐蔽工程验收、检验批验收和分项工程验收。

（6）隐蔽工程验收必须到场检验，并有详细的文字记录和必要的图像资料。

（7）检验批工程验收中，主控项目应全部合格，一般项目应合格。当采用计数检验时，至少应有 90% 的检查点合格，且其余检查点不得有严重缺陷。

（8）节能工程需要旁站监理的关键工序、关键部位，应根据实际工程情况在旁站方案中加以明确。

（9）对实体检验进行监理：在实体检验时，监理人员必须到场见证，并对检验方法、抽样数量和抽样部位等进行确认。

（10）总监理工程师应参加并主持节能分部工程质量验收，验收合格后，在节能分部工程验收记录上签字。

四、建筑节能材料和关键部位监理重点

（1）墙体、屋面和地面使用的保温隔热材料的导热系数、密度、抗压强度或压缩强度、燃烧性能应符合设计要求。

（2）严寒和寒冷地区外墙热桥部位，应按设计要求采取隔断热桥等节能保温措施。

（3）建筑外窗的气密性、保温性能、中空玻璃露点、玻璃遮阳系数和可见光透射比应符合节能设计要求。

（4）采暖系统的制式应符合设计要求；散热设备、阀门、过滤器、温度计及仪表应按设计要求安装齐全，不得随意增减和更换；室内温度调控装置、热计量装置、水力平衡装置以及热力入口装置的安装位置和方向应符合设计要求，并便于观察、操作和调试。

（5）低压配电系统选择的电缆、电线截面不得低于设计值，进场时应对其截面和电阻值进行见证取样、送检，电阻值应符合规定。

五、建筑节能工程现场检验监理工作

（1）围护结构现场实体检验。对已完成的工程进行实体检验，是检验工程质量的有效手段之一。围护结构对于建筑节能意义重大，围护结构现场实体检验项目包括围护结构的外墙节能构造检验及严寒、寒冷、夏热冬冷地区的外窗气密性检测。

（2）系统节能性能检测。采暖、通风、空调、配电与照明系统应进行节能性能检测，检测项目包括室内温度、供热系统室外管网的水力平衡度、供热系统的补水率、室外管网的热输送效率、各风口的风量、空调机组的水流量、空调系统冷热水流量、冷却水流量、平均照度与照明功率密度。

（3）建筑节能第三方检测委托单位。建筑节能第三方检测由建设单位委托具有相应资质的检测单位进行。第三方检测单位在工程实体现场对各类项目检测完成后，应出具正式书面检测报告。施工单位对不符合要求的项目应限期完成整改工作。项目监理机构应对第三方检测工作和整改工作进行过程监控并做好相应监理日志及旁站记录。

六、建筑节能工程质量通病防控

建筑节能工程质量通病主要出现在以下方面，监理单位应进行防控。

（1）图纸深度不够，部分图纸缺少细节，难以指导施工。

（2）擅自变更节能设计。

（3）节能材料复验的抽样地点不在施工现场，或复验结果不符合要求，或抽样的批次不足。

（4）工程围护结构，风、水、电等设备及控制系统节能的第三方检测工作没有委托。

（5）外窗现场气密性检测和墙体节能构造实体检验不符合验收规范的规定等。

3.2.5 建筑节能分部(分项)工程验收

一、建筑节能质量验收要求

（1）质量验收的条件。

①检验批、分项工程、子分部工程验收全部合格。

②围护结构现场实体检验与系统节能性能检测、试运行合格。涉及以下几个方面。

a. 外墙节能构造实体检验。

b. 严寒、寒冷和夏热冬冷地区的外窗气密性现场实体检测。

c. 系统节能性能检验。

d. 系统联合试运转与调试。

建筑节能工程满足上述要求，各项检测结果合格，确认其质量达到验收条件才能进行工程质量验收工作。

（2）节能分部工程验收程序及组织、工程质量的合格规定与其他分部工程相同。

（3）节能工程验收技术资料。

①设计文件、图纸会审记录、设计变更和洽商文件。

②主要材料、设备和构件的质量证明文件、进场检验记录、进场核查记录、进场复验报告、见证试验报告。

③隐蔽工程验收记录和相关影像资料。

④分项工程质量验收记录，检验批验收记录。

⑤建筑围护结构节能构造现场实体检验记录。

⑥严寒、寒冷和夏热冬冷地区的外窗气密性现场检测报告。

⑦风管及系统严密性检验记录。

⑧现场组装的组合式空调机组的漏风测试记录。

⑨设备单机试运转及调试记录。

⑩系统联合试运转与调试记录。

⑪系统节能性能第三方检验报告。

⑫其他对工程质量有影响的重要技术资料。

（4）节能工程的检验批验收和隐蔽工程验收应由专业监理工程师主持，施工单位相关专业的质量检查员与施工员参加。

（5）节能分项工程验收应由专业监理工程师主持，施工单位项目技术负责人和相关专业的质量检查员、施工员参加；必要时可邀请设计单位相关专业的人员参加。

（6）节能分部工程验收应由总监理工程师（建设单位项目负责人）主持，施工单位项目经理、项目技术负责人和相关专业的质量检查员、施工员参加；施工单位的质量或技术负责人应参加；设计单位节能设计人员应参加。

二、节能分部工程验收条件

（1）建筑节能分部工程的质量验收。应在检验批、分项工程全部验收合格的基础上，进行外墙节能构造实体检验，严寒、寒冷和夏热冬冷地区的外窗气密性现场检测，系统节能性能检测和系统联合试运转与调试，确认建筑节能工程质量达到验收条件后，方可进行建筑节能分部工程的质量验收。

（2）建筑节能工程为单位建筑工程的一个分部工程，其分项工程和检验批的划分应符合下列规定。

①建筑节能分项工程应按照表 3-2-1 划分。

②建筑节能工程验收应按分项工程进行验收。当建筑节能分项工程的工程量较大时，可以将分项工程划分为若干个检验批进行验收。

③当建筑节能工程验收无法按照上述要求划分分项工程或检验批时，可由建设、监理、施工等各方协商进行划分。但验收项目、验收内容、验收标准和验收记录均应遵守《建筑节能工程施工质量验收规范》（GB 50411—2007）的规定。

④建筑节能分项工程和检验批的验收应单独填写验收记录，节能验收资料应单独组卷。

三、建筑节能验收内容

（1）按照现行《建筑节能工程施工质量验收规范》（GB 50411—2007），以及国家及地方的文件规定，建筑节能实施中必须要重视和加强施工过程工程质量的验收工作，每当检验批及隐蔽工序施工完成后，施工方要组织自验收。自检合格的，专业监理工程师要及时督促施工单位按照国家及地方有关节能验收规定的表格完整填写好各类表格内容，完善施工单位各类人员签名手续后报项目监理机构进行现场验收。

（2）专业监理工程师对施工单位报送的建筑节能隐蔽工程、检验批和分项工程质量验收资料进行审核，对现场实体施工质量进行检查验收，符合要求后予以签认。专业监理工程师接到建筑节能检验批及隐蔽工序施工质量验收申请后，应视该验收项目内容的重要性，及时请示总监理工程师，并会同建设单位现场代表履行验收手续。总监理工程师应组织专业监理工程师对施工单位报送的建筑节能分部工程质量验收资料进行审核和现场检查验收，符合要求后总监理工程师予以签认。建筑节能工程施工质量不合格的不得作为合格工程验收。

（3）总监理工程师应组织监理人员对施工单位的建筑节能工程技术资料进行审查，对其存在的问题要督促施工单位整改完善。建筑节能工程监理资料也应及时整理归档，并要真实完整、分类有序。组织建筑节能分部工程验收工作时应关注以下几点。

①协助建设单位委托建筑节能测评单位进行建筑节能能效测评。

②审查施工单位报送的建筑节能工程竣工资料的完整性、符合性。

③组织对包括建筑节能工程在内的工程预验收，对预验收中存在的问题，督促施工单位进行整改，整改完毕后签署建筑节能工程竣工报验单。

④出具建筑节能工程质量监理评估报告，工程监理单位在质量评估报告中必须明确执行建筑节能标准和设计要求的情况。

（4）项目监理机构应在建筑节能分项工程完成后，派专业监理工程师主持分项工程验收工作。在单位工程验收前由总监理工程师主持建筑节能分部工程的施工质量验收工作。节能工程按照节能设计及节能规范完成所有施工内容后，项目总监理工程师应及时组织建设、设计、施工等单位项目负责人进行节能分部预验收。对预验收中存在的问题，监理发出监理通知单，督促施工方限期整改。整改合格后，项目监理机构应出具建筑节能工程质量评估报告，并由总监理工程师主持建筑节能分部工程验收。

（5）工程监理单位在质量评估报告中必须明确执行建筑节能标准和设计要求的情况。建筑节能专项质量评估报告的内容包括以下几个方面。

①工程概况。本项目建筑节能工程的基本情况。

②评估依据。本工程执行的建筑节能标准和设计要求，即国家及地方的建筑节能设计、施工质量验收规范，设计文件及施工图的要求。

③质量评价。本工程在建筑节能施工过程中，为保证工程质量采取的措施，以及对出现的建筑节能施工质量缺陷或事故采取的整改措施等。可从以下几方面对工程质量进行评价：a.对进场的建筑节能工程材料、构配件、设备（包括墙体材料、保温材料、门窗部品、采暖空调系统、照明设备等）及其质量证明资料审核的情况；b.对建筑节能施工过程中关键节点旁站、日常巡视检查，隐蔽工程验收和现场检查的情况；c.对施工单位报送的建筑节能检验批、分项工程、分部工程质量验收资料进行审核和现场检查的情况；d.对建筑节能工程质量缺陷或事故的处理意见。

④核定结论。本建筑节能分部工程是否已按设计图纸全部完成施工；工程质量是否符合设计图纸、国家及地方强制性标准和有关标准、规范的要求；工程质量控制资料是否齐全等。综合以上情况，核定该建筑节能分部工程施工质量为合格或不合格。

建设工程的节能是关系到国计民生的重大课题，也是近年国家密切关注、重点推广的绿色建筑的主要内容，建设工程各方责任主体都要引以为重。作为建设监理人员一定要履行好职责，承担起国家法律、法规和监理合同赋予监理人员的责任和义务。要做好节能工程，不仅需要做好设计、材料、设备、施工等方面的控制，监理更应全面参与、严格把关、严防死守，确保节能工程施工质量符合国家规范的要求，对建设单位负责，对历史负责，为造福子孙后代作出努力和奉献！

3.3　建筑节能监理实施案例

3.3.1　项目概况

武汉某商住楼项目采用建筑节能 65% 标准进行节能设计,其节能设计概况为:建筑外墙采用 200 mm 厚精细砂加气混凝土精确砌块自保温系统;外门窗采用铝合金断热桥门窗、中空 Low-E 玻璃(6+12A+6);屋面采用 80 mm 厚 B_1 级挤塑聚苯板保温;楼地面采用 35 mm 厚全轻混凝土保温地坪。

3.3.2　监理工作内容

承担该项目监理工作的某监理单位项目监理机构在建筑节能施工质量控制方面主要做了如下工作:编制了有节能监理内容的监理规划及节能专项监理实施细则;审核了施工单位的节能专项施工方案;对施工单位节能施工样板进行了验收;提醒建设单位对外墙及楼地面节能变更设计进行了变更设计审查,并对节能变更设计文件进行了核查签认;对节能材料进行了进场验收及见证取样送检;对节能施工的关键施工部位进行了旁站;对外墙冷桥节能施工节点进行了现场抽芯检测,对外窗气密性现场检测进行了见证;对节能隐蔽工程、检验批、分项工程进行了验收;参加了节能分部工程质量验收,对其进行了质量评估并出具了节能分部工程施工质量评估报告。

3.3.3　节能工程相关资料

一、武汉某商住楼项目节能竣工资料目录

(1)建设、设计、施工、监理等单位出具的建筑节能分部工程竣工验收质量评估报告。

(2)建筑节能分部工程竣工验收备案表。

(3)墙体验收单。

(4)武汉市居住建筑节能设计审查备案登记表。

(5)墙体节能蒸压加气混凝土砌块检验报告、导热系数及燃烧性能检测报告。

(6)墙体节能专用砌筑黏结剂、耐碱网格布、界面砂浆检测报告。

(7)墙体保温层与基层黏结强度现场拉拔试验报告。

(8)外墙饰面砖黏结强度检测报告。

(9)墙体节能构造钻芯检测报告。

(10)架空层岩棉板物理性能检测报告及燃烧性能检测报告,塑料锚栓及胶黏剂检测报告。

(11)楼板地面全轻混凝土抗压强度、导热系数及干密度检测报告。

(12)屋面挤塑聚苯板物理性能检测报告及燃烧性能检测报告。

(13)门窗的保温性能、抗风压性能、气密性能、水密性能、中空玻璃露点、玻璃遮阳系数及可见光透射比进场复验报告及气密性现场实体检验报告。

（14）排水管、给水管进场复验报告。

（15）电线、电缆截面和每芯导体电阻值进场复验报告。

（16）节能验收会议纪要及签到表。

（17）节能分部工程质量验收记录。

二、部分检验报告

（1）断热铝合金平开窗气密性检验报告，见图 3-3-1 及图 3-3-2。

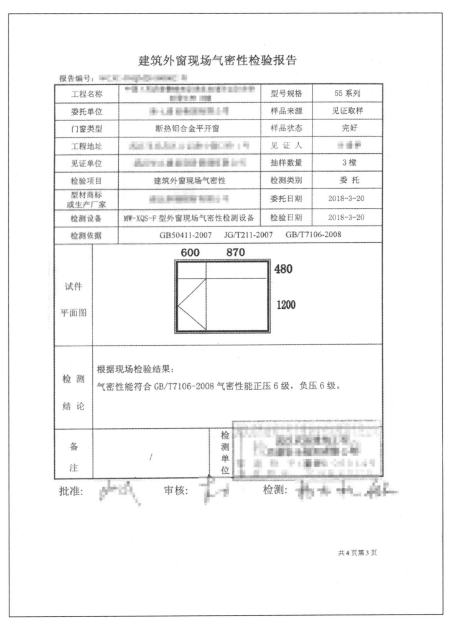

图 3-3-1　建筑外窗现场气密性检验报告 1

113

建筑外窗现场气密性检验报告

报告编号：████████████

检 验 结 果			
可开启部分缝长（m）	3.30	试件面积（m²）	2.47
玻璃品种	LOW-E中空	安装方式	注胶
面板镶嵌材料	中性硅酮结构胶	框扇密封材料	三元乙丙胶条
温度（℃）	15.5	气压（kPa）	101.6
最大玻璃尺寸（mm）	长：1115 宽：815	窗框型材	铝合金
试件编号	JNQM20180002-1	JNQM20180002-2	JNQM20180002-3
检测部位	1#楼3楼	1#楼4楼	1#楼5楼

检测结果	正压			负压		
	q_1 [m3/(m·h)]	q_2 [m3/(m2·h)]	等级	q_1 [m3/(m·h)]	q_2 [m3/(m2·h)]	等级
	1.32	1.76	6	1.26	1.67	6

备注	

共 4 页第 4 页

图 3-3-2 建筑外窗现场气密性检验报告 2

（2）建筑玻璃光学性能检验报告，见图3-3-3。

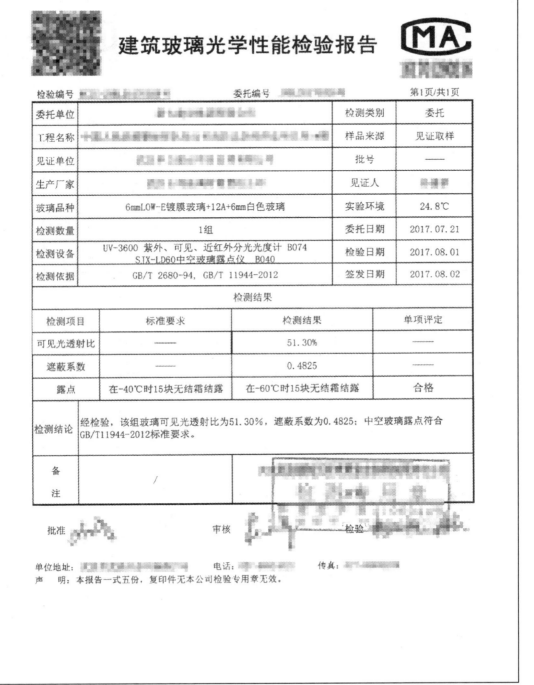

图 3-3-3　建筑玻璃光学性能检验报告

（3）建筑外窗检验报告，见图 3-3-4。

建筑外窗检验报告

检验编号 ░░░░░░░　委托编号 ░░░░░░　第1页/共1页

工程名称	░░░░░░░░░░░	检验类别	委托
委托单位	░░░░░░░░░	抽样数量	3樘
见证单位	░░░░░░░░	见证人	░░░
生产厂家	░░░░░░░	五金配置情况	良好
样品及规格(mm)	隔热断桥铝合金窗 1460×1690×55	代表批量	960樘
检验项目	气密性、抗风压性、水密性、传热系数	收样日期	2017.07.21
检验依据	GB/T7106-2008　GB/T8484-2008	检验日期	2017.7.23
检验设备	MW-W-A门窗物理性能检测设备	签发日期	2017.08.02
使用部位	门窗工程		

检验结果				
检测项目			实测值	等级
气密性	正压单位缝长空气渗透量(m³/m·h)		1.47	6
	正压单位面积空气渗透量(m³/m²·h)		4.28	
	负压单位缝长空气渗透量(m³/m·h)		-1.31	6
	负压单位面积空气渗透量(m³/m²·h)		-4.33	
抗风压性	变形检测结果 (L/450)	P_1 (Pa)	1.485	6
		$-P_1$ (Pa)	-1.512	
	反复受压检测结果	P_2 (Pa)	2.229	
		$-P_2$ (Pa)	-2.268	
	定级(工程)检测结果	P_3 (Pa)	3.715	
		$-P_3$ (Pa)	-3.780	
水密性	试件出现严重渗漏时的前一级压力(Pa)		500	5
传热系数 W/(m²·K)			2.25	6
检验结论	气密性正压属国标：GB/T7106-2008　第 6 级 气密性负压属国标：GB/T7106-2008　第 6 级 抗风压性属国标：GB/T7106-2008　第 6 级 水密性属国标：GB/T7106-2008　第 5 级 传热系数：GB/T8484-2008　第 6 级			
备注	/	检验单位	░░░░░░░░░░	

批准 ░░░　　　审核 ░░░░　　检验 ░░░░

单位地址：░░░░░░░░░　电话：░░░░░░　传真：░░░░░
声明：本报告检验数据与所抽检部位相符合。本报告一式五份，复印件无本公司检验专用章无效。

图 3-3-4　建筑外窗检验报告

（4）全轻混凝土检验报告，见图 3-3-5 及图 3-3-6。

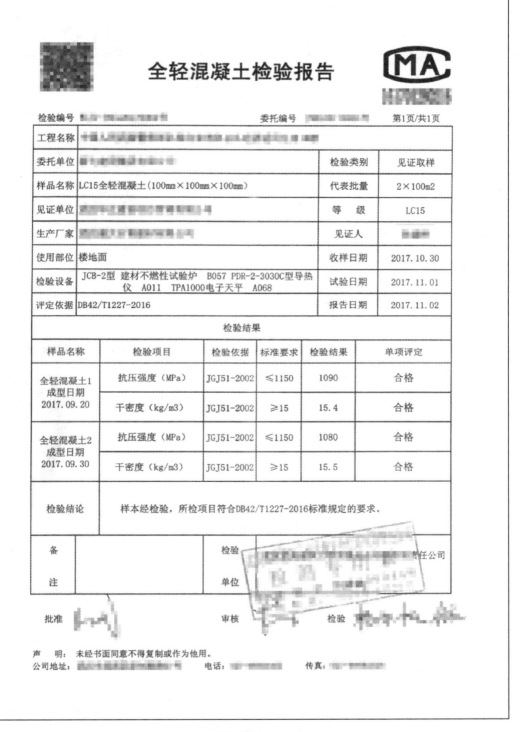

样品名称	检验项目	检验依据	标准要求	检验结果	单项评定
全轻混凝土1 成型日期 2017.09.20	抗压强度（MPa）	JGJ51-2002	≤1150	1090	合格
	干密度（kg/m3）	JGJ51-2002	≥15	15.4	合格
全轻混凝土2 成型日期 2017.09.30	抗压强度（MPa）	JGJ51-2002	≤1150	1080	合格
	干密度（kg/m3）	JGJ51-2002	≥15	15.5	合格

图 3-3-5　全轻混凝土检验报告 1

全轻混凝土检验报告

检验编号 ░░░░░░░░░░　　委托编号 ░░░░░░░　　第1页/共1页

工程名称	░░░░░░░░░░░░░░░░░░░░░░		
委托单位	░░░░░░░░░░░	检验类别	见证取样
样品名称	LC15全轻混凝土	代表批量	100m2
见证单位	░░░░░░░░░░░░░░░	密度等级	——
生产厂家	░░░░░░░░░░░░░	见证人	░░░░
使用部位	楼地面	收样日期	2017.10.15
检验设备	JCB-2型 建材不燃性试验炉 B057 PDR-2-3030C型导热仪 A011 TPA1000电子天平 A068	试验日期	2017.10.16
评定依据	DB42/T1227-2016 GB 8624-2012	报告日期	2017.10.18

检验结果

样品名称	检验项目		检验依据	标准要求	检验结果	单项评定
全轻混凝土 成型日期 2017.09.15	抗压强度（MPa）		JGJ51-2002	≤1150	1100	合格
	干密度（kg/m3）		JGJ51-2002	≥15	15.8	合格
	导热系数（平均温度25 ℃）W/(m.K)		GB/T10294-2008	≤0.25	0.25	合格
	燃烧 性能 （不 燃性 A 级）	炉内平均温升，℃	GB/T 5464-2010	△T≤30	1.9	合格
		持续燃烧时间，s		tf=0	0.0	合格
		质量损失率，%		质量损失 率△m≤ 50	6.8	合格
检验结论	样本经检验，所检项目符合DB42/T1227-2016标准规定的要求，燃烧性能符合 GB8624-2012中A级标准要求。					
备 注		检验 单位	░░░░░░░░░░░░░░░可 ░░░░░░░░░░░░░░░░			

批准 ░░░░░　　　　审核 ░░░░░░　　　　检验 ░░░░░░░░

声　明：未经书面同意不得复制或作为他用。
公司地址：░░░░░░░░░░░░　　电话：░░░░░░░　　传真：░░░░░░░

图 3-3-6　全轻混凝土检验报告 2

三、设计审查备案登记表

设计审查备案登记表的样式,见图 3-3-7。

武汉市低能耗居住建筑节能设计审查备案登记表

备案号: 项目所在区: 气候区属: A 区

建设单位名称				设计单位名称				
建设项目名称				建筑单体名称			3#楼	
建设项目地址				建筑面积			19022.61(m²)	
建设单位联系人		联系电话		结构类型	剪力墙	层 数	地上 27 地下 1	

施工图设计执行湖北省《低能耗居住建筑节能设计标准》的情况	审查项目		指标				是否符合标准规定（是打√ 否打×）	
	体形系数		0.36				√	
	外窗(含阳台门透明部分)	朝向	窗墙(地)面积比范围值		传热系数[W/(m²·K)]	综合遮阳系数	——	
		南	0.35		2.30	0.35	√	
		北	0.30		2.30	0.35	√	
		东	0.30		2.30	0.35	√	
		西	0.30		2.30	0.35	√	
		坡屋顶						
		含有透明侧窗的凸窗						
		可见光透射比			0.61		√	
		外窗气密性等级			6		√	
		各朝向外窗活动遮阳情况			有		√	
	户门	通往封闭空间	传热系数		2.77[W/(m²·K)]		√	
		通往开敞空间	传热系数					
	阳台门门芯板	传热系数			1.80[W/(m²·K)]		√	
	外墙(含热桥部位)	朝向	平均传热系数[W/(m²·K)]		热桥部位传热系数[W/(m²·K)]	热惰性指标	——	
		南	0.98		1.13	4.28	√	
		北	0.90		1.13	4.57	√	
		东	0.97		1.13	4.20	√	
		西	0.98		1.13	4.20	√	
		凸窗顶板/底板/侧墙板的传热系数			0.94[W/(m²·K)]		√	
		当 D<2.5 时自然通风情况下东、西向外墙内表面最高温度 $\theta_{i·max}$			(℃)			
	分户墙/分隔采暖空调与不采暖空调空间的隔墙	传热系数			0.94[W/(m²·K)]		√	
	屋面(含热桥部位)	屋面种类	传热系数[W/(m²·K)]		热桥部位传热系数[W/(m²·K)]	热惰性指标	——	
		平屋面	0.38			3.31		
		坡屋面						
		当 D<3.0 时自然通风情况下屋面内表面最高温度 $\theta_{i·max}$			(℃)			
	楼板	分层楼板			1.98[W/(m²·K)]		√	
		底部接触室外空气的架空或外挑楼板	传热系数		0.94[W/(m²·K)]		√	
		封闭式不采暖空调架空层的顶板或楼板；与公共建筑直接衔接的楼板			[W/(m²·K)]			
	暖通空调系统	集中供暖空调系统分户计量、分室控温情况						
		锅炉设备	热效率(%)					
		空调机组	性能系数					
			能效比					
		集中供暖、空调系统的能源计量情况						
	可再生能源应用	太阳能热水供应范围(%)			30%		√	
	电气	镇流器(荧光灯、金属卤化物灯)选择情况			T5 直管型荧光管 LED 灯		√	
		车库照明功率密度值			1.4(W/m²)		√	

图 3-3-7　设计审查备案登记表

围护结构主要节能措施	外墙（含热桥部位）	保温形式	自保温■　外保温□　内保温■　内外保温□　其它_____			
		保温材料种类	EPS 板□　XPS 板□　岩棉板□ 其它 高性能蒸压砂加气混凝土砌块 B04 级（热桥）		设计厚度	60(mm)
		保温材料性能（干燥状态）	干密度（kg/m³）　400	导热系数 [W/(m·K)]　0.10	燃烧性能	A
		砌筑砂浆种类（自保温体系）	专用砌筑砂浆			
		构造做法及外墙主色调	墙体部分：水泥砂浆（20.00mm）+高性能蒸压砂加气混凝土砌块 B05 级（260.00mm）+水泥砂浆（20.00mm） 热桥部分：水泥砂浆（20.00mm）+钢筋混凝土（200.00mm）+高性能蒸压砂加气混凝土砌块 B04 级（60.00mm）+水泥砂浆（20.00mm） 主色调为浅色			
	屋面（含热桥部位）	保温材料种类	EPS 板□　XPS 板■　泡沫混凝土制品□ 蒸压加气混凝土砌块□　其它_____		设计厚度	80(mm)
		保温材料性能（干燥状态）	干密度（kg/m³）　32	导热系数 [W/(m·K)]　0.030	燃烧性能	B1
		构造做法及屋面主色调	细石混凝土(内配筋)（40.00mm）+干铺聚酯纤维无纺布（2.00mm）+高聚物改性沥青防水卷材（6.00mm）+基层处理剂（2.00mm）+水泥砂浆（20.00mm）+乳化沥青膨胀珍珠岩（20.00mm）+B1 级挤塑聚苯板（80.00mm）+钢筋混凝土（120.00mm）+石灰水泥砂浆（20.00mm）　屋面主色调：浅色			
	外窗	窗框型材	铝合金隔热型材□　塑料型材■　其它_____			
		窗玻璃种类	中空玻璃□　Low-E 中空玻璃■　其它_____			
		窗玻璃构造和厚度	5 白玻 H 膜层+9A+5			
	楼地面	保温材料种类	全轻混凝土■　泡沫混凝土□ 其它_____		选用厚度	35 (mm)
		保温材料性能（干燥状态）	干密度（kg/m³）　1000	导热系数 [W/(m·K)]　0.26	燃烧性能	A
		构造做法	强化复合地板（用户自理）(8.0mm)+聚乙烯泡沫塑料垫（用户自理）(2.0mm)+LC15 全轻混凝土（35.0mm）+钢筋混凝土楼板（100.0mm）+水泥砂浆（20.0mm）			
	架空楼板	保温材料种类	XPS 板□　全轻混凝土□　EPS 板□ 其它建筑用岩棉板（特制硬板，压缩强度≥0.4kPa）		选用厚度	40 (mm)
		保温材料性能（干燥状态）	干密度（kg/m³）　140	导热系数 [W/(m·K)]　0.040	燃烧性能	A
		构造做法	水泥砂浆（20.00mm）+钢筋混凝土（100.00mm）+建筑用岩棉板（特制硬板，压缩强度≥0.4kPa）（40.00mm）+石灰水泥砂浆（5.00mm）			

续图 3-3-7

暖通空调系统节能措施	供热设备	锅炉□ 燃气供暖热水炉□ 家用燃气快速热水器□ 其它_____							
	空调机组	冷水（热泵）机组□ 蒸汽压缩循环冷水（热泵）机组□ 房间空调器（热泵型）□ 多联式空调（热泵）机组□							
	能源计量	供热量控制和计量装置（锅炉房、换热机房）□ 耗电量计量装置（锅炉房、换热机房和制冷机房）□ 燃料消耗量计量装置（锅炉房）□ 补水量计量装置（集中供暖、空调系统）□ 建筑入口能量计量装置（集中供暖、空调系统）□							
	分户计量	安装热计量表□ 预留热表安装位置□							
电气节能措施	照明灯具	荧光灯√ 金属卤化物灯□ 其它 T5直管型单管LED灯							
	镇流器	电子镇流器√ 节能型电感镇流器□							
	主要电缆、电线选用规格	普通负荷配电干线选用WDZ-YJY-1KV低烟无卤阻燃交联聚乙烯绝缘聚乙烯护套铜芯电力电缆，消防负荷干线采用BTLY-0.6/1kV隔离型柔性矿物绝缘类不燃性电缆，普通负荷电线采用WDZ-BYJ-0.45/0.75kV交联聚乙烯绝缘低烟无卤阻燃D级电线，消防负荷电线采用WDZN-BYJ-0.45/0.75kV交联聚乙烯绝缘低烟无卤阻燃D级耐火电线。							
可再生能源应用	太阳能	太阳能热水系统（本栋户数 234 户，太阳能热水系统占单栋户数的比例 100%□ 30%■ 其它____%□ ）☑ 太阳能供热采暖系统□ 太阳能供热制冷系统□ 太阳能光电系统□ 其它_____							
	地源热泵空调系统	地下水水源热泵空调系统□ 地埋管水源热泵空调系统□ 地表水水源热泵空调系统□ 污水源热泵空调系统□ 其它_____							
墙材选用	墙材种类	外墙材料	高性能蒸压砂加气混凝土砌块	干密度等级	B05级	强度等级	A3.5	选用厚度	260 (mm)
		内墙材料	加气混凝土砌块	干密度等级	B05级	强度等级	A3.5	选用厚度	200 (mm)

节能设计审查意见	专业	签字	盖章	
	暖通空调		湖北省施工图审查工程师	
	电气		湖北省施工图审查工程师	
	给排水		湖北省施工图审查工程师	
	建筑		北省施工图审查工程师	
建筑节能办公室备案意见			变更	
			年 月 日	

填表日期：2016 年 08 月 29 日

填写说明：1.本表的内容由建设单位或者委托设计单位填写。
2.节能设计审查意见由建筑、暖通空调、电气和给排水4个专业审查人签字用印，审查机构签署意见并加盖公章。
3.本表按建筑单体工程项目填写。
4.此表一式五份。

续图 3-3-7

四、节能设计变更

设计更改（补充）通知单，见图 3-3-8。

图 3-3-8　设计更改（补充）通知单

3.4　绿色施工监理概述

3.4.1　绿色施工监理的概念

随着我国现代化经济建设与发展模式从追求高速度到追求高质量的转变,生态文明建设已上升到国家战略层面,对工程建设行业发展也提出了更高要求,施工管理不仅要严格控制施工质量,注重施工安全及文明施工,还要求推行绿色施工。

绿色施工即在满足质量、安全等基本要求的前提下,通过科学管理和技术进步,最大限度地节约资源,减少对环境的负面影响,实现节能、节材、节水、节地和环境保护("四节一环保")的建筑工程施工活动。

绿色施工的推行也为建设监理行业提出了一个新的课题——绿色施工监理。

绿色施工监理是指工程监理人员依据国家和地方政府关于绿色施工的法律、法规及设计单位有关绿色施工的设计文件,按照国家建设工程监理规范中明确的基本监理方法、手段和措施,对建设工程施工现场"四节一环保"的施工活动履行的法定职责。

3.4.2　绿色施工监理的依据

绿色施工监理的依据包括:国家及地方关于绿色施工的法律、法规和规范,如《绿色施工导则》、《建筑工程绿色施工评价标准》(GB/T 50640—2010)、《建筑工程绿色施工规范》(GB/T 50905—2014);设计单位关于绿色施工的设计文件;施工单位经批准的关于绿色施工的施工组织设计、专项施工方案等。

3.4.3　绿色施工对监理的要求

按照现行监理规范的要求,监理工作主要是在施工阶段对工程施工的"三控两管一协调"及履行安全生产管理的法定职责。而绿色施工体现的是工程建设过程中的"四节一环保"。应该说,绿色施工的要求高于文明施工,绿色施工对监理的工作提出了更高要求。

监理单位应该充分认识到绿色施工的意义和对绿色施工管理承担的监理责任,加强教育与培训,重视提高监理工程师素质,自觉贯彻绿色施工理念,努力学习绿色施工方面的知识,正确应用相应的规程、规范,在做好"三控两管一协调一履职"的同时,从施工单位的组织管理、规划管理、实施管理、评价管理和人员安全与健康管理五个方面开展绿色施工监理工作。

《建筑工程绿色施工规范》(GB/T 50905—2014)第3.1.3条将监理单位在绿色施工方面应履行的职责明确为两项:①应对建筑工程绿色施工承担监理责任;②应审查绿色施工组织设计、绿色施工方案或绿色施工专项方案,并在实施过程中做好监督检查工作。该规范确定了施工单位是建筑工程绿色施工的实施主体,并为其明确了五项职责。该规范同时对建设单位、设计单位均提出了相应的职责要求。

3.5　绿色施工的主要措施

3.5.1　绿色施工知识宣传与教育

（1）党的十八大召开以来，生态文明建设已上升为国家战略。党的十八大把生态文明建设纳入中国特色社会主义事业五位一体总体布局，明确提出大力推进生态文明建设，努力建设美丽中国，实现中华民族永续发展。我国政府在 2013 年 5 月 14 日发表的《2012 年中国人权事业的进展》白皮书，首次将生态文明建设写入人权保障。

习近平总书记对我国的生态文明建设发表了系列重要讲话。习总书记指出："牢固树立保护生态环境就是保护生产力、改善生态环境就是发展生产力的理念"，"只有实行最严格的制度、最严密的法治，才能为生态文明建设提供可靠保障"，"绿水青山就是金山银山"。

党的十九大对生态文明建设提出了新的要求。指出要加快建立绿色生产和消费的法律制度和政策导向，建立健全绿色低碳循环发展的经济体系。构建市场导向的绿色技术创新体系，发展绿色金融，壮大节能环保产业、清洁生产产业、清洁能源产业。

（2）绿色施工是建筑行业投身国家生态文明建设的重要组成部分，是我们的责任和义务，对绿色施工实施有效的监理也是监理人应尽的法定职责。

（3）绿色施工，人人有责。绿色施工需要全员参与，全过程实施，全方位控制。

（4）应将绿色施工知识宣传与教育纳入绿色施工策划的重要组成部分，它是绿色施工事前控制的主要内容。

（5）要充分利用施工现场的宣传栏、标语、横幅、警示牌及职工三级教育等形式全面普及绿色施工知识，营造绿色施工氛围。

3.5.2　节地与施工用地保护措施

节地与施工用地保护措施如下。

（1）建设工程施工总平面布置应优化土地利用，减少土地资源的占用。施工现场的临时设施建设禁止使用黏土砖。

（2）施工总平面布置宜利用场地及周边现有和拟建建筑物、构筑物、道路和管线等。在满足施工需要的前提下，应尽量减少施工用地。

（3）临时设施的占地面积可按最低面积指标设计，有效使用临时设施用地。

（4）塔式起重机等垂直运输设施基座宜采用可重复利用的装配式基座或利用在建工程的结构。

（5）土方开挖施工应采取先进的技术措施，减少土地开挖量，最大限度地减少对土地的扰动，应合理布置起重机械和各项施工设施，统筹规划施工道路。

（6）施工现场平面布置应根据施工各阶段的特点和要求，实行动态管理。

3.5.3　节能及能源利用措施

节能及能源利用措施如下。

（1）临时设施的设计、布置和使用，应采取有效的节能降耗措施，并符合下列规定。

①应利用场地自然条件，临时建筑的体型宜规整，应有自然通风和采光，并应满足节能要求。

②临时设施宜选用由高效、隔热、防火材料制成的复合墙体和屋面，以及密封保温隔热性能好的门窗。

③规定空调使用的合理温度和时间，提高空调的运行效率。

（2）施工现场机械设备管理应满足下列要求。

①施工机械设备应建立按时保养、保修、检验制度。

②施工机械宜选用高效节能的电动机。

③应选择功率与负荷相匹配的施工机械设备，机械设备不宜低负荷运行，不宜采用自备电源。

④合理安排工序，提高各种机械的使用率及满载率。

⑤建设工程施工应实行用电计量管理制度，严格控制施工阶段用电量。

⑥施工现场宜充分利用太阳能、地热能、风能等可再生能源。

（3）应制定施工能耗指标，明确节能措施。

（4）应合理安排施工顺序及施工区域，减少作业区机械设备数量。

（5）应合理布置临时用电线路，选用节能器具，采用声控、光控和节能灯具；照明照度宜按最低照度设计。

（6）施工现场宜错峰用电。

3.5.4 节水与水资源利用措施

节水与水资源利用措施如下。

（1）建设工程施工应实行用水计量管理制度，严格控制施工阶段用水量。

（2）施工现场生产、生活用水必须使用节水型用水器具，在水源处应设置明显的节约用水标识。

（3）建设工程施工应采取地下水资源保护措施，新开工的工程限制进行施工降水。因特殊情况需要进行降水的工程，必须组织专家论证审查。

（4）施工现场应充分利用雨水资源，保持水体循环，有条件的宜收集屋顶、地面雨水进行再利用。

（5）施工现场应设置废水回收设施，对废水进行回收后循环利用。

（6）混凝土宜采用塑料薄膜加保温材料覆盖保湿、保温养护；当采用洒水或喷雾养护时，养护用水宜使用回收的基坑降水或雨水；混凝土竖向构件宜采用养护剂进行养护。

（7）施工现场喷洒路面、绿化浇灌不宜使用自来水。

（8）施工区及生活区给排水管网和用水器具应采取防渗漏措施。

3.5.5 节材与材料资源利用措施

节材与材料资源利用措施如下。

（1）应优化施工方案，节省实际施工材料消耗量。

（2）应根据施工进度、材料使用时点、库存情况等制定材料的采购和使用计划。

（3）现场材料应堆放有序，并满足材料储存及质量保持的要求。

（4）工程施工使用的材料宜选用施工现场 500 km 以内生产的建筑材料。

（5）加强保养维护，延长其使用寿命。

（6）建设工程施工所需临时设施应采用可拆卸可循环使用的材料，并在相关专项方案中列出回收再利用措施。

3.5.6　环境保护措施

环境保护措施如下。

1. 施工现场扬尘控制应符合的规定

（1）施工现场主要道路应根据用途，进行硬化处理。

（2）土方应集中堆放并加以覆盖，土方堆放超过一个月且季节适合的，应对土方采取绿化措施。

（3）遇有四级以上大风天气，不得进行土方回填、转运以及其他可能产生扬尘污染的施工。

（4）施工现场宜搭设封闭式垃圾站。

（5）细散颗粒材料、易扬尘材料应封闭堆放、存储和运输。

（6）施工现场出口应设冲洗池，施工场地、道路应采取定期洒水抑尘措施。

（7）土石方作业区内扬尘目测高度应小于 1.5 m，结构施工、安装、装饰装修阶段目测扬尘高度应小于 0.5 m，不得扩散到工作区域外。

（8）施工现场使用的热水锅炉等宜使用清洁燃料。不得在施工现场融化沥青或焚烧油毡、油漆以及其他会产生有毒、有害烟尘和恶臭气体的物资。

（9）主体建筑施工至两层及以上时，应采用防护网同步进行立面封闭，封闭高度不应低于作业面。

（10）施工现场不得现场搅拌混凝土及砂浆，应使用预拌混凝土及预拌砂浆。

（11）城区、城市道路等区域的施工项目，工程造价 5000 万元以上的市政工程应配备洒水车，及时给周边道路降尘。

（12）提倡在施工现场场区道路沿线安装喷淋降尘系统控制施工扬尘。

2. 噪声控制应符合的规定

（1）施工现场宜对噪声实时监测：施工场界环境噪声排放昼间不应超过 70 dB（A），夜间不应超过 55 dB（A）。

（2）施工过程宜使用低噪声、低振动的施工机械设备，对噪声控制要求较高的区域应采取隔声措施。

（3）施工车辆进出现场，不应鸣笛。

（4）施工现场产生噪声的机械设备，应尽量远离施工场地周边住宅区和现场办公区、生活区。

（5）电锯、发电机等强噪声机械应安装在连续封闭的工作棚内，工作棚宜采用吸音降噪材料搭设，混凝土地泵宜采用移动式拼装工作棚封闭降噪，其他需经常移动的强噪声设备宜采用移动式隔音屏降噪。

（6）施工现场应加强人为噪声的管控，要防止人为敲打、叫嚷、野蛮装卸等产生的噪声，场内车辆严禁鸣笛。

（7）除抢修、抢险外，禁止夜间22时至次日6时在居民区、文教区、疗养院和其他需要保持安静的地区进行有噪声污染的施工作业。因施工工艺的连续性和其他特殊原因，确需连续施工的，施工单位应向环保部门办理审批手续，并通告附近居民。

3. 光污染控制应符合的规定

（1）应根据现场和周边环境采取限时施工、遮光和全封闭等避免或减少光污染的措施。

（2）夜间室外照明灯应加设灯罩，光照方向应集中在施工范围内。

（3）在光线作业敏感区域施工时，电焊作业和大型照明灯具应采取防光外泄措施。

4. 水污染控制应符合的规定

（1）污水排放应符合现行国家标准《污水排入城镇下水道水质标准》（GB/T 31962—2015）的有关要求。

（2）使用非传统水源和现场循环水时，宜根据实际情况对水质进行检测。

（3）施工现场存放的油料和化学溶剂等物品应设专门库房，地面应做防渗漏处理。存放的油料和化学溶剂应集中处理，不得随意倾倒。

（4）易挥发、易污染的液态材料，应使用密闭容器存放。

（5）施工机械设备使用和检修时，应控制油料污染；清洗机具的废水和废油不得直接排放。

（6）食堂、盥洗室、淋浴间的下水管线应设置过滤网，食堂应另设隔油池。

（7）施工现场宜采用移动式厕所，并应定期清理。固定厕所应设化粪池。

（8）隔油池和化粪池应做防渗处理，并应进行定期清运和消毒。

5. 施工现场垃圾处理应符合的规定

（1）垃圾应分类存放、按时处置。

（2）应制定建筑垃圾减量计划，建筑垃圾的回收利用应符合现行国家标准《工程施工废弃物再生利用技术规范》（GB/T 50743—2012）的规定。

（3）有毒有害废弃物的分类率应达到100%；对有可能造成二次污染的废弃物应单独储存，并设置醒目标识。

（4）现场清理时，应采取封闭式运输，不得将施工垃圾从窗口、洞口、阳台等处抛撒。

6. 环境控制措施

（1）工程开工前，建设单位应组织对施工场地所在地区的土壤环境现状进行调查，制定科学的保护或恢复措施，防止施工过程中造成土壤侵蚀、退化，减少施工活动对土壤环境的破坏和污染。

（2）建设项目涉及古树名木保护的，工程开工前应由建设单位提供政府主管部门批准的文件，未经批准，不得施工。需要迁移的，应按照古树名木移植的有关规定办理移植许可证，对场地内无法移栽，或需原地保留的古树名木应划定保护区域，严格履行园林部门批准的保护方案。

（3）施工单位在施工过程中一旦发现文物，应立即停止施工，保护现场并通报文物管理部门。场内因特殊情况不能避让地上文物的，应严格落实经文物部门批准的原址保护方案，确保不受施工活动损坏。

（4）因施工破坏植被造成的裸土，应及时采取覆盖砂石、种植速生草种等有效措施，避免土壤侵蚀流失。施工结束后，原有植被被破坏的场地应恢复或进行合理绿化。

3.5.7　职业健康与安全措施

涉及职业健康与安全的措施如下。

1. 场地布置及临时设施建设

（1）施工现场办公区、生活区应与施工区分开设置，并保持安全距离；办公、生活区的选址应当符合安全要求。

（2）施工现场应设置办公室、宿舍、食堂、厕所、淋浴间、开水房、文体活动室（或建筑工人夜校培训室）、吸烟室、密闭式垃圾站（或容器）及盥洗设施等临时设施。

（3）施工现场临时搭建的建筑物应当符合安全使用要求。临时设施应使用符合规定要求的装配式彩钢活动房屋，活动房屋不得超过两层，并满足安全、卫生、保温、通风等要求，每个开间必须设可开启窗户。建设工程竣工一个月内，临建设施应全部拆除。

（4）严禁在尚未竣工的建筑物内设置员工集体宿舍。

2. 作业条件及环境安全

（1）施工现场必须采用封闭式硬质围挡，高度不得低于 1.8 m，其中邻近城市主干道的围挡高度不得低于 2.5 m。

（2）施工现场应设置标志牌和企业标识，按规定应有现场平面布置图、工程概况牌、安全生产牌、消防保卫牌、管理人员名单、监督电话牌、项目管理班子责任牌、渣土管理责任牌及扬尘治理责任公示牌等。

（3）施工单位应采取保护措施，确保与建筑工程毗邻的建筑物、构筑物安全和地下管线安全。

（4）施工现场高大脚手架、塔式起重机等大型机械设备应与架空输电导线保持安全距离，高压线路应采用绝缘材料进行安全防护。

（5）施工期间应对建筑工程周边临街人行道路、车辆出入口采取硬质安全防护措施，夜间应设置照明指示装置。

（6）施工现场出入口、施工起重机械、临时用电设施、脚手架、出入通道口、楼梯口、电梯井口、孔洞口、桥梁口、隧道口、基坑边沿、爆破物及有害危险气体和液体存放处等危险部位，应设置明显的安全警示标志。安全警示标志必须符合国家标准。

（7）在不同的施工阶段及施工季节、气候和周边环境发生变化时，施工现场应采取相应的安全技术措施，做到文明、安全施工。

3. 职业健康

（1）施工现场应在易产生职业病危害的作业岗位和设备场所设置警示标识或警示说明。

（2）定期为从事有毒有害作业的人员提供职业健康培训和体检，指导操作人员正确使用职业病防护设备和个人劳动防护用品。

（3）施工单位应该为施工人员配备安全帽、安全带及与所从事工种相匹配的安全鞋、工作服等个人劳动保护用品。

（4）施工现场应采用低噪声设备，推广使用自动化、密闭化施工工艺，降低机械噪声。作业时，操作人员应戴耳塞保护听力。

（5）深井、地下隧道、管道施工及地下室防腐、防水作业等不能保证良好自然通风的，应配备强制通风设施。操作人员在有毒有害气体作业场所应戴防毒面具或防护口罩。

（6）在粉尘作业场所，应采用喷淋等设施降低粉尘浓度，操作人员应佩戴防尘口罩；焊接作业时，操作人员应佩戴防护面罩、护目镜及手套等个人防护用品。

（7）高温作业时，施工现场应配备防暑降温用品，合理安排作息时间。

4. 卫生防疫

（1）施工现场员工膳食、饮水、休息场所应符合卫生标准。

（2）宿舍、食堂、浴室、厕所应有通风、照明设施，日常维护应有专人负责。

（3）食堂应有相关部门发放的有效卫生许可证，各类器具规范、清洁。炊事员应持有效健康证。

（4）厕所、卫生设施、排水沟及阴暗潮湿地带应定期消毒。

（5）卫生区应设置密闭式容器，垃圾分类存放，定期灭蝇，及时清运。

（6）施工现场应设立医务室，配备保健药箱、常用药品及绷带、止血带、颈托、担架等急救器材。

（7）施工人员发生传染病、食物中毒、急性职业中毒时，应及时向发生地的卫生防疫部门和建设主管部门报告，并按照卫生防疫部门的有关规定进行处置。

3.6 绿色施工监理的工作内容

3.6.1 施工准备阶段的监理

（1）施工准备阶段的监理工作内容如下。

监理单位应根据《绿色施工导则》的规定，按照与绿色施工相关的强制性标准、规程、规范，《建设工程监理规范》（GB/T 50319—2013）及政府相关文件要求，编制包含绿色施工监理内容的监理规划，明确绿色施工监理的范围、内容、工作程序和制度措施，各级人员配备计划和责任等。对中型及以上项目，监理单位应编制绿色施工监理实施细则，实施细则应当明确绿色施工监理工作的方法、措施、工作流程、控制要点和评价指标，以及对承包人的绿色施工技术措施的检查方案。

（2）监理单位应检查施工单位是否建立了绿色施工管理体系并制定了相应的管理制度和目标，是否落实了绿色施工责任制并配备了专职绿色施工管理人员；应检查施工单位各分包单位的绿色施工规章制度的建立情况。

（3）监理单位应当审查施工单位资质和与绿色施工有关的安全生产许可证是否合法有效；审查项目经理和专职绿色施工管理人员是否具备合法资格，是否与投标文件一致；审查特殊工种人员的特种作业操作资格证是否合法有效。

（4）监理人员在审查施工单位的施工组织设计时，审查施工单位是否编制了独立成章的绿色施工方案，绿色施工的内容是否符合《绿色施工导则》和《建筑工程绿色施工规范》（GB/T 50905—2014）的要求，绿色施工方案是否符合工程建设强制性标准要求；同时还应审查施工单位绿色施工应急救援预案和绿色施工费用使用计划。绿色施工方案的主要内容如下。

①环境保护措施：制定环境管理计划及应急救援预案，采取有效措施，降低环境负荷，保护地下设施和文物等资源。

②节材措施：在保证安全和工程质量的前提下，制定节材措施。如进行施工方案的节材优化、建筑垃圾减量化，尽量利用可循环材料等。

③节水措施：进行施工所在地水资源情况调查，制定节水措施。

④节能措施：进行施工节能策划，确定目标，制定节能措施。

⑤节地与施工用地保护措施：制定临时用地指标、施工总平面布置规划及临时用地节地措施等。

⑥人员安全与健康施工措施：从施工场地布置、劳动防护、生活环境和条件、医疗防疫、健康检查与治疗方面，制定保障施工人员安全与健康的施工措施。

（5）绿色施工组织设计或绿色施工专项方案编制应符合下列规定。

①应考虑施工现场的自然与人文环境特点。

②应有减少资源浪费和环境污染的措施。

③应明确绿色施工的组织管理体系、技术要求和措施。

④应选用先进的产品、技术、设备、施工工艺和方法，利用规划区域内的设施。

⑤应包含改善作业条件、降低劳动强度、节约人力资源等内容。

3.6.2　施工阶段的监理

施工阶段的监理工作内容如下。

（1）制定绿色施工监理控制节点、评价内容和标准。

（2）监督施工单位按照施工组织设计中的绿色施工技术措施和专项施工方案组织施工，及时制止违规施工作业。

（3）督促施工单位采取科学严格有效的环境保护措施，引导施工单位尽可能采用新工艺、新设备、新材料、新方法，减少施工噪声，降低扬尘，避免光污染，杜绝水污染。

（4）强力推行智能工地，对施工噪声及施工现场扬尘进行实时监测与控制。

（5）对整个施工过程实施动态管理，定期巡视检查施工过程中的绿色施工作业情况。

（6）检查施工现场主要施工设备是否符合绿色施工的要求。

（7）检查施工现场各种施工标志和绿色施工防护措施是否符合强制性标准要求。

（8）督促施工单位进行绿色施工自查工作，并对施工单位自查情况进行抽检。

（9）督促施工单位制定施工防尘、防毒、防辐射等职业危害的措施，保障施工人员的长期职业健康。

（10）督促施工单位合理布置施工场地，保证生活及办公区不受施工活动的有害影响，督促施工单位在施工现场建立卫生急救、保健防疫制度，在安全事故及疾病疫情出现时提供及时救助。

（11）督促施工单位提供卫生、健康的工作和生活环境，加强对施工人员的住宿、膳食、饮用水等方面的生活与环境卫生管理，明显改善施工人员的生活条件。

（12）督促施工单位结合工程项目的特点，有针对性地宣传绿色施工工作，通过宣传营造绿色施工的氛围。

（13）督促施工单位定期对职工进行绿色施工知识的培训，宣传绿色施工知识。

3.6.3 项目验收阶段的监理

项目验收阶段的监理工作内容如下。

（1）督促施工单位对照《绿色施工导则》的指标体系，结合工程特点，对绿色施工的效果及采用的新技术、新设备、新材料与新工艺进行评估，检查施工单位报送的含绿色施工内容的竣工资料。

（2）协助建设单位组织专家评估小组，对绿色施工方案、绿色施工实施过程进行综合评估。

（3）及时组织包括绿色施工内容的工程预验收，对预验收中存在的问题，督促施工单位做好整改工作。

（4）总结施工过程中有效的绿色施工监理措施，查找控制不力或不足的环节，提出改进意见。

实施绿色施工是贯彻落实科学发展观的具体体现，是建设节约型社会、发展循环经济的必然要求，是实现节能减排目标的重要环节。绿色施工是按科学发展观的要求对传统施工体系的创新和提升。在倡导绿色施工理念、贯彻《绿色施工导则》的过程中，监理单位应充分认识自己的责任和义务，自觉提高监理人员素质，最大限度地发挥监督检查的作用，为建设资源节约型、环境友好型社会作出应有的贡献。

3.7 绿色施工专项检查案例

2018 年建筑施工现场扬尘污染防治专项行动工作方案

为全面贯彻落实《中华人民共和国大气污染防治法》，有效治理建筑施工现场扬尘污染，改善城市空气质量，进一步提升工地文明施工管理水平，按照《武汉市 2018 年拥抱蓝天行动方案》工作部署，制定 2018 年建筑施工现场扬尘污染防治专项行动方案。各单位应按此要求开展扬尘污染防治专项行动。

一、工作目标

全面贯彻落实《中华人民共和国大气污染防治法》，贯彻执行武汉市扬尘污染防治有关标准、规范和文件，继续加大施工现场扬尘污染防治工作力度，坚持防治标准化建设，提升防治水平。为全市空气质量持续改善作出贡献，为第七届军运会保障工作打好基础。

二、工作内容

（一）进一步压实参建单位主体责任

完善建设施工单位、政府投融资建设平台公司施工扬尘防治责任体系。建设单位应将扬尘污染防治费用列入工程造价，保障专项经费；施工单位要制定具体的施工扬尘污染防治实施方案并严格落实。

（二）进一步强化施工现场标准化管理

严格落实围挡标准化、路面全硬化、冲洗设施自动化的开工设置标准；落实裸土覆盖、土方湿法作业、场区喷淋降尘和工完场清的过程管理标准；将在线监控、喷淋降尘作为施工扬尘防治达标的必要措施，将扬尘防治责任公示牌和出土车辆冲洗"三大员"制度落实情况纳入标准化工地考核范围。

（三）进一步加强监管部门的监督检查

以第七届军运会保障和配合环保督察"回头看"检查为契机，组织开展日常检查和出土工地夜查，对重要区域、重要路段及突出问题等开展专项检查，充分利用数据传感和网络可视化监控等手段提高监督效能。

（四）持续坚持第三方考评排名

将施工扬尘防治措施、场地内外环境治理、项目扬尘防治管理程序资料及过程记录等，纳入施工现场扬尘防治检查内容。按照施工现场扬尘污染防治检查表（见表 3-7-1），每月对各区及各平台公司，在汉大型建设、施工企业建筑工地扬尘防治情况进行考评排名。

（五）持续加强法规宣贯学习

认真贯彻落实《中华人民共和国大气污染防治法》，配合出台《武汉市扬尘污染防治管理办法》，加快推进本市施工扬尘污染防治标准的研究制定；促进企业加强施工人员法规知识学习，增强环保意识。

三、工作要求

（一）加强组织领导

各区、各单位要充分认识当前大气污染防治和污染天气应对工作的重要性、紧迫性，不断强化责任意识。成立以主要领导牵头的扬尘防治工作专班，明确工作目标、措施、步骤和要求，切实将建筑施工扬尘防治工作抓细抓实。

（二）加强自查整改

各建设、施工单位要对照施工现场扬尘污染防治检查表开展施工扬尘污染防治自查整改，并做好日常管理和问题整改记录。施工单位每天进行日常检查，项目参建各方每周进行联合检查，施工企业每月对项目进行检查验收，不符合要求的施工现场要立即进行整改。

（三）加强监督执法

各区建设局要针对辖区基坑和土方工程，重要区域、保障线路沿线工程建立专项管理台账，明确专人负责；建立并完善施工扬尘防治监督检查过程的记录和档案管理；加强标准化示范项目的检查与指导，督促项目贯彻执行扬尘防治各项措施标准，切实做到施工边界设置、智能化喷淋降尘及"智慧工地"等措施的全过程落实。对检查发现的未按标准落实防治措施及扬尘污染行为，依法实施行政处罚；对拒不整改的项目，依据《中华人民共和国大气污染防治法》实行按日连续处罚。

（四）加强行业自律

行业协会要加强各区创优推荐的检查把关,将施工扬尘防治标准化工作与工程项目评优评先紧密挂钩,凡未贯彻执行扬尘防治措施标准,因扬尘污染问题被通报、曝光,以及未采用智能化喷淋降尘措施的项目,一律不得参与评优评先。

（五）加强信息报送

各区建设局要健全信息报送管理制度,明确分管负责人和信息联络员,4 月 15 日前报送本区施工扬尘防治工作实施方案,每周填报施工扬尘污染防治监督执法情况统计表,每月 25 日前报送月度工作开展情况;6 月 20 日和 12 月 15 日前,分别报送半年、全年工作开展情况;进一步完善工作群管理制度,各单位主要领导、分管领导、部门负责人和信息员等,应当及时加入工作联系群,领受工作任务和问题处置,及时反馈整改情况;定期总结工作经验和管理亮点,通过"美篇"推送等形式反映工作成效。

表 3-7-1　施工现场扬尘污染防治检查表

序号	考评项目	总分分值	考评标准	扣分标准	实扣分	实得分
1	管理措施	15	工程项目应当制定有针对性的施工扬尘防治专项方案,并组织实施;工程项目每天进行扬尘防治自查自纠,项目参建三方每周开展扬尘防治专项检查,施工企业每月对扬尘防治标准化实施情况进行验收	施工企业未编制施工扬尘防治专项方案的扣15分		
				工程项目、项目参建三方未按规定定期进行检查的扣 10 分,缺少检查记录的每次扣 2 分		
				施工企业未对项目扬尘治理标准化实施验收的扣 10 分,缺少检查记录的每次扣 3 分		
				施工现场未建立扬尘防治管理档案的扣 5 分		
2	社会监督	5	工地主要出入口一侧应当悬挂施工扬尘防治公示牌,线性工程应根据实际情况增设	工地大门围挡醒目处未悬挂"施工扬尘防治公示牌"的扣 5 分;公示牌内容不全扣 1~3 分		
3	场地硬化	5	工地进出道口和场区通行道路,应采取符合标准的混凝土硬化,并及时对破损道口及路面进行修复和维护。针对场地受限的工地应在有限的道口场内实施全硬化	施工现场主要进出道口和场内道路未硬化的扣 5 分。进出道口向内延伸 15 m 的(场地受限除外)路面未按规定全部硬化(低于 50%)的,扣 1~3 分,大部分路面未硬化(等于或大于 50%)的,扣 4~5 分		
				施工场地主要道口、道路未按规定材质进行硬化的,每个道口、道路扣 2 分		
				未及时对进出道口、场内道路破损路面进行修复和维护的,每处扣 2 分		

续表

序号	考评项目	总分分值	考评标准	扣分标准	实扣分	实得分
4	裸土覆盖	10	工地非作业区域的裸土应采用密目网（防尘网）进行全覆盖，或者采用简易植物绿化覆盖	在建工程施工现场对非施工作业区裸土、建筑垃圾废料、场地裸露地面未采取任何措施进行覆盖、植绿的（100%未覆盖），扣 10 分；现场裸土大面积未覆盖的（50%及以上未覆盖）扣 5～9 分；现场裸土小面积未覆盖的（50%以下未覆盖）扣 1～5 分		
				施工现场未按规定划定泥浆池、土方晾晒区的，扣 3 分；无泥浆及晾晒标识牌的每处扣 1 分		
5	车辆冲洗	20	（1）出土工地应按规定配备冲洗保洁员、车辆检查员和扬尘治理监督员，并到岗值守； （2）施工进出道口应按规定设置符合要求的车辆冲洗保洁设施，出土工地必须设置三级冲洗设施，即冲洗槽（冲洗平台）或自动冲洗设备和沉淀池（排水沟）、洗轮机、高压水枪等设施； （3）出场车辆应经冲洗干净后方可驶离工地，禁止车辆带泥上路； （4）出土阶段进出道口应配备 4 人及以上专职保洁员，日常清扫保洁不少于 1 人，负责对进出车辆进行冲洗保洁，并设置沉淀和排水设施，防止污水外溢	用于土方、废料运输的工地进出道口，未设置冲洗设备设施的，扣 20 分。冲洗设施不规范、无法使用的扣 5～10 分		
				未设置出土保洁管理"三大员"的，扣 15 分；岗位人员不足的每人扣 4 分		
				渣土运输车辆未经冲洗保洁径直出门的扣 10 分		
				车辆带泥上路，造成门前、道路有大量泥土泥浆的扣 15～20 分；造成门前有大量泥土泥浆，道路有泥土遗撒、泥浆痕迹的扣 10～15 分；造成门前及道路有泥土遗撒、泥浆痕迹的扣 5～10 分		
				未设置道口止水槽、场内排水沟，造成泥水漫溢的扣 5 分		
				有条件的工地未设置污水沉淀设施的扣 3 分		
				冲洗区域灯光照明不充足的扣 5 分		

序号	考评项目	总分分值	考评标准	扣分标准	实扣分	实得分
6	降尘措施	10	（1）建筑物、构筑物内的建筑垃圾应当采取相应容器或者管道清运，严禁凌空抛撒； （2）施工现场应安装配备喷洒水降尘设施，并根据现场情况实时降尘喷洒； （3）鼓励运用信息化喷淋降尘措施； （4）破除作业应采取有效的防尘降尘措施	施工工地未按规范要求清运建筑垃圾或废料，凌空抛撒、现场焚烧建筑垃圾的，扣10分		
				破除作业及废料、渣土转运时，未按湿法作业要求进行洒水降尘的扣8分		
				施工现场未按照规定安装喷洒降尘设施的扣5分		
				未根据现场情况，进行洒水降尘的（雨雪、霜冻天气除外），扣3分		
				未落实武汉市建设工程大气污染应急响应指令，未按相应级别停止土石方工程施工及室外露天作业的扣10分		
				风力达到4级（含4级）以上，未停止破除作业的扣10分		
7	封闭打围	20	（1）建筑工地应按标准对施工边界进行封闭打围；贯彻执行现行《武汉市建设工程施工边界设置技术标准》； （2）工地出入口应加强门禁管理	建筑及市政工程工地均应封闭打围作业，未实施封闭打围的扣20分		
				围挡选型及主体结构不符合新标准要求的扣10分		
				未按标准设置围挡辅助设施的，每缺一项扣5分		
				A型、B型围挡高度低于2.5 m，C1型高度低于2.0 m的每处扣3分		
				围挡不稳定、不牢固、封闭不全的每处（边）扣3分		
				施工围挡严重脏污的扣5～10分；明显破损的每处扣1分		
				围挡随意开口供车辆出入的，每处扣10分		
				未按标准设置出入门的扣5分		
				无门禁管理或管理不严的扣3分		

续表

序号	考评项目	总分分值	考评标准	扣分标准	实扣分	实得分
8	场容场貌	15	工地内及周边 50 m 范围内,无明显道路破损,无污水、泥浆污染周边环境	场内道路无清扫保洁,存在积水、积灰、泥浆、泥块、垃圾等污染路面的,扣 5～10 分		
				进出道口无清扫保洁措施的扣 10 分;有保洁但未及时清扫到位的扣 2～5 分		
				工地周边和道口外 50 m 范围内有施工污水、泥浆、泥块、浮土污染道路的,扣 5～10 分		
				工地周边 50 m 范围内存在明显因施工导致的道路破损的,每处扣 5 分		
总分		100 分				
备注	(1) 检查得分计算:总分值＝各单项得分之和,单项累计扣分不超过其总分; (2) 遇有缺项时的得分值:总分值＝(实查单项应得分值之和/实查单项应得满分之和)×100					

检查单位(盖章):

检查人员:

检查时间:

思考题

1. 建筑节能的基本概念是什么?
2. 工程监理单位是否应对施工单位的建筑节能施工实施旁站监理? 依据是什么?
3. 监理工程师是否应对建筑节能材料进行进场验收? 如何进行进场验收?
4. 项目监理机构针对节能工程应如何履职?
5. 绿色施工的基本概念是什么?
6. 绿色施工监理的工作内容有哪些?
7. 环境保护措施有哪些?
8. 确保职业健康与安全的措施有哪些?

第4章 建设工程监理相关法规

4.1 建设工程法规体系及其构成要素

工程建设法规及政策包括法律、行政法规、部门规章和规范性文件,地方性法规、自治条例、单行条例、规章和规范性文件。建设工程监理相关的法律、行政法规、部门规章和规范性文件框架体系如图 4-1-1 所示。

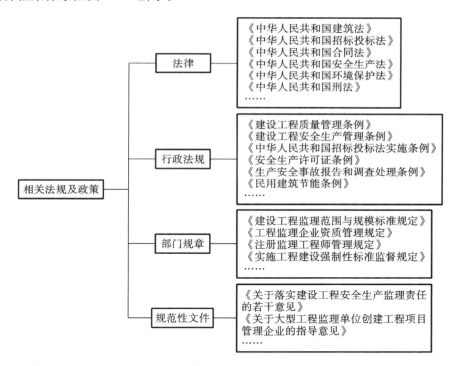

图 4-1-1 建设工程监理相关法律、行政法规、部门规章和规范性文件框架体系

4.1.1 法律

经全国人民代表大会表决通过,由国家主席签署中华人民共和国主席令予以公布的规范工程建设活动的法律,常用的有如下几部。

(1)《中华人民共和国建筑法》(中华人民共和国主席令第 46 号)。

(2)《中华人民共和国合同法》(中华人民共和国主席令第 15 号)。

(3)《中华人民共和国招标投标法》(中华人民共和国主席令第 86 号)。

（4）《中华人民共和国刑法》（中华人民共和国主席令第 80 号）。

（5）《中华人民共和国安全生产法》（中华人民共和国主席令第 13 号）。

（6）《中华人民共和国防震减灾法》（中华人民共和国主席令第 7 号）。

（7）《中华人民共和国节约能源法》（中华人民共和国主席令第 16 号）。

（8）《中华人民共和国消防法》（中华人民共和国主席令第 6 号）。

4.1.2　行政法规

由国务院制定、由总理签署中华人民共和国国务院令予以公布的规范工程建设活动的各项行政法规，常用的有如下几部。

（1）《建设工程质量管理条例》（中华人民共和国国务院令第 279 号，2017 年 10 月 7 日根据中华人民共和国国务院令第 687 号修正）。

（2）《建设工程安全生产管理条例》（中华人民共和国国务院令 393 号）。

（3）《安全生产许可证条例》（中华人民共和国国务院令第 397 号，2014 年 7 月 29 日根据中华人民共和国国务院令第 653 号修正）。

（4）《生产安全事故报告和调查处理条例》（中华人民共和国国务院令第 493 号）。

（5）《民用建筑节能条例》（中华人民共和国国务院令第 530 号）。

（6）《公共机构节能条例》（中华人民共和国国务院令第 531 号，2017 年 3 月 1 日根据中华人民共和国国务院令第 676 号修正）。

（7）《特种设备安全监察条例》（中华人民共和国国务院令第 373 号，2009 年 1 月 24 日根据中华人民共和国国务院令第 549 号修正）。

（8）《中华人民共和国招标投标法实施条例》（中华人民共和国国务院令第 613 号，2018 年 3 月 19 日根据中华人民共和国国务院令第 698 号修正）。

4.1.3　部门规章

国家有关部委按照国务院规定的职权范围，独立或同国务院有关部门联合制定的规范工程建设活动的各项部门规章，常用的有如下几部。

（1）《工程监理企业资质管理规定》（中华人民共和国建设部令第 158 号，据中华人民共和国住房和城乡建设部令第 45 号第三次修正）。

（2）《注册监理工程师管理规定》（中华人民共和国建设部令第 147 号，据中华人民共和国住房和城乡建设部令第 32 号修正）。

（3）《工程建设项目施工招标投标办法》（国家计划委员会等七部委局令第 30 号，据国家发展改革委等九部委局令第 23 号修正）。

（4）《建筑工程施工许可管理办法》（中华人民共和国建设部令第 18 号，据 2018 年 9 月 28 日中华人民共和国住房和城乡建设部令第 42 号修正）。

（5）《房屋建筑和市政基础设施工程质量监督管理规定》（中华人民共和国住房和城乡建设部令第 5 号）。

（6）《建筑起重机械安全监督管理规定》（中华人民共和国建设部令第 166 号）。

（7）《危险性较大的分部分项工程安全管理规定》（中华人民共和国住房和城乡建设部令第 37 号）。

（8）《生产安全事故应急预案管理办法》（国家安全生产监督管理总局令第 88 号）。

（9）《建筑施工企业主要负责人、项目负责人和专职安全生产管理人员安全生产管理规定》（中华人民共和国住房和城乡建设部令第 17 号）。

（10）《房屋建筑和市政基础设施工程施工分包管理办法》（中华人民共和国建设部令第 124 号，据中华人民共和国住房和城乡建设部令第 47 号第二次修正）。

（11）《房屋建筑和市政基础设施工程竣工验收备案管理办法》（中华人民共和国住房和城乡建设部令第 2 号）。

4.1.4　地方性法规

如下几种法规即为地方制定的规范工程建设活动的法规。

（1）《湖北省安全生产条例》。

（2）《湖北省建筑市场管理条例》。

（3）《湖北省民用建筑节能条例》。

4.1.5　地方性规章

如下几种规章即为地方制定的规范工程建设活动的规章。

（1）《湖北省建设工程安全生产管理办法》（湖北省人民政府令第 227 号）。

（2）《湖北省招标投标管理办法》（湖北省人民政府令第 306 号）。

（3）《湖北省建设工程监理管理办法》（湖北省人民政府令第 323 号）。

（4）《武汉市建设工程文明施工管理办法》（武汉市人民政府令第 211 号）。

（5）《武汉市建设工程安全生产管理办法》（武汉市人民政府令第 229 号）。

4.1.6　规范性文件

如下几种文件即为规范工程建设活动的规范性文件。

（1）《关于印发〈湖北省房屋建筑和市政基础设施工程施工安全监督办法〉的通知》（鄂建设规〔2016〕2 号）。

（2）《关于印发〈湖北省建筑起重机械"一体化"管理规定〉的通知》（鄂建设规〔2017〕2 号）。

（3）《市城建委印发关于进一步加强建设工程监理管理若干规定的通知》（武城建规〔2016〕4 号）。

（4）《市城建委关于印发〈武汉市建设工程竣工档案编制及报送规定〉的通知》（武城建规〔2016〕10 号）。

4.1.7　法规体系各构成要素之间的关系

建设工程的法律、法规体系，是根据《中华人民共和国立法法》的规定，制定和公布的有关建设工程的各项法律、行政法规、部门章程、地方性法规、自治条例、单行条例、地方政府规章的总称。目前这个体系已经基本形成，各构成要素之间的相互关系见表 4-1-1。

表 4-1-1　工程建设相关法律体系各级构成要素之间的关系

类　　别	制定、批准	签　　发	效　　力	稳　定　性
法律	全国人民代表大会	国家主席	服从宪法，高于行政法规	最稳定

续表

类　别	制定、批准	签　发	效　力	稳　定　性
行政法规	国务院	国务院总理	服从法律、细化法律，高于部门规章	较稳定
部门规章	政府部门	部长	服从行政法规、细化行政法规	相对稳定
地方法规	地方行政主管部门	首长	与部门章程有不一致，由国务院裁定	相对稳定

4.2　重要法规的相关条文介绍

4.2.1　《中华人民共和国建筑法》对监理及参建各方的要求

一、掌握《中华人民共和国建筑法》对监理从业人员的要求（30[①] 至 35,69）

第三十二条　建筑工程监理应当依照法律、行政法规及有关的技术标准、设计文件和建筑工程承包合同，对承包单位在施工质量、建设工期和建设资金使用等方面，代表建设单位实施监督。工程监理人员认为工程施工不符合工程设计要求、施工技术标准和合同约定的，有权要求建筑施工企业改正。工程监理人员发现工程设计不符合建筑工程质量标准或者合同约定的质量要求的，应当报告建设单位，要求设计单位改正。

第三十四条　工程监理单位应当在其资质等级许可的监理范围内，承担工程监理业务。工程监理单位应当根据建设单位的委托，客观、公正地执行监理任务。工程监理单位与被监理工程的承包单位以及建筑材料、建筑构配件和设备供应单位不得有隶属关系或者其他利害关系。工程监理单位不得转让工程监理业务。

第三十五条　工程监理单位不按照委托监理合同的约定履行监理义务，对应当监督检查的项目不检查或者不按照规定检查，给建设单位造成损失的，应当承担相应的赔偿责任。工程监理单位与承包单位串通，为承包单位谋取非法利益，给建设单位造成损失的，应当与承包单位承担连带赔偿责任。

第六十九条　工程监理单位与建设单位或者建筑施工企业串通，弄虚作假、降低工程质量的，责令改正，处以罚款，降低资质等级或者吊销资质证书；有违法所得的，予以没收；造成损失的，承担连带赔偿责任；构成犯罪的，依法追究刑事责任。

工程监理单位转让监理业务的，责令改正，没收违法所得，可以责令停业整顿，降低资质等级；情节严重的，吊销资质证书。

二、熟悉《中华人民共和国建筑法》对其他参建单位的要求

（一）施工单位

1. 执业的资质要求（12 至 14）

（1）取得资质的必要条件：注册资本＋一定数量的有职业资格的专业技术人员＋技术

---

① "30"表示相关法律的第三十条，余同。

装备＋其他条件。

资质是具备基本安全生产条件和确保施工质量的基本要求和证明。

（2）持证执业：从事建筑作业活动必须有资质证书，而且要在资质证书许可的范围以内从事建筑作业活动。

（3）从事建筑作业活动的人员持证上岗。

2. 承包、分包、联合体的法律规定（26 至 29）

（1）分包给具有资质的施工单位，不得挂靠（26）。

（2）不得将一个完整的工程肢解分包给两个及以上单位（28）。

（3）分包只能进行一次，不得层层分包（29）。

（4）投标以前未经建设单位同意的工程、主体工程和关键工程不得分包（29）。

（5）不得转包（28）。

（6）联合体投标的资质规定（27）。

3. 有关承包商安全责任的法律规定（38、39、41、44、46、47、48、51）

（1）施工组织设计和施工方案要有配套的安全技术措施（38）。

（2）现场采取安全文明施工管理措施（39）。

（3）现场环境保护措施（41）。

（4）现场安全生产管理制度（44）。

（5）劳动安全生产教育培训制度（46）。

（6）工伤保险和意外伤害保险制度（48）。

（7）发生安全事故要及时上报（51）。

4. 有关承包商质量责任的法律规定（58 至 63）

（1）对施工质量负责（58）。

（2）进场设备、材料的检验（59）。

（3）竣工验收及工程保修书（61）。

5. 总包、分包商之间的质量责任、安全责任的划分（45、55）

要点：总包单位负总责，分包单位对总包单位负责，并接受总包单位的管理，与总包单位承担连带责任。

6. 有关违法追究的法律规定（66、67、71）

（1）转让、出借资质证书（66）。

（2）违法分包、转包（67）。

（3）对事故隐患不采取措施加以消除（71）。

（4）不按照合同约定进行施工造成损失，被建设单位追究民事赔偿责任。

（二）建设单位

1. 开工前办理施工许可证的法律规定（8 至 11）

（1）办理人。

（2）办理条件及相关要求。

（3）重新办理的情况。

2. 有关工程发包的法律规定（19 至 25）

（1）公开招标（19 至 23）。

（2）不得肢解发包，或者发包给不具备资格的承包商（24）。

（3）非甲方提供材料的，不得向承包单位指定材料、构配件和设备供应商（25）。

3. 有关建设单位安全责任、质量责任的规定（42、54、61）

（1）特殊作业要办理审批手续（42）。

①需要临时占用规划批准范围以外场地的。

②可能损坏道路、管线、电力、邮电通信等公共设施的。

③需要临时停水、停电、中断道路交通的。

④需要进行爆破作业的。

⑤法律、法规规定需要办理报批手续的其他情形。

（2）不得要求参建单位降低工程质量。

（3）按规定组织竣工验收。

4. 有关违法追究的法律规定（65、68、72）

详见具体条文。

（三）勘测、设计单位

（1）执业的资质要求（12 至 14）。

（2）有关建筑工程设计安全、质量的法律规定（37、49、52、56、57、61）。

（3）有关违法追究的法律规定（73）。

4.2.2　《中华人民共和国安全生产法》《建设工程安全生产管理条例》对监理及参建各方的要求

一、《中华人民共和国安全生产法》（以下简称《安全生产法》）对监理及参建各方的要求

旧版的《安全生产法》于 2002 年 6 月 29 日第九届全国人民代表大会常务委员会第二十八次会议通过；2002 年 6 月 29 日由中华人民共和国主席令第 70 号公布，自 2002 年 11 月 1 日起施行。

新版的《安全生产法》，根据 2014 年 8 月 31 日第十二届全国人民代表大会常务委员会《关于修改〈中华人民共和国安全生产法〉的决定》修正，自 2014 年 12 月 1 日起施行。

1. 新版《安全生产法》的变化

（1）增加了 17 条（以新法条款为准，为第 12、19、22、23、38、58、67、75、76、99、105、109、113 条等）。

（2）修改了 38 条，修改量大的条款有：第 1、2、3、4、7、8、11、12、17、18、19、20、21、23、25、26、27、30、31、35、38、41、43、53、56、69、72、73、77、79、80、81、82、83、84、85、91、94 条（以

旧法条款为准）。

2. 新版《安全生产法》对安全生产管理的整体思路

（1）安全生产方针：安全第一、预防为主、综合治理。

（2）安全生产的目标：做好安全生产工作，预防和减少安全生产事故。

（3）安全生产的根本：明确落实生产经营单位的主体责任。生产经营单位的主体责任主要体现在以下 17 个方面。

①依法建立安全生产管理机构（21、22、23、24）。

②建立健全安全生产责任制度和各项管理制度（4、18（一）、19），并依法执行国家标准和行业标准（10）。

③持续具备法律、法规及标准规定的安全生产条件（17、24、25、26、27）。

④确保资金投入以满足安全生产的需要（20、90）。

⑤依法组织从业人员参加安全生产教育和培训（18、22、25、26、27、55）。

⑥如实告知从业人员作业场所和工作岗位存在的危险、危害因素，防范和应急措施，教育职工自觉承担安全生产义务（37、41、54、55、56、58）。

⑦为从业人员提供符合国家、行业标准的劳动防护用品，并培训从业人员按规定佩戴和使用（42、44）。

⑧对重大的危险源实施登记建档，定期检测、监控（37）。

⑨预防和减少作业场所的职业危害（例如手工电弧焊的弧光辐射、烟尘、臭氧、氮氧化合物、氟化物的毒害等）（32、39）。

⑩安全设备、设施的定期检查、检验和维护（33、34）。

⑪依法制定生产安全事故应急救援预案，落实操作岗位应急措施，并对事故应急救援预案进行演练（18、22、25、78）。

⑫组织排查、及时发现、治理和消除本单位安全事故隐患（18、22、38）。

⑬"四新"技术应用时，先要了解安全技术的特性并采取相应的技术措施（26）。

⑭保证工程建设项目实施时的安全设施"三同时"（28）。

⑮统一协调管理承包承租单位的安全生产工作（46）。

⑯依法参加工伤保险（48）。

⑰按规定上报生产安全事故，做好抢险救援，妥善处理事故，依法赔偿（18、47、80、85）。

（4）安全生产的关键：强化政府监督责任、强化政府监管职能、完善监管的措施、加大监管力度。

政府职能的强化主要表现在以下 7 个方面。

①编制规划（8）。

②建立政府级的安全事故应急救援信息系统（76）；县级以上各级政府制定生产安全事故应急救援预案（77）；

③各级政府的监督、检查，本法已经将管理职能延伸到乡镇、街道办事处、开发区管理机构基层（59、60、62）。

④各级政府的安全生产监督管理部门的专业化管理：审查批准、验收、监督、检(调)查、强制停止、惩治(9)。

⑤建立举报制度，开放举报渠道(70)。

⑥建立各级安全信息库，向社会公布违反安全生产法律、法规的企业"黑名单"(75)。

⑦一旦发生事故，负有安全生产监督管理职责的部门要及时向社会公布事故情况和后续的调查、处理情况(83)。

(5)安全生产的保障：严格责任追究。

为了解决"重点治乱"的问题。新版《安全生产法》在责任追究方面的力度是前所未有的，主要体现在"第六章法律责任"部分。

①第九十一条(单位主要负责人的违法责任)对旧法第八十一条部分内容进行修改，处罚加重。相关内容如下。

生产经营单位的主要负责人未履行本法规定的安全生产管理职责的，责令限期改正；逾期未改正的，处两万元以上五万元以下的罚款，责令生产经营单位停产停业整顿。

生产经营单位的主要负责人有前款违法行为，导致发生生产安全事故的，给予撤职处分；构成犯罪的，依照刑法有关规定追究刑事责任。(旧法：尚构不成刑事处罚的，给予撤职或者两万元以上二十万元以下的罚款。)

生产经营单位的主要负责人依照前款规定受刑事处罚或者撤职处分的，自刑罚执行完毕或者受处分之日起，五年内不得担任任何生产经营单位的主要负责人；对重大、特别重大生产安全事故负有责任的，终身不得担任本行业生产经营单位的主要负责人。

②第九十三条(单位(含安全生产管理咨询服务机构)安全生产管理人员)规定，生产经营单位的安全生产管理人员未履行本法规定的安全生产管理职责的，责令限期改正；导致发生生产安全事故的，暂停或者撤销其与安全生产有关的资格；构成犯罪的，依照刑法有关规定追究刑事责任。

本条除了适用于生产经营单位安全生产管理人员以外，根据法律解释，还适用于生产经营单位根据本法第十三条的规定委托的安全生产管理服务机构的人员。

第九十四条、第九十八条、第九十九条、第一百条、第一百零一条、第一百零二条、第一百零三条、第一百零五条和第一百零八条均是关于追究生产经营单位违反本法的责任。处罚一般是对主要负责人和直接责任人分事故情况进行处罚，并对单位进行处罚。

③第一百零四条(从业人员违规操作的违法责任)规定，生产经营单位的从业人员不服从管理，违反安全生产规章制度或者操作规程的，由生产经营单位给予批评教育，依照有关规章制度给予处分；构成犯罪的，依照刑法有关规定追究刑事责任。

a.单位的安全生产规章制度或者操作规程等一系列制度必须符合国家的法律、法规规定。

b.此处构成犯罪的条件是：违犯刑法第一百三十四条的规定，涉嫌重大责任事故罪。

④第一百零九条(对事故责任单位的处罚)(新增)规定，发生生产安全事故，对负有责任的生产经营单位除要求其依法承担相应的赔偿等责任外，由安全生产监督管理部门依照

下列规定处以罚款。

　　a. 发生一般事故的,处二十万元以上五十万元以下的罚款。

　　b. 发生较大事故的,处五十万元以上一百万元以下的罚款。

　　c. 发生重大事故的,处一百万元以上五百万元以下的罚款。

　　d. 发生特别重大事故的,处五百万元以上一千万元以下的罚款;情节特别严重的,处一千万元以上两千万元以下的罚款。

　　(6) 突出企业职工的权利和义务。

　　①权利。

　　a. 建议权(7、22、50)。

　　b. 接受培训权(18、20、26)。

　　c. 监督权(57)。

　　d. 拒绝违章指挥的权利(51)。

　　e. 知情权(50)。

　　f. 批评检举控告权(51)。

　　g. 获得赔偿的权利(6、53)。

　　②义务。

　　a. 服从管理的义务(54)。

　　b. 接受安全生产教育和培训的义务(55)。

　　c. 对出现事故安全隐患和不安全因素的报告、处理义务(56)。

　　二、《建设工程安全生产管理条例》(以下简称《安全条例》)对监理及参建各方的要求

　　《中华人民共和国建筑法》和《安全生产法》是制定《安全条例》的重要法律依据。由于建设工程涉及主体众多,又是一个高风险行业,因此,有必要将两部法律中有关安全生产的法律制度进一步细化,对建设工程活动中涉及的安全内容作出具体规定。

　　(一) 掌握《安全条例》对监理从业人员的要求

　　第十四条　　工程监理单位应当审查施工组织设计中的安全技术措施或者专项施工方案是否符合工程建设强制性标准。

　　工程监理单位在实施监理过程中,发现存在安全事故隐患的,应当要求施工单位整改;情况严重的,应当要求施工单位暂时停止施工,并及时报告建设单位。施工单位拒不整改或者不停止施工的,工程监理单位应当及时向有关主管部门报告。

　　第五十七条　　违反本条例的规定,工程监理单位有下列行为之一的,责令限期改正;逾期未改正的,责令停业整顿,并处 10 万元以上 30 万元以下的罚款;情节严重的,降低资质等级,直至吊销资质证书;造成重大安全事故,构成犯罪的,对直接责任人员,依照刑法有关规定追究刑事责任;造成损失的,依法承担赔偿责任。

　　(1) 未对施工组织设计中的安全技术措施或者专项施工方案进行审查的。

（2）发现安全事故隐患未及时要求施工单位整改或者暂时停止施工的。

（3）施工单位拒不整改或者不停止施工，未及时向有关主管部门报告的。

（4）未依照法律、法规和工程建设强制性标准实施监理的。

此条内容可归纳为表 4-2-1。

表 4-2-1　监理相关内容

序号	监理职责	监理职权	法律责任	处罚办法
1	审查施工组织设计中的安全技术措施或专项施工方案	技术方案审批权	未对安全技术措施或专项施工方案进行审查的	对单位：停业整顿，并处 10 万元以上 30 万元以下的罚款；降低资质等级，直至吊销资质证书；追究刑事责任；承担赔偿责任； 对个人：停止执业、吊销资格、终身不予注册、追究刑事责任
2	在实施监理过程中，发现安全隐患	现场检查权	—	
3	要求施工单位整改	整改指令权	发现安全事故隐患，未及时要求整改或暂停施工的	
4	情况严重的要求暂停施工并报告建设单位	暂停工程指令权		
5	拒不整改及不停止施工的及时报告有关主管部门	向有关主管部门报告权	施工单位拒不整改或不停工，未及时向有关主管部门报告的	
6	依法律、法规和工程建设强制性标准实施监理	依法监理权	未依法律、法规和工程建设强制性标准实施监理的	

第五十八条　注册执业人员未执行法律、法规和工程建设强制性标准的，责令停止执业 3 个月以上 1 年以下；情节严重的，吊销执业资格证书，5 年内不予注册；造成重大安全事故的，终身不予注册；构成犯罪的，依照刑法有关规定追究刑事责任。

（二）熟悉《安全条例》对其他参建单位的要求

1. 施工单位

（1）资质等级要求（20）。

（2）安全生产管理责任制和教育培训制度（企业主要负责人、项目负责人和专职安全生产管理人员必须经培训合格）（21、36）。

（3）安全文明措施费的使用（23）。

（4）安全生产管理机构（23）。

（5）总包、分包商安全责任划分（24）。

（6）特殊作业人员必须持证上岗（25）。

（7）安全技术措施（26）。

（8）注意针对下列危险性较大的分部分项工程编制专项施工方案。

①基坑支护与降水工程。

②土方开挖工程。

③模板工程。

④起重吊装工程。

⑤脚手架工程。

⑥拆除、爆破工程。

⑦国务院建设行政主管部门或者其他有关部门规定的其他危险性较大的工程。

（9）几个具体的作业要求：技术交底，设置安全警示标志，办公区、生活区与施工区分开设置，安全防护设施设备配备，消防安全责任制的建立，执行强制性标准，为现场施工人员办理意外伤害保险等。

（10）责任追究（62、63、64、65、66）。

2. 建设单位

（1）向施工单位提供施工现场及毗邻区域内的供水、排水、供电、供气、供热、通信、地下管线、气象和水文观测资料等（6）。

（2）不得向参建单位提出不符合法律、法规、强制性条文规定的要求，不得随意压缩工期（7）。

（3）确保安全作业环境及安全施工措施所需费用（8）。

（4）不得要求施工单位使用不符合安全施工要求的用具、设备等（9）。

（5）开工前向政府报送保证安全施工的措施（10）。

（6）在现场安装、拆卸施工机械，进行建筑物拆除等特殊工程的施工方必须有相应的资质等级和实施方案（11、17）。

（7）责任追究（55）。

3. 勘察、设计单位

（1）工程勘察、设计必须符合法律、法规和强制性标准（12、13）。

（2）采用新结构、新材料、新工艺的建设工程和特殊结构的建设工程，在设计中提出保障施工作业人员安全和预防生产安全事故的措施建议（13）。

（3）责任追究（56）。

三、《关于落实建设工程安全生产监理责任的若干意见》的要求

原建设部于2006年10月颁布了《关于落实建设工程安全生产监理责任的若干意见》（建市〔2006〕248号），对安全监理工作进一步细化，并重申监理单位的法律责任。具体规定如下。

1. 建设工程安全监理的主要工作内容

监理单位应当按照法律、法规和工程建设强制性标准及委托监理合同实施监理，对所监理工程的施工安全生产进行监督检查，具体内容如下。

（1）施工准备阶段安全监理的主要工作内容。

①监理单位应根据《安全条例》的规定，按照工程建设强制性标准、《建设工程监理规

范》和相关行业监理规范的要求,编制包含安全监理内容的项目监理规划,明确安全监理的范围、内容、工作程序和制度措施,以及人员配备计划和职责等。

②对中型及以上项目和《安全条例》第二十六条规定的危险性较大的分部分项工程,监理单位应当编制监理实施细则。实施细则应当明确安全监理的方法、措施和控制要点,以及对施工单位安全技术措施的检查方案。

③审查施工单位编制的施工组织设计中的安全技术措施和危险性较大的分部分项工程安全专项施工方案是否符合工程建设强制性标准要求。审查的主要内容如下。

a. 施工单位编制的地下管线保护措施方案是否符合强制性标准要求。

b. 基坑支护与降水、土方开挖与边坡防护、模板、起重吊装、脚手架、拆除、爆破等分部分项工程的专项施工方案是否符合强制性标准要求。

c. 施工现场临时用电施工组织设计或者安全用电技术措施和电气防火措施是否符合强制性标准要求。

d. 冬季、雨季等季节性施工方案的制定是否符合强制性标准要求。

e. 施工总平面布置图是否符合安全生产的要求,办公、宿舍、食堂、道路等临时设施设置以及排水、防火措施是否符合强制性标准要求。

④检查施工单位在工程项目上的安全生产规章制度和安全监管机构的建立、健全及专职安全生产管理人员配备情况,督促施工单位检查各分包单位的安全生产规章制度的建立情况。

⑤审查施工单位资质和安全生产许可证是否合法有效。

⑥审查项目经理和专职安全生产管理人员是否具备合法资格,是否与投标文件相一致。

⑦审核特种作业人员的特种作业操作资格证书是否合法有效。

⑧审核施工单位应急救援预案和安全防护措施费用使用计划。

(2)施工阶段安全监理的主要工作内容。

①监督施工单位按照施工组织设计中的安全技术措施和专项施工方案组织施工,及时制止违规施工作业。

②定期巡视检查施工过程中的危险性较大工程的作业情况。

③核查施工现场施工起重机械、整体提升脚手架、模板等自升式架设设施和安全设施的验收手续。

④检查施工现场各种安全标志和安全防护措施是否符合强制性标准要求,并检查安全生产费用的使用情况。

⑤督促施工单位进行安全自查工作,并对施工单位自查情况进行抽查,参加建设单位组织的安全生产专项检查。

2. 建设工程安全监理的工作程序

(1)监理单位按照《建设工程监理规范》和相关行业监理规范要求,编制含有安全监理内容的监理规划和监理实施细则。

（2）在施工准备阶段，监理单位审查核验施工单位提交的有关技术文件及资料，并由项目总监理工程师在有关技术文件报审表上签署意见；审查未通过的，安全技术措施及专项施工方案不得实施。

（3）在施工阶段，监理单位应对施工现场安全生产情况进行巡视检查，对发现的各类安全事故隐患，应书面通知施工单位，并督促其立即整改；情况严重的，监理单位应及时下达工程暂停令，要求施工单位停工整改，并同时报告建设单位。安全事故隐患消除后，监理单位应检查整改结果，签署复查或复工意见。施工单位拒不整改或不停工整改的，监理单位应当及时向工程所在地建设主管部门或工程项目的行业主管部门报告，以电话形式报告的，应当有通话记录，并及时补充书面报告。检查、整改、复查等情况应记载在监理日志、监理月报中。

监理单位应核查施工单位提交的施工起重机械、整体提升脚手架、模板等自升式架设设施和安全设施等的验收记录，并由安全监理人员签收备案。

（4）工程竣工后，监理单位应将有关安全生产的技术文件、验收记录、监理规划、监理实施细则、监理月报、监理会议纪要及相关书面通知等按规定立卷归档。

3. 建设工程安全生产的监理责任

（1）监理单位应对施工组织设计中的安全技术措施或专项施工方案进行审查，未进行审查的，监理单位应承担《安全条例》第五十七条规定的法律责任。

（2）监理在巡视检查过程中，发现存在安全事故隐患的，应按照有关规定及时下达书面指令，要求施工单位进行整改或停止施工。监理单位发现存在安全事故隐患没有及时下达书面指令要求施工单位整改或停止施工的，应承担《安全条例》第五十七条规定的法律责任。

（3）施工单位拒绝按照监理单位的要求进行整改或者停止施工的，监理单位应及时将情况向当地建设主管部门或工程项目的行业主管部门报告。监理单位没有及时报告的，应承担《安全条例》第五十七条规定的法律责任。

（4）监理单位未依照法律、法规和工程建设强制性标准实施监理的，应承担《安全条例》第五十七条规定的法律责任。监理单位履行了上述规定的职责，施工单位未执行监理指令继续施工或发生安全事故的，应依法追究监理单位以外的其他相关单位和人员的法律责任。

4. 落实安全生产监理责任的主要工作

（1）健全监理单位安全监理责任制。监理单位法定代表人应对本企业监理工程项目的安全监理全面负责。总监理工程师要对工程项目的安全监理负责，并根据工程项目特点，明确监理人员的安全监理职责。

（2）完善监理单位安全生产管理制度。在健全审查核验制度、检查验收制度和督促整改制度的基础上，完善工地例会制度及资料归档制度。定期召开工地例会，针对薄弱环节，提出整改意见，并督促落实；指定专人负责监理内业资料的整理、分类及立卷归档。

（3）建立监理人员安全生产教育培训制度。监理单位的总监理工程师和安全监理人员需经安全生产教育培训后方可上岗,其教育培训情况记入个人继续教育档案。

各级建设主管部门和有关主管部门应当加强建设工程安全生产管理工作的监督检查,督促监理单位落实安全生产监理责任,对监理单位实施安全监理给予支持和指导,共同督促施工单位加强安全生产管理,防止安全事故的发生。

四、《建筑起重机械安全监督管理规定》的要求

《建筑起重机械安全监督管理规定》(中华人民共和国建设部令第 166 号)于 2008 年 6 月 1 日起施行。该规定旨在加强对建筑起重机械的租赁、安装、拆卸、使用实施监督管理。

第二十二条规定监理单位应当履行下列安全职责。

(1) 审核建筑起重机械特种设备制造许可证、产品合格证、制造监督检验证明、备案证明等文件。

(2) 审核建筑起重机械安装单位、使用单位的资质证书、安全生产许可证和特种作业人员的特种作业操作资格证书。

(3) 审核建筑起重机械安装、拆卸工程专项施工方案。

(4) 监督安装单位执行建筑起重机械安装、拆卸工程专项施工方案的情况。

(5) 监督检查建筑起重机械的使用情况。

(6) 发现存在生产安全事故隐患的,应当要求安装单位、使用单位限期整改,对安装单位、使用单位拒不整改的,及时向建设单位报告。

五、《危险性较大的分部分项工程安全管理规定》的要求

住房城乡建设部颁布了《危险性较大的分部分项工程安全管理规定》(住建部令第 37 号),于 2018 年 6 月 1 日起施行,其配套文件为《住房城乡建设部办公厅关于实施〈危险性较大的分部分项工程安全管理规定〉有关问题的通知》(建办质〔2018〕31 号)。《危险性较大的分部分项工程安全管理规定》明确了危险性较大的分部分项工程安全管理的原则性要求,《住房城乡建设部办公厅关于实施〈危险性较大的分部分项工程安全管理规定〉有关问题的通知》则规定了具体的危险性较大的分部分项工程范围以及专项方案编制、论证的具体要求。

《危险性较大的分部分项工程安全管理规定》中明确了监理在危险性较大的分部分项工程安全管理中应履行的职责。

第十一条　专项施工方案应当由施工单位技术负责人审核签字、加盖单位公章,并由总监理工程师审查签字、加盖执业印章后方可实施。

第十二条　对于超过一定规模的危大工程,施工单位应当组织召开专家论证会对专项施工方案进行论证。实行施工总承包的,由施工总承包单位组织召开专家论证会。专家论证前专项施工方案应当通过施工单位审核和总监理工程师审查。

第十八条　监理单位应当结合危大工程专项施工方案编制监理实施细则,并对危大工程施工实施专项巡视检查。

第十九条　监理单位发现施工单位未按照专项施工方案施工的,应当要求其进行整改;情节严重的,应当要求其暂停施工,并及时报告建设单位。施工单位拒不整改或者不停止施工的,监理单位应当及时报告建设单位和工程所在地住房城乡建设主管部门。

第二十条　对于按照规定需要进行第三方监测的危大工程,建设单位应当委托具有相应勘察资质的单位进行监测。

监测单位应当编制监测方案。监测方案由监测单位技术负责人审核签字并加盖单位公章,报送监理单位后方可实施。

监测单位应当按照监测方案开展监测,及时向建设单位报送监测成果,并对监测成果负责;发现异常时,及时向建设、设计、施工、监理单位报告,建设单位应当立即组织相关单位采取处置措施。

第二十一条　对于按照规定需要验收的危大工程,施工单位、监理单位应当组织相关人员进行验收。验收合格的,经施工单位项目技术负责人及总监理工程师签字确认后,方可进入下一道工序。

第二十二条　危大工程发生险情或者事故时,施工单位应当立即采取应急处置措施,并报告工程所在地住房城乡建设主管部门。建设、勘察、设计、监理等单位应当配合施工单位开展应急抢险工作。

第二十三条　危大工程应急抢险结束后,建设单位应当组织勘察、设计、施工、监理等单位制定工程恢复方案,并对应急抢险工作进行后评估。

第二十四条　施工、监理单位应当建立危大工程安全管理档案。

施工单位应当将专项施工方案及审核、专家论证、交底、现场检查、验收及整改等相关资料纳入档案管理。

监理单位应当将监理实施细则、专项施工方案审查、专项巡视检查、验收及整改等相关资料纳入档案管理。

4.2.3 《建设工程质量管理条例》对监理及参建各方的要求

《建设工程质量管理条例》(以下简称《质量条例》),由中华人民共和国国务院令第279号于2000年1月30日公布实施,于2017年修正。《质量条例》是对《中华人民共和国建筑法》中关于建设工程质量的管理条款的细化,特别是对《中华人民共和国建筑法》中第六章关于质量管理的部分进行了细化。

一、掌握《质量条例》对监理从业人员的要求(条例第五章的内容)

(1) 职业资格的要求,不得挂靠,不得转让监理业务(34)。

(2) 与被监理单位保持独立,不得有隶属关系和利益关系(35)。

(3) 监理的依据:法律、法规以及有关技术标准、设计文件和建设工程承包合同。对自己监理的工程项目承担监理责任(36)。

(4) 监理工程师对进场材料的把关要求(37)。

(5) 监理所采取的手段:采取旁站、巡视和平行检验等形式,对建设工程实施监理(38)。

（6）有关监理违反《质量条例》的罚则。

（7）违反执业资质规定的(60、61)。

（8）非法转让监理业务的(62)。

（9）不能保持监理的独立性的(68)。

（10）有明显的严重违法行为的。

第六十七条　工程监理单位有下列行为之一的,责令改正,处 50 万元以上 100 万元以下的罚款,降低资质等级或者吊销资质证书;有违法所得的,予以没收;造成损失的,承担连带赔偿责任。

（1）与建设单位或者施工单位串通,弄虚作假、降低工程质量的。

（2）将不合格的建设工程、建筑材料、建筑构配件和设备按照合格签字的。

第七十四条　建设单位、设计单位、施工单位、工程监理单位违反国家规定,降低工程质量标准,造成重大安全事故,构成犯罪的,对直接责任人员依法追究刑事责任。

二、熟悉《质量条例》对其他参建单位的要求

（一）施工单位

（1）执业的资质要求,不得违法分包、转包和挂靠(25)。

（2）施工单位对承包的工程质量负责(26)。

（3）总包、分包商之间的质量责任的划分(27)。

（4）按图施工的要求(28)。

（5）进场材料检验的要求(29)。

（6）建立健全现场施工质量管理制度,特别是工程质量检查、检验制度(30)。

（7）对涉及结构安全的试块、试件以及有关材料,进行现场见证取样的规定(31)。

（8）建立健全职工教育培训制度(33)。

（9）有关质量保修责任的规定(39、40、41)。

（10）有关违法追究的法律规定(60 至 62、64 至 66、70)。

①违反执业资质规定的(60、61)。

②非法转包、分包(62)。

③不按图纸施工、偷工减料的(64)。

④对进场材料不严格进行检验把关的(65)。

⑤不按规定进行保修的(66)。

⑥发生质量事故隐瞒不报的(70)。

⑦质量责任终身制(77)。

（二）建设单位

（1）有关工程发包的法律规定(公开招标、资质、肢解、成本价、工期)(7、8、9、10)。

（2）有关建设单位质量责任的规定。

①图纸报县级以上政府相关部门进行审查(11)。

②执行强制工程监理的法律规定(12)。

③办理工程质量监督手续(13)。

④甲方提供材料要保证质量、非甲方提供材料不得指定供应商(14)。

⑤涉及承重结构和建筑主体的变动时,对把关的要求(15)。

⑥组织设计、施工、工程监理等有关单位进行竣工验收(16)。

⑦搜集、整理建设项目各环节的文件资料,建立、健全建设项目档案(17)。

(3) 有关建设单位违反《质量条例》的处罚规定(54、55、56、57、58、59、69、70、74、77)。

(三) 勘察、设计单位

(1) 执业的资质要求(18)。

(2) 建筑工程设计质量的法律规定。

①勘察、设计严格执行强制性标准条文(19)。

②设计文件中选用的建筑材料、建筑构配件和设备,应当注明规格、型号、性能等技术指标,其质量要求必须符合国家规定的标准(22)。

③参与建设工程质量事故分析,并对因设计造成的质量事故,提出相应的技术处理方案(24)。

(3) 对勘察、设计单位违法行为进行追究的法律规定(60、61、63、74、77)。

(四) 政府的质量监督职责

(1) 政府监督的行为主体:经省级以上建设行政主管部门或者有关专业部门考核认定的社会化、专业化的具有独立法人资格的事业单位。

(2) 政府质量监督的内容:地基基础、主体结构、环境质量、工程参建各方主体的质量行为。

(3) 政府质量监督的依据:《质量条例》第43～53条。

(4) 政府质量监督的目的:在市场经济条件下政府对建设工程质量监督管理的主要目的是保证建设工程的使用安全和环境质量。

(5) 政府质量监督与工程建设质量监理的区别。

建设工程监理不同于建设行政主管部门的监督管理,其主要区别见表4-2-2。

表 4-2-2　政府的监督管理与建设工程监理的区别

项　　目	政府质量监督	社会工程监理
工作性质	代表政府	受建设单位的委托
	政府的执行机构	社会咨询服务机构
工作深度	对施工质量把关	工程建设全过程的监督和管理
工作方式	抽查为主	连续监控
工作依据	国家规范、标准	委托监理合同、法律和有关技术标准、设计文件和工程承包合同

4.3　行业规范与行业自律

4.3.1　建设工程监理规范性文件

《建设工程监理规范》(GB 50319—2000)是原建设部制定颁发的工程建设监理方面的规范,也是建设工程监理的依据。工程监理规范虽然不属于建设工程法律法规规章体系,但对建设工程监理工作有重要的作用。

《建设工程监理规范》(GB/T 50319—2013)(以下简称 2013 版《监理规范》)与《建设工程监理规范》(GB 50319—2000)(以下简称 2000 版《监理规范》)相比,在结构上有变化。

1.　增加"相关服务"一章

"相关服务"一章明确了工程监理单位在工程勘察设计阶段和保修阶段开展相关服务的工作依据、内容、程序、职责和要求,使得 2013 版《监理规范》由原来的 8 章内容变成了 9 章内容。

2.　调整了 2000 版《监理规范》按阶段划分的章节名,并调整了相应章节的结构

2000 版《监理规范》的内容包括:总则,术语,项目监理机构及其设施,监理规划及监理实施细则,施工阶段的监理工作,施工合同管理的其他工作,施工阶段监理资料的管理,设备采购监理与设备监造等 8 章,以及附录(施工阶段监理工作的基本表式)。

为增强 2013 版《监理规范》的逻辑性,并体现新增内容,修订后的 2013 版《监理规范》包括 9 章内容及附录:总则,术语,项目监理机构及其设施,监理规划及监理实施细则,工程质量、造价、进度控制及安全生产管理的监理工作,工程变更、索赔及施工合同争议,监理文件资料管理,设备采购与设备监造,相关服务,以及附录 A、B、C(建设工程监理基本表式)。结构变动最大的是第 5 章。

3.　对"术语"部分的内容作了补充

术语条目的调整情况如下。

增加的术语有相关服务、工程监理单位、建设工程监理、注册监理工程师、见证取样、工程延误、工程延期、工程最终延期批准、监理日志、监理月报、监理文件资料。

取消的术语有工地例会、工程变更、见证。

这样术语就由 2000 版《监理规范》的 19 条变为 2013 版《监理规范》中的 24 条。

关于监理工程师的定义:2000 版中为监理工程师;2013 版中为注册监理工程师和专业监理工程师。

监理的执业准则更新为"公平、独立、诚信、科学"。

明确了建设工程监理的定义:工程监理单位受建设单位委托,根据法律、法规、工程建设标准、勘察设计文件及合同,在施工阶段对建设工程质量、进度、造价进行控制,对合同、信息进行管理,对工程建设相关方的关系进行协调,并履行建设工程安全生产管理法定职责的服务活动。(《建设工程监理规范》(GB/T 50319—2013)术语 2.0.2。)

除了监理的依据、监理的阶段、监理的职责之外,定义中还隐含了监理单位对一个工程进行监理的两个必要条件：资质和合同。

4. 增加了具有可操作性的内容

例如，2000 版《监理规范》中仅要求项目监理机构审查施工单位报送的施工组织设计、施工方案、施工进度计划；2013 版《监理规范》不仅要求项目监理机构审查施工单位报送的施工组织设计、专项施工方案、施工进度计划等文件，而且明确了上述文件的审查内容。再有，修订后的 2013 版《监理规范》进一步明确了监理规划应包括的内容：工程质量、造价、进度控制，合同与信息管理，组织协调以及安全生产管理职责。此外，还明确了工程质量评估报告、监理日志等文件应包括的内容等。

5. 增加了监理人员安全生产管理的内容

修订后的 2013 版《监理规范》不仅在监理规划中明确了安全生产管理职责，而且按《建设工程安全生产管理条例》规定，明确要求项目监理机构要审查施工组织设计中的安全技术措施、专项施工方案是否符合工程建设强制性标准，特别是增加了"5.5 安全生产管理的监理工作"，明确了专项施工方案的审查内容、生产安全事故隐患的处理以及监理报告的表式。

6. 调整了部分不协调的内容

（1）2000 版《监理规范》要求总监理工程师应"主持编写项目监理规划"，而专业监理工程师的职责中并未涉及监理规划的编制；修订后的 2013 版《监理规范》则明确要求总监理工程师应"组织编制监理规划"，专业监理工程师应"参与编制监理规划"。

（2）2000 版《监理规范》中，总监理工程师不得委托给总监理工程师代表的工作内容与总监理工程师的职责不够一致；修订后的 2013 版《监理规范》中细化了相关职责并保持了一致性。

（3）2000 版《监理规范》中要求总监理工程师应"审查分包单位的资质，并提出审查意见"，专业监理工程师职责中则无此要求；修订后的 2013 版《监理规范》则明确要求总监理工程师要"组织审核分包单位资格"，专业监理工程师要"参与审核分包单位资格"。

（4）2000 版《监理规范》要求专业监理工程师、监理员均应做好监理日记；修订后的 2013 版《监理规范》只要求专业监理工程师应填写监理日志，记录建设工程监理工作及建设工程实施情况，并说明不能将监理日志等同于监理人员的个人日记。

7. 对监理从业人员的从业资格的控制松绑

过去的监理从业人员除监理员以外，一刀切地限制在"注册监理工程师"的范围以内；《建设工程监理规范》（GB/T 50319—2013）从目前的国情出发，放宽了专业监理工程师的从业资格：可以是注册监理工程师，也可以是注册造价师、注册建造师、注册建筑师、注册工程师等，还可以是具有中级以上专业技术职称、3 年以上工程实践经验并经监理业务培训的人员。

4.3.2 行业自律

一、监理与咨询企业自律

（1）企业应严格执行国家和地方有关法律、法规和部门规章，合法经营，创新发展；监理机构及从业人员应严格监理、公正科学、恪尽职守,严格履行建设工程监理合同,承担相应的监理责任。

（2）企业要按照资质等级和业务范围承揽监理业务。不得转让监理业务,不得违法挂靠承揽业务,不得允许其他单位和个人以本企业名义承揽业务。

（3）自觉遵守监理市场秩序,维护行业整体利益。不得违反职业道德和行业准则;不得违反合同约定;不得以低于成本价、减少人员数量或降低人员素质等手段进行恶性竞争,扰乱行业正常秩序。

（4）企业应共同抵制损害行业利益、有碍行业发展的行为。发现建设单位的监理招标公告、招标文件或建设工程监理合同违反法律、法规、相关公约,损害监理行业利益的,参加投标的企业应自觉抵制并报告武汉建设监理与咨询行业协会行业自律与诚信管理工作委员会。

（5）严禁工程监理企业与被监理工程的承包单位及建筑材料、建筑构配件及设备供应单位存在隶属关系或其他利害关系。

（6）行业协会应开展市场调研,及时跟踪和发布武汉监理服务成本信息价,作为会员企业承揽监理业务的参考,用以引导会员企业规范市场行为;各会员企业要遵守行业协会发布的本地区成本信息价,确保投标成本不低于该成本信息价,自觉维护市场秩序,不得压价竞争。

（7）按照《国家发展改革委关于进一步放开建设项目专业服务价格的通知》（发改价格〔2015〕299 号）实行市场调节价后,会员企业应严格遵守《中华人民共和国价格法》《关于商品和服务实行明码标价的规定》等法律、法规,告知委托人有关服务项目、服务内容、服务质量以及服务价格等,并在相关服务合同中约定。建设单位未按合同约定支付监理费的,监理企业不得出具工程质量评估报告,不参加竣工验收,特殊情况下建设单位应与监理企业友好协商,对付款时间和付款方式作出新的约定和承诺。

（8）应依法订立建设工程监理合同,办理合同登记手续。不得另立"阴阳合同",不得以任何方式降低监理服务成本信息价,严禁用不正当手段承揽监理业务。

（9）严格按投标文件或建设工程监理合同约定的人员与数量配置监理人员,不得挂名虚设。严禁监理人员不到岗、监理工作不到位、降低监理服务水平和有损工作质量的行为。

（10）企业不得损害建设单位和承包单位的利益,不得泄露参建各方认为需要保密的事项,不得损害其他监理企业和监理人员声誉。

二、监理与咨询从业人员自律

从业人员应爱岗敬业、忠于职守,切实履行监理职责;应自觉遵守国家及地方的法律、法规和规定,严格监管,热情服务;应恪守职业道德和行为准则,在个人执业范围内规范执业,廉洁自律;努力学习相关知识,提高业务水平,适应行业发展要求。

（1）监理人员从事监理工作必须与受聘监理单位依法签订劳动合同;受聘时必须提供个人真实信息,不使用虚假证件、虚假工作经历或隐瞒个人不良行为记录;监理人员不得同时与两个或两个以上单位建立劳动合同关系;不得在被监理的施工单位、材料及设备供应单位兼职和与其建立其他利益关系;在合同有效期内,未经受聘单位同意,不得到其他单位兼职;在调离或辞职后不得泄露原聘用单位的商业和技术秘密,其言论和行为不得有损原聘用单位的利益。

监理人员不得以任何理由擅自脱离监理岗位或辞职。辞职前应依据劳动法规定,提前30日以书面形式通知用人单位并履行相关工作交接手续;当承担监理的工程发生质量安全事故时,事故调查及处理工作尚未结束前不得脱离监理岗位和辞职。

(2)监理人员从事监理工作应持证上岗,合法执业;不涂改、倒卖、出租、出借或者以其他形式转让注册证书、执业印章;应在所工作的项目监理机构备案,接受业主和有关部门的监督检查;应参加继续教育,保持证件有效性。

(3)监理人员必须坚持廉洁从业,自觉抵制腐败现象,拒绝谋取不正当利益。不得接受被监理单位的金钱、物品或任何形式的报酬;不得接受被监理单位的娱乐性招待或请吃;不得无理刁难承包商和材料供应商,对其"吃、拿、卡、要";不得向施工单位推荐劳动用工和工程材料、构配件及设备。

(4)监理人员应以合同为依据实施对工程的监理,维护委托单位和承包商的合法权益;保守在执业中知悉的国家秘密和他人的商业、技术秘密;不剽窃、出卖和泄露监理项目的技术与管理成果;自觉执行监理工作标准,规范监理行为,对于不符合工程质量标准或强制性条文要求的建设工程、建筑材料和设备,不得在验收文件上签字。

(5)积极协助政府行政主管部门和行业协会的有关调查、调研工作。监理人员在监理企业之间正常流动的,应遵守与原聘用单位的劳动合同和相关约定,并及时办理转注手续。

4.4 监理的法律责任

4.4.1 监理责任与监理法律责任概述

随着我国监理制度的不断发展和完善,建设工程监理应该承担的法律责任以及如何承担法律责任的问题,已经成为人们比较关注的问题之一。监理单位和监理人员,在监理活动中有可能发生的违法行为包括行政违法、民事违法和刑事违法三个方面,与之相适应的建设工程监理的法律责任分为行政责任、民事责任和刑事责任三种。

4.4.2 行政责任

监理的行政责任是监理单位或监理工程师在行使监理职责时违反了法律、行政法律、法规,必须承担的法律后果。

一、监理工程师可能承担行政责任的情形

(1)监理工程师伪造、涂改、出卖执业证书等。
(2)监理工程师因自身过错造成工程质量事故的。

二、监理单位可能承担行政责任的情形

(1)工程监理单位转让监理业务的。

（2）监理单位超越其资质允许的范围承接工程的。

（3）监理单位将不合格的建设工程、建筑材料、建筑构配件及设备按照合格签字的。

（4）监理单位与被监督工程的承包商或供应商有隶属关系或其他利害关系的。

三、行政处罚

不论是对监理单位还是对监理工程师个人，只要出现了法律、法规所禁止的行为，政府都要进行行政处罚，追究行政法律责任。一般采用警告、通报批评、责令改正、没收非法所得、罚款、责令停业整顿、降低资质等级、吊销资质证书、收缴岗位证书等方式。

4.4.3　民事责任

民事责任是指按照民法的规定，民事主体未履行自身义务所应承担的法律后果。以产生民事责任的法律为标准，民事责任又可以分为侵权责任和违约责任。

一、监理的侵权责任

侵权责任是指责任主体侵犯他人的财产权、名称权或人身权时所应承担的责任。根据我国的民法通则，监理可能承担侵权责任的行为包括以下几种。

（1）泄露业主的商业机密。

（2）盗用他人名义发表文章。

（3）未经他人同意，采用他人的有关资料。

（4）对他人进行诽谤、中伤，损害他人名誉。

二、监理的违约责任

监理的违约责任是指监理违反了委托监理合同的约定，造成业主或第三方的损失而应该承担的民事赔偿责任。违约责任也可以理解为合同责任。监理违约有监理单位违约和监理工程师违约两种，监理工程师个人的违约行为又可细分为失职和越权。

（1）监理单位不严格履行合同：监理单位不守信用，不严格履行合同。

（2）监理工程师失职：监理工程师不履行或者不适当履行合同义务。根据法律的规定和合同的授权，监理具有建议权、指令权、检查权、监督权、确认权和协商权，但是监理没有把这些权利用充分（《安全生产法》第一百一十一条）。

（3）监理工程师越权：越权是指以作为的方式违约，即监理行为超出合同约定的范围或利用自身的影响力来影响他人履行正常的义务。

赔偿：除了监理工程师个人侵权需要本人承担民事责任以外，无论是监理单位违约还是监理人员违约，由于监理单位是订立委托监理合同的当事人，因此，监理单位是违约的责任主体，也是承担民事赔偿责任的主体。

4.4.4　刑事责任

监理工程师在执业过程中，利用职务之便实施犯罪行为，例如收受承包商贿赂，提供虚假工程量,骗取业主工程款;与承包商恶意串通,随意降低工程质量标准,给国家和社会公众利益造成重大损失等,就构成了监理工程师的职业犯罪,必须追究其刑事责任。

《中华人民共和国刑法》第一百三十七条规定,建设单位、设计单位、施工单位、工程监理单位违反国家规定,降低工程质量标准,造成重大安全事故的,对直接责任人员,处五年以下有期徒刑或者拘役,并处罚金;后果特别严重的,处五年以上十年以下有期徒刑,并处罚金。

《质量条例》第七十四条规定,建设单位、设计单位、施工单位、工程监理单位违反国家规定,降低工程质量标准,造成重大安全事故,构成犯罪的,对直接责任人员依法追究刑事责任。

《安全条例》第五十七条规定,违反本条例的规定,工程监理单位有下列行为之一的,……造成重大安全事故,构成犯罪的,对直接责任人员,依照刑法有关规定追究刑事责任;造成损失的,依法承担赔偿责任。

（1）未对施工组织设计中的安全技术措施或者专项施工方案进行审查的。

（2）发现安全事故隐患未及时要求施工单位整改或者暂时停止施工的。

（3）施工单位拒不整改或者不停止施工,未及时向有关主管部门报告的。

（4）未依照法律、法规和工程建设强制性标准实施监理的。

说明:①一般情况下,《中华人民共和国刑法》未明确规定在监理活动中监理企业的法人应该承担什么样的刑事责任,仅在《中华人民共和国刑法》第一百三十七条中规定对直接责任人（职业犯罪的监理工程师本人）追究刑事责任。

②构成刑事责任的两个主要条件:主观故意（恶意串通）;导致质量降低,损失重大。

对三种法律责任总结如下。

（1）违反法律、法规,被政府行政处罚。

（2）没有认真履行合同,给建设单位或者施工单位造成了损失,被追究民事赔偿责任。

（3）与施工单位串通,故意降低工程质量,给建设单位造成重大损失的,则被追究刑事责任。

4.5　监理法律责任的规避

为了合理地规避监理的法律风险,更好地履行法律、法规规定的监理质量安全责任,监理单位应努力做好以下几个方面。

一、提高依法执业意识,加强监理单位自身建设

监理单位作为与建设工程安全生产有关的责任主体之一,具有相对的独立性,树立依法执业的意识尤为重要。监理单位应当依法取得相应等级的资质证书,承担与其资质、能力相称的监理业务,不得允许其他单位或个人以本单位名义承揽工程。项目监理机构的人员,特别是总监理工程师、总监理工程师代表、专业监理工程师,应具备相应的资格和上岗证书,并具备相应的管理、技术能力。监理单位要强化监理人员职业道德和遵章守纪的教

育、管理,不允许与建设单位或施工单位串通、弄虚作假、降低工程质量,不允许玩忽职守、不履行合同约定的监理义务,不允许失职、渎职、对现场安全隐患视而不见。特别是对于以下情形必须严格制止。

（1）施工组织设计和重要的专项施工方案无安全技术措施等内容,施工企业技术负责人尚未审查批准,监理就签字认可的。

（2）不具备开工条件（如设计图纸未经图审合格、施工准备不足、施工许可证未办等）,监理就签字同意开工的。

（3）建设单位有压缩合同约定工期等不规范行为,监理默认或表示同意的。

（4）迁就建设单位意见,在必须停工整顿时不下发工程暂停令的。

（5）发现严重质量安全事故隐患拖延报告或隐瞒不报,特别是应当向政府主管部门报告而未报告的。

（6）发现施工单位资质不符、无安全生产许可证、特种作业人员无证上岗、未配专职安全员或安全员配备不足、未提供安全生产条件评价报告或经有关部门审核的安全生产条件资料等情况时,未及时采取措施制止或不及时报告的。

（7）同意或越权指令施工单位违章作业的。

监理单位只有依法执业、严格监理,才能降低建设工程生产安全事故发生的概率,也才能有效规避监理的质量安全责任风险。

二、学习与监理质量安全责任相关的法律、法规文件,明确监理的责任范围

项目监理机构和监理人员要努力学习与监理质量安全责任有关的法律、法规文件,明确监理的安全责任主要是"审查"（含施工组织设计和专项施工方案）、"发现"（安全隐患）、"要求"（整改或暂停施工）、"报告"（建设单位及有关主管部门）、"实施"（法律、法规及强制性标准）。如果这几条做不到位,监理即构成失职、渎职甚至犯罪;如这几条做到位了,并有相关文字、影像等证明资料,则监理就能规避法律责任,不会受到经济、行政、刑事上的惩罚。

应该注意监理单位该做的必须做到位,不该做的不要往身上揽。特别是属于施工单位的安全工作,监理千万不要越俎代庖。监理应当督促施工单位建立健全安全生产保证体系并使之有效运行,发挥社会监管的作用,但不要替代施工单位安排生产、管理安全,更不要违反设计和规范瞎指挥、乱指挥。

三、学习专业知识,形成专业互补的监管力量,提高监管能力

项目监理机构要注意区分安全生产的"程序性管理"和"技术性管理"。应注意并做好"程序性管理",这是硬杠杠,不能马虎疏忽;同时应逐步熟悉掌握"技术性管理",不断提高"技术性管理"的水平和管理深度,做好"符合性管理"。监理人员应加强相关质量安全知识的学习、培训,提高现场管理的专业水平。如基坑安全的设计计算校核及施工安全技术措施、大型模板支撑系统的计算校核及施工安全技术措施、临时用电负荷的计算和安全技术措施、消防安全技术措施、大型设备吊装安全技术措施等,均涉及较深的专业技术知识和安

全技术知识,监理人员应逐步提高相关技术水平。只有具备一定的技术水平,审查施工单位的施工组织设计和专项施工方案时才能查出存在的问题,监理工作中才能发现质量安全事故隐患。一个工程监理机构的现场管理工作做得如何,关键在于总监理工程师。总监理工程师应关注质量安全管理工作,要亲力亲为;项目监理机构可指定专人分管质量安全管理工作。项目监理机构中各专业监理工程师要关注与本专业相关的技术措施,审查本专业施工组织设计(专项施工方案)中安全技术措施的编制情况并检查现场实施情况,发现问题要及时采取措施并向总监理工程师或各专业监理工程师报告。

项目监理机构的安全监管能力提高了,才能提高施工组织设计(专项施工方案)审核的深度和正确度,才能及时发现并消除施工现场存在的质量安全隐患。

四、签订合法、合理的监理委托合同,正确界定双方的权利、义务

监理工作是技术咨询服务,监理对施工单位的监督管理应取得建设单位的授权。签订监理委托合同时,应尽量采用格式文本;在专用条款中,要对双方的权利、义务作正确界定;要坚决反对霸王条款。项目监理机构是在国家现行法律、法规框架下工作的,不能随意扩大监理的质量安全职责。对于在哪些情况下监理可以下发工程暂停令,在哪些情况下监理可以向政府主管部门报告,可以进行书面约定。

同时,在履行合同过程中,如建设单位故意违法、违规,项目监理机构应及时提醒、规劝,表明反对的态度。如建设单位置之不理,项目监理机构应高度警惕,情况严重时应在有理(及时提出意见,搜集和留下凭证)、有利(收到相应经济收益后)的原则下,适时终止合同,以防面临更大的风险。

有的监理单位在承接业务时采取明显低于成本的不合理低价的经营策略,接到业务后监理人员和现场管理的监理工作不到位,大大增加了监理风险,这是极不可取的。有的监理单位允许建设单位以本监理单位的名义监理,自己收取少量挂靠费,结果被追究了法律责任,这种教训必须牢记。

五、做好宣传呼吁工作,争取社会对监理的更多理解和支持

社会上有些人对监理职责、责任、义务不十分明了,有些人甚至对监理的认识还存在误解和盲区。本质上,监理工作就是技术管理工作,建设工程监理就是工程监理单位受建设单位委托,代表建设单位对工程承包单位实施监督的咨询服务行为。不能也不应该要求监理单位承受超出国家法律、法规规定和合同约定的责任,否则不仅混淆了建设工程各方主体的责任,也不利于从根本上提高建设工程的质量安全管理水平。

六、做好监理资料搜集整理工作,被不当追究法律责任时做好维权举证工作

监理工作可概括为"三控两管一协调一履行",信息管理是监理的重要工作之一。项目监理机构应该也有条件做好资料整理工作,特别是与监理履行安全责任有关的资料的搜集工作。除此之外,质量安全事故发生后,监理应做好维权和举证工作,防止监理无过错或只有轻微过错却被扩大追究质量安全责任。项目监理机构应具有维权意识,注意自身保护,

必要时可进行申诉并举证。监理举证的内容一般应包括如下几方面。

（1）反映监理依据合法性的证据。即项目监理机构是按国家法律、法规及合同、设计文件、工程建设强制性标准进行监理的证据。

（2）反映监理工作程序方法的合法性、规范性的证据。即监理机构的具体工作、具体做法是符合有关规定的证据，如所有的监理指令文件都符合政府主管部门制定的监理用表的要求。

（3）反映监理进行工程协调和处理问题及相关结果的合理性的证据。如监理过程中没有错误指令，发现质量、安全问题，进行了合理的处置，监理的工作成效，等等。

针对被追究的事故责任，要提出有可信证据的事故原因分析报告。如业主原因、设计原因未予考虑，或从轻考虑，而施工原因、监理原因则被过度夸大，监理机构和人员就有被过度追究安全责任的风险。项目监理机构注意搜集、保存可采信的证据，是一项重要的基础性工作。

另外还应注意监理资料的及时性。有的项目发生生产安全事故后，公安部门会第一时间（往往 1 h 内）把监理资料封存或取走，这时如果监理资料记录不及时、不完善，拿不出足够的可信证据证明监理已履行安全责任，项目监理机构想规避安全责任风险是很困难的。

4.6　案例分析

4.6.1　案例 1

坍塌，指建筑物、构筑物、堆置物等倒塌以及土石塌方引起的事故，适用于描述因设计或施工不合理造成的倒塌，以及土方、岩石发生的塌陷事故。

造成基础及基坑坍塌事故的原因是多方面的，如对场地工程地质情况缺乏全面、正确的了解，设计方案不合理或设计计算错误，施工质量差和监管不力（未按设计施工图和技术标准施工等），环境条件改变等。

基础及基坑坍塌事故一般影响较大，往往造成人员伤亡和较大的经济损失，并可能破坏市政设施，造成较大的社会影响。

一、背景材料

2003 年 7 月 1 日凌晨，在某地铁轨道交通四号线越江隧道区间用于连接上下行线的安全联络通道的施工作业面内因大量水和流沙涌入，引起隧道部分结构损坏及周边地区地面沉降，先后造成 3 栋建筑物严重倾斜，1 栋 8 层楼房倒塌，附近的防汛墙局部坍塌并引起管涌。由于人员及时撤离未造成伤亡，但损失严重，直接经济损失超过 1.5 亿元，事后有 3 人被判刑，3 人被取保候审。某监理公司的资质从甲级降为乙级，总监理工程师代表李某被判刑 4 年，公司经理、总监理工程师被取保候审。

二、原因分析

1. 施工顺序不合适

6 月底,某轨道交通四号线浦东南路至南浦大桥段上下行隧道旁通道上方一个大的竖井已经开挖好,在大竖井底板下距离隧道四五米处,还需要开挖两个小的竖井,才能与隧道相通。事故发生时,一个小竖井已经挖好,另外一个已开挖 2 m 左右。

按照施工惯例,应该先挖旁通道,再挖竖井。但是施工方改变了开挖顺序,这样极容易造成坍塌。

2. 违章指挥,盲目蛮干,险情出现后处置不当

隧道施工时采用冷冻技术,事故前,冷冻的温度已经达到所需温度,但是 6 月 28 日因断电使冷冻温度慢慢回升,大概回升 2 ℃的时候,技术人员将情况汇报给某矿山工程有限公司项目副经理李某,但是李某说"不要紧,继续施工",至 6 月 30 日,由于工人继续施工,向前挖掘,管片之上的流水和流沙压力最终突破极限值。

轨道交通四号线隧道施工所处土层为沙层土,含沙量、含水量很高,且水源头与江河湖泊相连,水的压力会随着潮汐变化而不同,在水压力作用下,大量沙性土被源源不断带出,6 月 30 日晚,施工现场出现大面积流沙,施工单位用干冰紧急制冷,但措施很不得力。

3. 施工管理不善

施工单位对施工方案作了变更,将隧道冷冻施工的冷冻管数量、长度作了缩减,降低了隧道安全系数,但施工方案变更一直未经过监理单位审查。

三、教训

(1) 监理公司对项目监理机构的配备不合理。总监理工程师是公司经理,不能常驻现场,总监理工程师代表属无证上岗,素质不高,缺乏与复杂工程相适应的技术水平和管理能力。

(2) 对工程中重大危险源(达到一定规模的危险性较大的分部分项工程)重视不够,没有经常排查、评估存在的安全风险;对施工方随意改变开挖顺序未有效阻止,未对调整的施工方案组织审查。

(3) 没有组织足够的力量对工程实施有效的巡视检查。例如,没有发现施工单位无方案施工、不按方案施工、违章施工;没有发现现场停电,冷冻区域温度已上升了 2 ℃多;没有发现工人在冷冻面挖掘造成了流水、流沙。

(4) 监理自我保护意识薄弱,对施工单位擅自改变施工方法、改变施工顺序、违章指挥、违章作业和现场重大安全隐患熟视无睹,既没有下达工程暂停令,也没有向建设单位和有关主管部门报告。

四、建议

(1) 重视专项施工方案的审核和落实,特别关注关键部位、关键工序的施工顺序、方法、机械、材料等是否与经审定的施工方案一致,发现异常应及时书面要求施工单位整改。如有重大变更,应重新编制专项施工方案,再次组织专家论证及报审,审查合格后方可再行施工。

（2）项目监理机构应加强对重大危险部位、工序的巡查和重点检查，注意发现安全隐患，关注重要施工参数和环境数据，并及时下达书面监理指令，正确运用工程暂停令和监理报告。

本案例中，只要监理人员具备较高的专业技术能力、较强的工作责任心，对施工单位采用不合适的施工顺序、擅自改变施工方法、减少隧道冷冻施工的冷冻管数量与冷冻管长度，停电后冷冻区域温度上升，工人在冷冻面挖掘造成流水、流沙等安全隐患是完全有时间、有可能发现，进而采取正确的处理措施的。

（3）对于存在重大安全风险的施工部位、工序，施工前应按应急救援预案检查应急人员、机械、材料物资等准备情况，不能流于形式。

（4）项目监理机构的人员配备要合理，骨干人员应满足监理规范规定的任职资格及专业能力要求，并配备到位，以满足现场监理工作需求。如特殊情况下投标或备案总监理工程师不能到位，在征得建设单位同意的前提下办理合法变更手续，并将相关文件存档备查。

（5）注意完善监理资料，保留项目监理机构进行安全管理的痕迹。

4.6.2　案例 2

一、背景材料

建设单位：某地铁集团有限公司。

设计单位：某设计研究总院有限责任公司。

地勘单位：某地矿勘察院。

监理单位：某工程项目管理咨询有限公司。

监测单位：某设计研究院（挂靠）、某建设工程检测有限公司（被挂靠）。

施工单位：某工程有限公司。

2008 年 11 月 15 日下午 3 时 15 分左右，正在施工的某地铁北 2 号基坑发生大面积坍塌事故，造成 21 人死亡，24 人受伤，直接经济损失 4961 万元。

事后，包括工程项目总监理工程师代表蒋某在内的 10 名事故责任人被审查起诉，11 人被行政处罚。

二、原因分析

（1）施工单位违规施工、冒险作业，基坑严重超挖，支撑体系存在严重缺陷，且钢管支撑架设不及时、垫层未及时浇筑。

（2）监测单位（某设计研究院以某建设工程检测有限公司的名义承接业务，实为挂靠）施工监测失效，施工单位没有采取有效补救措施。

（3）工期不合理，盲目求快，国家发展改革委批复该项目完工日期为 2010 年，而主管部门的部分领导不顾拆迁滞后一年，工程于 2008 年 6 月才实际施工的客观情况，仍要求提前工期至 2009 年完成，实际工期仅一年半，远远少于 3 年的合理工期。

（4）基坑周边超载严重。原道路设计车流量为 3000 辆/日，因附近几条道路整修，所有车辆绕至风情大道通过，预计达 30000 辆/日，且有大量超重车辆通行，造成地铁基坑超载严重。

（5）盲目压缩投资。在项目前期的策划阶段，有专家指出出事区域原为一条河流，后被回填，地质条件极差，宜采用暗挖盾构法施工，不宜采用造价低廉的明挖法。但建设方因担心成本过高，影响运营利润，对此合理方案予以否决。

三、教训

（1）建设单位要认真把安全生产放在项目建设的第一位，合理确定项目投资和建设工期，加强对项目参建各方的监管。

（2）施工单位要强化施工全过程和各环节的安全生产管理，加大安全投入，严格按施工图、合同、法律、法规及规范、规程施工。

（3）监理单位要把质量安全放在第一位，认真落实项目总监理工程师负责制，对建设单位的违法行为也要有效识别。

四、建议

（1）安全隐患发展为安全事故是一个从量变到质变的过程。对深基坑等危险性较大的分部分项工程，项目监理机构应保持高度的警惕性和职业敏感性，在获得设计、施工及周边环境等方面的资料后，应识别安全风险，并采取防范措施，编制有针对性的监理规划、监理实施细则等。

（2）项目监理机构应重视专项施工方案的审核和督促落实，审查关键部位、关键工序的施工方式、机械、材料、地质条件、荷载、工况等是否与经审定的施工方案一致，发现异常应及时书面要求施工单位整改。如有重大变更，应重新编制专项施工方案，再次组织专家论证及报审，审查合格后方可再行施工。

（3）项目监理机构应加强施工过程中的监管，特别应加强重大危险施工部位、工序的巡查和重点检查。巡查和检查包括两个方面：一是肉眼观测施工情况是否与专项施工方案相符，如施工顺序、施工工况、周边条件，有无肉眼可见的裂缝、下沉或隆起，基坑流水、流沙，有无违章指挥和违章作业（如超挖、基坑边过载）等；二是根据施工单位及第三方基坑监测报告及时了解分析基坑沉降、水平位移、基坑隆起、基坑内外水位、支护桩和水平支撑的轴力等数据的极值和速率，发现问题应及时下达书面监理指令，情况严重时，应下发工程暂停令，通知建设单位，向政府主管部门报告。

特别提醒：监理报告以后，如果现场安全隐患未能消除甚至隐患加剧，项目监理机构应再报告，并留下相关资料。

（4）对于过度压缩工期等不合理要求，项目监理机构应予以书面识别，不能过分顾及与个别业主及施工单位的关系和情面，应按规定独立、自主地处理监理工作有关事项，注意程序控制和自我保护。本案例中，项目监理机构应果断、及时地以备忘录、监理报告等方式将工期过短可能造成的安全风险告知建设单位、建设主管部门，并要求采取补救措施。

（5）注意完善监理资料，保证监理资料的真实性和及时性。监理日志，巡查、检查记录，工程例会或专题会议纪要等，应能较全面地反映监理程序管理和技术管理的正确性。

4.6.3　案例 3

支撑及施工平台作为临时结构体系对工程质量和施工安全非常重要,其强度、刚度及整体稳定性不足会引起变形过大、杆件歪扭,甚至整体坍塌等重大安全事故。

一、背景材料

某运动中心工程项目,由某康复保健公司和某健身俱乐部有限公司共同投资兴建,由某建筑公司施工。该项目为四层框架结构,总建筑面积为 22234 m²,其中地上 18273 m²,地下 3961 m²。发生高支模支撑体系坍塌的部位是运动中心的二、三层共享大厅,该厅南北向共设置 6 根柱(1200 mm×1200 mm),柱距 6 m,共长 36 m,东西向为 24 m 跨,主跨梁为钢筋混凝土结构,梁截面 800 mm×1500 mm,支模高度为 11.6 m。该项目模板支撑体系于 2012 年 8 月 25 日前由分包单位木工班组(无搭设资质)搭设完成,搭设完成后,施工项目部未按程序组织相关人员进行验收,在监理未签发混凝土浇筑令的前提下,施工项目部擅自于 8 月 26 日进行运动大厅柱、大梁和楼盖的混凝土浇筑。混凝土浇筑于上午 7 时 30 分左右开始,至 9 时 30 左右,浇筑了运动大厅南侧主梁和楼盖。17 时左右,在浇筑混凝土过程中发现模板支撑排架下沉,执行经理冯某随即安排工人到已浇筑的大梁底部进行局部加固,当时,三楼楼盖浇筑面上有 5 人作业,到楼下进行支撑加固的共有 8 人,其中 5 人在架子上进行加固作业,3 人在二楼楼面。

18 时左右,模板及支撑系统突然发生变形,并坍塌。三楼楼盖上 5 名施工人员和二楼楼面上 3 名人员成功脱险,5 名在进行加固作业的人员被困在坍塌的模板支撑体系及刚浇筑完的混凝土下面。事故共造成 4 人死亡、1 人受伤,直接经济损失约 800 万元。

二、原因分析

(一) 技术原因

(1) 使用主要力学性能指标不合格的钢管、扣件,给高支模搭设施工从技术上埋下了重大隐患。

(2) 支撑排架中,横向主梁、纵向次梁的立杆纵距、横距均为 1050~1150 mm,步距 1750~1800 mm。根据板面实际荷载计算,支撑架体的三维尺寸严重超标,其立杆的承载力严重不足。

(3) 主梁下排架中两根立杆悬支在梁下排架水平横杆上,其排架中的水平横杆不能承受悬支杆的压力。

(4) 排架中未按规定设置竖向剪刀撑和水平剪刀撑,直接造成排架刚度不足。未按规定设置扫地杆,纵横向水平杆间隔交错设置,直接造成对立杆的约束降低,立杆稳定性和承压能力大大下降。

(5) 经检测,排架中的扣件螺栓拧紧力矩不合格率达 80%,大梁下立杆顶部未采用双扣件,扣件螺栓拧紧力矩不足。

(6) 浇筑混凝土时,未按照从中间向两边的顺序浇筑,造成排架偏心承载,混凝土浇筑方法和浇筑顺序不符合施工规范的技术要求。

（二）管理原因

（1）施工单位未认真履行法定职责，安全投入不足。未组织技术人员编制高大模板支撑架专项施工方案、应急救援预案和组织专家论证；向施工项目部派驻不具备执业资格的人员担任项目经理；未组织安全技术交底，安排无特殊工种操作证的木工搭设高支撑架，未组织搭设后验收；在发现模板支撑架异常后，未根据规定停止混凝土浇筑、撤离人员，而是违章指挥，盲目安排人员进行加固；项目经理、项目技术负责人、安全员等施工管理人员未尽职尽责。

（2）施工单位使用主要力学性能指标不合格的钢管、扣件。在排架搭设施工中，未能把住安全技术交底关、检查验收关。

（3）建设单位未认真履行法定职责。项目管理混乱，安全投入不足，未进行工程质量安全报监和办理施工许可手续，违法施工；超低价签订监理合同，打着监理公司的名义进行监理，未向项目派驻符合要求的管理人员；工程管理混乱，未对施工单位、监理单位人员到岗情况进行审查，指派无证人员担任现场监理，强令施工企业违章开工建设。

（4）监理单位未向工程派驻现场监理人员，超低价签订监理合同，允许建设单位以本单位名义进行监理；项目总监理工程师严重失职，未按要求对施工现场实施有效监管，对存在的重大安全事故隐患和违章作业行为未进行有效制止和向建设主管部门报告。

（5）建设行政主管部门对该工程监管不力，对未进行工程质量安全报监和办理施工许可手续的违法施工行为未采取有效措施进行制止。

（6）某镇对新开发建设的工程监管不到位，对施工过程中存在的违法、违规行为未采取有效措施进行制止，也未向建设主管部门报告。

三、事故处理

在这起较大安全生产责任事故中，建设单位未取得建设许可，违法施工，以监理单位的名义实施项目监理；施工单位项目管理混乱，未按规范要求编制高大模板支撑架专项施工方案，未组织专家论证，违规施工，违章指挥、违章操作；监理单位未履行监理职责；相关政府部门监管不到位。

（一）对事故有关单位责任的认定和处理

（1）施工单位某建筑公司对事故发生负有主要责任。由安全生产监督管理部门给予该公司罚款 30 万元的行政处罚，由省住房和城乡建设厅依据有关规定对其实施暂扣安全生产许可证 90 日的行政处罚，自安全生产许可证恢复之日起计算，在两年内不得增项和进行资质升级。

（2）建设单位某置业公司未履行法定职责，项目管理混乱，安全投入不足，对事故发生负有重要责任。由安全生产监督管理部门给予罚款 30 万元的行政处罚。

（3）监理单位对事故发生负有重要责任。由安全生产监督管理部门根据有关规定给予该公司罚款 30 万元的行政处罚，由省住房和城乡建设厅依据有关规定对其实施停业 30 日（暂扣资质证书 30 日）的行政处罚，自解除暂扣之日起计算，在两年内不得增项和进行资质升级。

（4）住房和城乡建设局对事故工程监督不力，在办理了项目规划许可等手续后，跟踪服务监督管理不到位，对包括事故工程在内的"九大中心"工程均未取得建筑工程施工许可的违法行为，未采取有效措施予以制止，责令其向启东市人民政府作出深刻的书面检查。

（5）建筑工程管理局对事故工程安全生产监管不力，对工程未取得建筑工程施工许可的违法行为，未采取有效措施予以制止，责令其向市人民政府作出深刻的书面检查。

（二）对有关责任人的责任认定和处理

因参与工程建设与管理的有关人员未履行或未完全履行安全生产管理职责，共有包括监理人员 3 人在内的 18 人被追责。

（1）樊某，监理单位法定代表人、董事长，作为本单位安全生产第一责任人，未履行安全生产管理的监理职责，允许建设单位以本单位名义进行工程监理，以超低价签订监理合同，未向事故工程派驻现场监理人员，实施有效监理，对事故发生负有直接责任，涉嫌刑事犯罪。判刑 2 年 6 个月。

（2）黄某，项目监理机构总监理工程师，未认真履行总监理工程师的职责，未对事故工程实施有效监理，对事故发生负有一定责任，由安全生产监督管理部门对其进行罚款年收入 40% 的行政处罚；由省住房和城乡建设厅对其实施停止监理执业两年的行政处罚。

（3）胡某，项目监理机构工程师，受公司工程部委派作为甲方代表，同时负责工程管理，负责质量、进度、安全管理等，并履行现场监理职责。未认真履行职责，对施工现场存在的违规行为未及时制止，未督促施工单位消除工程上存在的重大事故隐患，对事故发生负有重要责任。由安全生产监督管理部门给予其行政处罚。

四、教训

（1）建设单位要认真把安全生产工作放在项目建设的第一位，严格执行国家的法律、法规和规范，履行法定义务。必须严禁建设单位规避招投标程序，以监理单位名义自行监理。同时，建设单位要严格审查施工、监理单位的人员资质、资格与到岗情况；要依法办理各项建设施工许可手续，自觉接受当地政府的监督管理；要加大安全生产投入，保证安全生产管理的人员、资金、措施到位。

（2）监理单位要依法执业，规范公司经营行为，严格执行国家法律、法规和行业规范、标准，杜绝把经济利益、企业效益置于质量安全之上的行为。加强对公司从业人员的教育培训，提高履职的责任心、自觉性和业务水平。

（3）施工单位要强化施工安全管理。一是要加大安全投入，规范施工承包行为，严格按国家法规、规范要求组建施工项目部；二是要进一步完善各项安全生产制度规程，严格施工全过程和各环节的安全生产管理；三是要严格分包单位和人员的资格审查，加强安全生产培训教育，提高从业人员的安全生产意识和技能；四是要强化危险性较大的分部分项工程的管理，对于超过一定规模的危险性较大的分部分项工程，施工单位必须编制专项施工方案，并应组织专家论证，设专门部门和人员进行跟踪管理，从方案、队伍、施工、预案等各方面严格把关。

（4）建设行政主管部门要强化对在建工程的监督管理。一是要按照规定打击和整治建筑施工领域的违法、违规行为;二是要加强对重点工程项目的跟踪督察,发现问题要及时采取有效措施予以整改;三是要加大行政执法力度,对在建工程存在严重事故隐患的,要采取强有力的措施予以制止;四是要加强队伍建设,充实建筑施工行政执法检查力量。

五、建议

(1)监理单位在业务活动中,严禁出借、挂靠监理企业资质,应坚持质量第一、安全至上的原则,反对片面追求经济效益、轻视监理工作质量的行为。监理单位低价签订监理合同,承接业务,不仅扰乱了市场秩序,更给监理行业、监理人员带来极大的法律风险。

(2)建设单位弄虚作假,打着监理单位的旗号对项目进行监理,是一种严重的违法行为,监理单位在获得少量经济利益的同时面临极大的法律风险,对此行为,监理单位应坚决抵制。

(3)项目监理机构应在开工前审查开工条件,如未取得施工许可证和未办理质监、安监手续等,项目监理机构应以书面形式识别,给建设单位发监理备忘录,并在开工报审栏签署不同意开工意见。

(4)项目监理机构应审查分包(含劳务分包)单位的资质、安全生产许可证、分包合同、主要管理人员及特殊工种人员上岗证情况,完善相关手续。对于施工单位(含分包)主要管理人员不到位的情况,项目监理机构应以书面形式识别,并要求整改,直至到位或变更。

(5)对于超过一定规模的危险性较大的分部分项工程,施工单位必须编制专项施工方案,并组织专家论证,项目监理机构应认真审核,符合要求后方可实施。

(6)搭设模板支架所用的钢管、扣件等材料应检测,根据检测数据比对专项施工方案中结构计算书选用的参数,合格后方可使用。如比对不符,应要求重新验算或变更材料。

(7)搭设及使用过程中,项目监理机构应不断巡视、重点检查,特别是对关键构造节点,如架体基础、水平及竖向支撑、连墙件等,发现问题及时下发书面监理指令,正确运用工程暂停令和监理报告。

思考题

1. 简述建设工程法规体系及其构成要素。
2. 熟悉重要法规的相关条文。
3. 超越本企业资质等级承揽监理业务、转让监理业务的应如何处罚?
4. 监理从业人员应遵守哪些职业道德和工作纪律?
5. 简述监理责任与监理法律责任。
6. 如何规避监理法律责任?
7. 案例分析(内容摘自 2015 年 11 月 5 日的《都市时报》)。

雨花街道办安置房项目是呈贡区一个重点安置房项目,工程的重要性不言而喻,不足 20 岁的杨某、赵某两个月前来此打工,主要负责在工地上打桩。

10 月 21 日,打了一上午桩后,两人叫来工程监理张某查看。34 岁的张某平日工作细致,对工程质量要求极高,看到两人打的桩后,张某发现质量不合格。"工程桩上有一个溶洞,如果溶洞填不满,将对工程质量造成影响,之后甚至会对房屋安全性带来极大安全隐患。"他告诉两人,并要求两人重新用泥浆二次冲孔。

干了一上午没得到认可,杨某、赵某十分气愤,但为了每月 2000 多元的工钱,两人忍了,开始用泥浆、自来水等浇灌工程桩。可溶洞仍填不满,张某让两人继续冲。"必须保证工程质量!"他语气严厉。杨某、赵某年轻,受不了监理这套,开始与其争执,最后竟用拳头猛揍对方。后经医生查看,张某第九、第十根肋骨骨折,颈骨错位。经鉴定,其伤情达到轻伤二级。事发后,杨某、赵某很快归案。因涉嫌故意伤害罪,两人被雨花派出所依法刑拘。

问题:

(1) 请根据该报道,谈谈自己的想法。

(2) 如果你是这位现场监理人员,你认为应该如何正确处理此类问题。

第5章　工程项目监理风险管理

5.1　风险概述

5.1.1　风险的概念

风险是某些不确定性以及可能由其引起的涉及预定目标的不良后果的综合。风险是与损失有关的不确定性；风险是在给定情况下和特定时间内，可能发生的实际结果与预期结果之间的差异。肯定发生损失后果的事件不是风险，没有损失后果的不确定事件也不是风险。

关于风险可以从两个方面来分析：主观学说和客观学说。主观学说认为不确定性是主观的、个人的和心理上的一种观念，是个人对客观事物的主观估计，而不能以客观的尺度予以衡量，不确定性的范围包括发生与否的不确定性、发生时间的不确定性、发生状况的不确定性以及发生结果严重程度的不确定性。客观学说则以风险客观存在为前提，以风险事故观察为基础，以数学和统计学观点加以定义，认为风险可用客观的尺度来度量。

一般认为，风险虽然是客观的，但有经验的工程人员可以从不同的目标角度大致地感知它，衡量它出现的机会及大小。风险防范决策人的知识、经验积累和风险意识不同，感知、衡量风险的能力也不同。对于工程建设中极有可能出现的同样的风险，有的人可能视而不见或抱有侥幸心理，酿成祸患；而有的人则能感知它，并积极采取防范措施，避开或减少损失。因此风险防范决策人的知识、经验积累和风险意识至为宝贵。

风险防范成功与否主要取决于未来客观环境状况（出现概率、危害程度等）和防范行动方案（科学性、实用性和经济性）两大要素之间的博弈。但这两者间的博弈有太多的不确定因素，因而风险的防范极为困难。

工程项目风险管理是项目管理班子通过对风险的识别、分析、评估、应对和监控，以最小代价，最大限度地实现项目目标的科学和艺术。该定义包含了工程项目风险管理的三要素。

（1）项目风险管理的主体是其管理班子。

（2）风险管理的核心是对风险进行识别、分析、评估、应对和监控。

（3）风险管理的目标是用最小代价实现项目目标。

5.1.2　风险的识别

工程项目风险识别是人们系统地、连续地识别建设工程风险的过程，即识别主要建设工程风险事件的发生，并对其后果作出定性的估计，最终形成一份合理的建设工程风险清单。

一份完整的风险清单至少包括以下内容。

（1）项目风险编号。

（2）风险因素。

（3）风险事件。

（4）风险后果。

风险识别是风险管理的第一步，也是风险管理的基础。只有在正确识别出自身所面临的风险的基础上，人们才能够主动选择适当有效的方法进行处理。由于建设工程风险与风险管理理论中提出的一般风险有所不同，因而其风险识别的过程也有所不同。

5.1.3　风险的控制

工程项目风险监控就是通过对风险规划、识别、估计、评价、应对全过程的监视和控制，从而保证风险管理能达到预期的目标，它是项目实施过程中的一项重要工作。

一、风险监控的目的

监控风险实际是监视项目的进展和项目环境，即项目情况的变化。通过风险监控，可以实现以下目标。

（1）及早识别项目风险。

（2）避免项目风险事件的发生。

（3）消除项目风险带来的消极后果。

（4）充分吸取风险管理中的经验和教训。

二、风险监控的步骤

（1）建立项目风险监控体制。主要包括项目风险责任制、项目风险信息报告制、项目风险监控决策制、项目风险监控沟通程序等。

（2）确定要监控的项目风险事件。

（3）确定项目风险监控责任。所有需要监控的项目风险必须落实到人，同时明确岗位责任制，项目风险控制应实行专人负责制。

（4）制定项目风险监控的行动时间。

（5）制定具体项目的风险监控方案。根据项目风险的特性和时间计划制定出各具体项目的风险控制方案，找出能够控制项目风险的各种备选方案，然后要对方案作必要的可行性分析，以验证各项目风险控制备选方案的效果，最终选定要采用的风险控制方案或备选方案。

（6）实施具体项目风险控制方案。

（7）跟踪具体项目风险的控制结果。搜集风险事件控制工作的信息并给予反馈，即利用跟踪去确认所采取的项目风险控制方案是否有效，项目风险的发展是否有新的变化等，以便不断提供反馈信息，从而指导项目风险控制方案的具体实施。

（8）判断项目风险是否已经消除。若认定某个项目风险已经消除,则该项目风险的控制作业就已经完成;若判断该项目的风险仍未消除,就要重新进行项目风险识别,开展下一步的项目风险监控作业。

三、项目风险监控方法

1. 系统的项目风险监控方法

风险监控应是一个连续的过程,它的任务是根据整个项目风险管理过程规定的衡量标准,全年跟踪并评价风险处理措施的执行情况。有效的风险监控工作可以指出风险处理活动有无不正常之处,哪些风险正在成为实际问题,掌握了这些情况,项目管理人员才能有充裕的时间采取纠正措施。建立一套管理指标系统,使之能以明确易懂的形式提供准确、及时而关系密切的项目风险信息,是进行风险监控的关键所在。

2. 风险预警系统

风险监控的意义在于实现项目风险的有效管理,消除或控制项目风险的发生或避免造成不利后果,建立有效的风险预警系统,对于风险的有效监控具有重要作用。

风险预警管理是指对于项目管理过程中有可能出现的风险采取超前或预先防范的管理,一旦在监控过程中发现风险的征兆,及时采取校正行动并发出预警信号,以最大限度地限制不利后果的发生。因此项目风险管理的良好开端是建立一个有效的监控或预警系统,及时发现计划的偏离以高效地实施项目风险管理。

风险监控的关键在于培养敏锐的风险意识,建立科学的风险预警系统,从"救火式"风险监控向"消防式"风险监控转变,从注重风险防范向风险事前控制转变。

3. 制定应对风险的应急计划

风险监控的价值体现在保持项目管理在预定的轨道上进行,不致发生较大的偏差。但风险的特殊性也使监控活动面临着严峻的挑战。环境的多变性、风险的复杂性,这些都对风险监控的有效性提出了更高的要求。为了保持项目有效地进行,必须对项目实施过程中的各种风险进行系统管理,并对项目风险中可能的各种意外情况进行有效管理,因此制定应对各种风险的应急计划是项目风险监控的一项重要工作,也是实施项目风险监控的一个重要途径。

4. 合理确定风险监控时机

项目风险的损失多数是由错过监控时机造成的。因此,应合理确定风险监控时机,对工程项目建设过程中的风险实施全过程监控,及时进行风险分析和处理。

5. 制定风险监控行动过程

风险监控行动过程有助于控制项目过程或产品的偏差。例如风险管理过程中可能需要控制行动来改进过程。风险行动计划是一种中间产品,它可能需要控制行动以修改没有产生满意结果的途径。项目风险监控中重要的是根据监控得到的项目风险征兆,作出合理的判断,采取有效的行动,即必须制定项目风险监控行动过程。

根据控制的 PDCA(plan＋do＋check＋act)循环过程,项目风险监控行动过程一般包括以下 4 个步骤。

（1）识别问题:找出过程或产品中的问题,产品可能是中间产品,如风险行动计划。

（2）评估问题：进行分析以便理解和评估记录在案的问题。

（3）计划行动：批准行动计划以解决问题。

（4）监视进展：跟踪进展直至问题得以解决，并将经验教训记录在案，供以后参考。

5.2　工程项目监理风险的分析与表现形式

风险虽然是客观的，但它却是依赖于决策目标存在的。没有期望的目标，也就谈不上风险，工程建设项目的目标是多维的，因此风险也是多维的。如项目的质量、工期、造价、安全、环保等目标都存在风险；建设工程项目的责任主体即建设、勘察、设计、施工单位都要共同面对实现项目目标的风险，虽各自的责任不同，但风险关联在一起。项目监理的风险与项目的目标也是关联在一起的，涉及多个方面，下面仅从监理单位和监理从业人员如何规避相关风险的角度进行分析。

5.2.1　监理单位的外部风险

监理单位根据法律、法规、合同的要求，在工程项目施工过程中代表建设单位对建设工程质量、进度、造价进行控制，对合同、信息进行管理，对工程建设相关方的关系进行协调，即"三控两管一协调"，现在主管部门还要求监理对施工安全进行管理。因此，监理单位面临的风险是多方面的，如外部政策及经济环境的变化、市场环境的变化、监理单位内部的体制机制及管理、工程建设市场的"五方责任主体"中其他单位等带来的直接风险，这里主要介绍后者。

1. 由建设单位引起的风险

（1）建设单位对监理在认识上的缺陷、没有界限的"强势"带来的问题。某些建设单位对建设监理的内涵、责任范围、工作内容、作用等认识不清或"装糊涂"，主观上只想找个"盖章"的监理单位，低价委托；有些建设单位对建设领域的创新改革要求、管理法规等不了解或"装糊涂"，要求建设单位的事情全部由监理单位承担，还"理直气壮"地认为"监理是我花钱请来的，建设单位的事情就是监理单位的事"，而一旦工程出了问题，建设单位则往往归咎于监理人员。

（2）监理的"弱势"地位问题。许多监理单位为了获得监理业务，处处避让建设单位，使得合同条款有许多不利于自己的地方，如责任远远大于权利。合同实施过程中，监理单位不敢也不善于向建设单位索赔，导致一些项目存在延期服务、附加及额外工作量，不能增加相应的监理酬金。有的建设单位工作人员，由于非监理方原因，某些目标没有达到，迁怒于项目的总监理工程师、监理工程师，"换人""不合格"也是不绝于耳。另外，对于建设单位违反合同的行为，不能及时有效地加以制止和反驳。最终，监理单位只能自己承担损失。

（3）建设单位的行为不规范。有的建设单位利用目前监理的买方市场，在选择监理单位时，公然向监理单位压价；有的建设单位实施"三边工程"、计划冒进（"高周转"运作，由贷款的还款期限倒推确定工程主要的节点工期，而不是依据工程量大小、难易程度、施工强度等，更不考虑必要的技术间歇）、拖延服务期限或拖欠监理费；有的建设单位在现场不具备施工条件的情况下，就强行开始施工，很多现场的管理、协调等问题乃至总承包施工单位与建设单位指定的专业分包单位之间的关系协调、场地使用等问题,就这样"堂而皇之"地"免费"委托给了监理单位;有的建设单位为了达到不支付或少支付监理费的目的,在工程中刻意刁难监理单位,滥用权利,随意罚款或扣款。有些建设单位对监理人员的工作要求十分苛刻,如要求全过程旁站监理,但又不给监理人员提供必要的工作、生活条件,如交通、办公、通信等,而是要求监理单位自行解决。如此一来,使本来就收费很低的监理单位面临很大的经济风险。

(4)建设单位的资金不到位。有的建设单位资金不到位,却要求强行开工,破坏了监理工作的基本前提。尤其是一些要求施工单位带资进场的工程,全由施工单位"唱主角",使得监理人员没有发言权。施工单位的管理人员到岗履职情况很差,在具体的质量安全方面,自我管理约束能力差、整改落实的效果差、反应迟钝,给监理人员的工作带来极大的风险。而一旦工程出了事故,建设单位反而会责怪监理人员控制不力、工作失职等,监理单位难免有被处罚的风险。

(5)建设单位不遵循工程建设程序、规律。有些建设单位本身是懂工程管理的,但不遵循工程建设的管理程序、客观规律,对工程提出的进度、工期要求往往不切实际、过分。例如没有施工许可证强行开工;没有经过图纸审查甚至没有完整的图纸强行开工;随意变更工程范围,改变工程标准,脱离实际地要求加快施工进度。近年来,大量的 PPP 项目、EPC 总承包项目在实施中,往往是项目公司虽然成立了,但是工程的资金筹措、项目的各种前期准备工作、各种施工合同等都没有完成,而工程就开工了,形成"三边工程",到了要支付工程进度款、技术服务费、监理酬金等费用时,既没有支付依据,也没有资金可以支付,直接造成工程的停工、服务期限的延误。监理单位常常不能说服建设单位改变观点,或慑服于建设单位的权威不敢提出异议,不得不勉为其难,这很可能导致投资难以控制、质量安全难以保证,由此导致监理单位的责任风险。2017 年底,主管部门对 PPP 项目、EPC 总承包项目的实施出台了一系列的限制措施,正是对这些项目的实施中问题太多、风险很大的回应。

2. 由施工单位引起的风险

(1)施工单位对监理认识不清,不配合监理工作。许多施工单位对监理的内涵认识不清,认为监理单位的工程师是建设单位派来监督他们的,所以并不愿意接受监理,自然不会配合监理人员的工作。有的施工单位把监理人员当作技术员、质监员使用,施工单位的管理人员不能按照批准的工程施工组织设计,工程质量、安全专项方案的要求进行自主的工程进度、质量、安全管理,而是习惯了按照建设单位的要求、监理单位的检查要求,被动地工作,完全放弃自身的质量安全管理责任。出了质量安全问题,施工单位就会将责任推给监理单位。

(2)部分施工单位缺乏职业素养。有些施工单位总是千方百计地争取监理人员手下留情,对其履约不力或质量不合格能网开一面。对于坚持原则的监理人员,有些施工单位认为妨碍了他们的利益,不断给监理人员出难题,甚至设置陷阱等待监理人员疏忽和出错,以便借此败坏监理单位的名声,实现其打击报复的目的,客观上给监理人员造成额外的工作和心理负担。另外,少数施工单位常常采取行贿等非法手段拉拢腐蚀监理人员,以达到偷工减料、蒙混过关的目的。这些都加大了监理单位的风险。

（3）施工单位技术力量不足。极少数施工单位技术力量不足，不能胜任工程。监理人员不但要监理，有时还要充当施工单位的技术人员，造成监理人员疲于应付。稍有不慎，就会出现质量问题，自然少不了监理单位的责任。近年来，一些工程质量、安全问题及事故检查、调查的情况通报显示：施工单位的项目经理、技术负责人、技术员、安全员、质检员、资料员、预算员、材料员等主要管理人员，不能按照"五方责任主体质量终身责任承诺书"的要求到岗履职的现象比较严重。不能按照施工单位内部的管理制度、工作程序要求，进行工程施工的技术管理、质量管理、安全管理的现象非常普遍。工程施工组织设计、工程安全专项方案、分部分项工程施工方案、分部分项工程安全施工交底等技术资料的编制申报，普遍存在各种问题或不足，如方案的编制过程中内部无讨论研究，公司内部的审核审批走过场等，这样直接增加了监理工程师的工作负担，加大了监理单位的风险。

（4）施工单位不履约。有的施工单位为了获得工程业务，在投标时往往报以低价。一旦获得项目，便在施工过程中层层加码，要求提高承包价格，增加各种签证、变更。若监理工程师予以拒绝，有时施工单位会以停工相要挟。虽然监理工程师可以凭借合同条款对其惩罚，甚至撤销合同，但这样做对建设单位也没有什么好处，往往三败俱伤。发生这种情况，建设单位常常迁怒于监理工程师，认为监理工程师对施工单位的签证、施工变更管理不严或迁就施工单位，监理工程师则处于被动的弱势地位，有口难辩，很可能成为"替罪羊"，直接增加了监理工程师的工作负担，加大了监理单位的风险。

3. 材料、设备供应商引起的风险

一些小的材料、设备生产厂家的产品质量低劣，但由于与建设单位、施工单位有某种特殊关系而仍然应用于工程中，给工程质量埋下隐患。现在一些大型的开发商往往以"战略合作"为由，引进一些工程配套设施、附属设施（如防水、太阳能、栏杆、空调、园林绿化等）的专业分包单位进入工程施工。这些分包单位往往没有具备合格称职的管理人员，不能配合总承包施工单位的进度、质量、安全、资料等的管理工作，给总承包施工单位、监理单位增加了额外的工作负担，有的直接影响工程的调试验收、竣工备案工作。如果监理人员简单以产品质量差为由拒绝这类厂家的产品，一时也很难找到更合适的供货商，不得不迁就使用。另外，一些供货商信誉差，不能及时供货，造成工程停工待料，给建设单位造成损失。此时，建设单位往往迁怒于监理单位监管不力，安排不周。这直接增加了监理工程师的工作负担，加大了监理单位的风险。

4. 建筑工程质量管理站（建管站）引起的风险

现在有一些工程，未办理建管手续，建管站人员就默许开工，工程不能进入正常的建管程序，工程处于违法施工状态，工程的分部分项工程验收、危大工程施工方案的专家论证等，都不能进入正常的建管程序；工程的施工安全缺乏建设行政主管部门的监管。如此一来，使得监理工作相当被动，加大了监理单位的风险。

5. 设计单位引起的风险

有些设计单位因为设计周期短、与建设单位沟通不足，导致有些设计要求与现场施工之间存在较大差异。如有的工程设计时只了解了地质概貌，或简单地直接引用他人的普查资料，但现场开挖后，地质、土性变化会有许多超出设计所允许的范围，如遇到淤泥、流沙、地下水等情况，不得不变更设计，无形中会增加监理的工作量。现在一些工程在施工管理过程中,在正式施工图纸提交前,用电子版图纸如扩初版、备料版、核查版、变更版等临时代替施工图纸的做法比较"流行"。倘若施工单位因设计变更提出索赔,建设单位还会怪罪监理单位控制不力。另外,因设计单位设计错误(漏、错、碰)导致工程返工、出现质量事故,监理单位也要承担一定的责任,加大了监理单位的风险。

5.2.2 监理单位的内部风险

1. 职业责任风险

《中华人民共和国建筑法》第三十五条规定:"工程监理单位不按照委托监理合同的约定履行监理义务,对应当监督检查的项目不检查或者不按照规定检查,给建设单位造成损失的,应当承担相应的赔偿责任。"《建设工程监理合同(示范文本)》(GF-2012-0202)规定,因监理人违反建设工程监理合同约定给委托人造成损失的,监理人应当赔偿委托人损失。这些法律和规定都明确说明了监理单位的责任风险。FIDIC 土木工程施工合同也明确规定了由于监理工程师的过失行为而给建设单位和第三方(如施工单位)造成损失时,建设单位和第三方可以要求赔偿。

2. 监理单位和监理人员的不规范行为

目前建设工程领域、建设监理与咨询行业均处于改革、创新发展的关键时期,建设行业主管部门对监理单位、监理从业人员的要求日益规范、严格,这就要求监理单位按照行业的法律、法规,企业的"三体系"管理要求,落实自己的管理体系,人员培训后持证上岗。然而,近几年,市场扩张很快,但是注册人员、职业培训跟不上市场的发展,部分监理人员的执业行为跟不上工程管理和建设单位"五花八门""非监理单位职责"的要求,难以按照现行的法律、法规进行规范的管理。

3. 对建设监理的内涵认识不清,与施工单位角色错位

从事建设监理工作的人员,主要来源于施工单位管理人员、大中专院校学生、设计单位人员等,特别是新入职员工,没有两三年负责几个项目监理工作的锻炼,不能独立做事,对工程监理与咨询的工作认识只限于简单地做事,没有条理性认识,对"五方责任主体质量终身责任"的概念是模糊的。

4. 职业素养及专业能力不足,不能公正监理

有些监理人员职业素养及专业能力不足,不能公正地监理,为赢得建设单位的好感,无原则地偏袒建设单位,对施工单位的索赔和合理要求予以否定,引起施工单位的反感,增加许多争端,在房地产开发项目中这类问题尤为突出。这样,一方面施工单位不信任监理人员,不配合监理工作;另一方面,会影响施工单位做好工程的积极性,不能认真履行"自检"程序、精心施工。这对建设单位和监理单位来说都有很大的风险。

5.3 工程项目监理风险的防范

5.3.1 树立风险意识,建立防范机制

当前,建设行业处于创新发展的新时代,行业主管部门相继出台了一系列的法律、法

规、制度规章,引导、控制建设行业向规范化、专业化、制度化、信息化方向发展。参与工程建设的建设单位、勘察单位、设计单位、施工单位、监理单位等,由于工作特点、职责范围等的不同,各自承担的风险也不一样。一般来说,监理单位和监理人员的抗风险能力相对较弱,若遇上较大的风险,其后果可能是非常严重的。因此,监理单位要认真学习领会新的政策、法规、市场,敏锐地分析自己可能存在的风险,增强风险意识,及时防范风险,保护自己的切身利益。

1. 在现有政策条件下,正确认识监理工作的内涵

认真学习、领会监理行业的法律、法规、制度规章,作为监理工作的基本依据。监理人员应正确认识监理工作的内涵,准确把握监理工作的独立性、公正性、科学性,正确认识与建设单位和施工单位的关系,明确自己的职责和权利,对工程实施有效的控制、管理和协调。只有正确认识了监理工作的内涵及政策、法规的要求,才能对工程实施进行有效的监理,规避监理工作风险。

2. 加强监理单位的管理体系建设,提高从业人员的整体素质,提高企业防范风险的能力

监理单位的许多风险是由于监理单位内部管理不善和监理人员素质不高造成的,监理单位必须从加强监理工作的程序管理、加强监理工程师的专业知识的学习培训、加强风险意识的学习培训、加强项目团队建设等方面着手,提高监理单位和监理人员整体水平和监理服务质量。监理咨询工作不是几个人的单打独斗,而是团队的共同工作,应发挥集体的智慧,这样方能降低企业风险。监理咨询工作要以客户为中心,对法律负责,对社会负责,这对于在我国顺利推行建设监理制度也是十分必要的。

3. 加强工程管理制度、监理制度的宣传工作

我国的工程建设管理制度,目前正处于变革阶段,社会各方对建设工程管理制度、建设监理制度还缺乏应有的了解,这给监理单位开展监理工作增加了不少困难,也平添了很多风险。《国务院办公厅关于促进建筑业持续健康发展的意见》(国办发〔2017〕19 号)、《建筑工程五方责任主体项目负责人质量终身责任追究暂行办法》等文件的出台,明确了参与工程的"五方"的责任界限。特别是《国务院办公厅关于促进建筑业持续健康发展的意见》在"加强工程质量安全管理"一段中强调:全面落实各方主体的工程质量责任,特别要强化建设单位的首要责任和勘察、设计、施工单位的主体责任。严格执行工程质量终身责任制,在建筑物明显部位设置永久性标牌,公示质量责任主体和主要责任人。为此,监理单位应加大宣传、科普力度和深度,对各层次、各单位(建设单位、施工单位、质监方、设计单位、上级部门)进行全方位宣传,使他们了解"五方责任主体"的质量终身责任,建设单位的首要责任,勘察、设计、施工单位的主体责任,监理单位的监督责任及监理的职责和作用,寻求他们的支持和配合,减少由他们引发的风险。同时,这对工程建设管理制度、建设监理制度的顺利推行也是十分有益的。

4. 加强企业风险源识别,完善企业风险清单,提高风险预控能力

现在绝大多数的监理单位在执行质量、环境、职业健康安全管理体系,在面对一个工程项目的投标工作时,都要采取项目风险分析、合同评审、目标成本控制、项目过程控制、信息反馈、监理月报等控制措施,进行风险识别、分析、评估、应对和监控,定期或分阶段对工程项目监理过程中的企业风险清单进行动态控制,从而提高风险预控能力。

5. 加强企业及项目信息化建设,及时反馈信息,降低监理工作风险

项目建设过程中,工程项目的信息沟通、反馈极为重要。一方面,工程监理过程中的信息可以通过工作会议、监理例会、监理通知单、监理月报等进行沟通;另一方面,可以采用现代信息手段,如建立项目QQ群、项目微信群、项目钉钉群等,将项目实施中的管理、质量、安全、签证、进度、材料、扬尘治理等内容,以"现场直播"的方式,传播给"五方责任主体",留下"管理痕迹",降低监理工作风险。建设行政主管部门,也要对在建项目进行"智慧工地"的信息管理,掌握工程进度、质量、安全、扬尘治理等方面的动态信息,有利于降低项目风险。

5.3.2 工程项目风险的防范措施

工程项目风险的防范是一个系统工程,要明确工程项目风险防范的目标和目的、列出防范风险清单、风险因素、项目监理机构管理措施、与工程直接相关的单位的风险防范等。这里主要考虑影响工程项目的直接因素制定工程项目风险防范的措施。

1. 处理好与建设单位的关系,防范建设单位引起的风险

如前所述,由于建设单位的特殊地位,他们的行为可能会给监理单位带来很大的风险。监理单位必须处理好与建设单位的关系,争取建设单位的支持和配合。在签订建设工程监理合同的过程中,要进行必要的风险评估,了解建设单位的工程前期情况、工程准备情况、工程资金情况、工程市场前景等,同时,监理单位要争取相应的权利,对于建设单位严重损害监理单位利益的行为,要敢于进行有理、有节的协商,必要时可引入建设行政主管部门来规范建设单位的行为。

2. 处理好与施工单位的关系,防范施工单位引起的风险

施工单位是工程建设的直接实施者,其行为直接决定了工程质量、事故的数量及严重程度,而往往由于施工单位的原因又会产生监理单位的风险。一个优秀的施工单位,内部管理制度规范,项目经理、技术负责人、现场专业人员都能到岗履职,工程管理、安全、质量、进度等方面的工作计划、措施等能主动落实,可以大量减轻建设单位、监理单位的工作负担、工作风险。监理单位一方面要根据合同条件、监理工作程序、施工图纸及验收规范等严格监理;另一方面要处理好与施工单位的工作关系,合理引导、指导,取得施工单位的主动配合,主动落实"五方责任主体项目负责人工程质量终身责任承诺书"的相关要求,以避免施工单位引发的监理工作风险。

3. 签订公平合理的合同,防范合同风险

监理单位在签订建设工程监理合同之前,首先,应调查了解建设单位的资信、经营状况、财务状况,项目现场的环境及交通状况,项目前期的准备工作及各种建管手续的办理进展等。其次,在合同的谈判过程中,监理单位要争取主动并采取相应的对策,对在工程监理过程中可能出现的一些状况,对双方进行明确、限制,保护自己的合法利益。如对暂停施工、工期延期、工程量变化较大等情况下,监理人员问题、酬金问题、支付酬金问题等都要有条款约定。最后,要严格控制合同的修改、变更和酬金支付、延期服务等,保障建设工程监理合同基本能够顺利履行。

4. 督促"五方责任主体"履职尽责,降低工程的风险

监理单位应适应法律、法规的规定,督促、提醒参与建设的各方必须履行自己的职责。

《国务院办公厅关于促进建筑业持续健康发展的意见》中明确提出：建设单位履行首要责任，勘察、设计、施工单位履行主体责任，监理单位履行监理的职责和作用。建设单位不能像原来那样认为"我建设单位的事就是你监理单位的事"，不能将自己的职责转嫁到监理工程师身上。只有参与工程建设的建设单位、勘察单位、设计单位、施工单位、监理单位、设备供应商等各方，都按照规矩办事，履职尽责，工程的各项目标才能处于受控状态，才可以有效防范参与各方的风险，将工程的风险降到最低限度。

5. 搜集掌握项目监理咨询的各类依据，掌握工作主动权，及时留下管理痕迹

工程进度款支付、签证办理、合同外工作量增加、项目工期延误、项目管理费及配合费等，是工程项目监理咨询过程中矛盾集中的地方。为解决上述问题，必须从各方的建设工程施工合同、招标文件及其清单、工程地质勘察报告等资料中找依据，提出的意见才会被各方接受。现在一些工程，在不具备上述资料的情况下，就强行开工建设，执行过程中，各种问题层出不穷且相互交织、相互影响，长期得不到解决，造成工作推动困难，监理工作被动，增加了监理工作风险。因此，项目监理机构必须重视搜集上述监理咨询工作依据，组织项目机构人员学习、探讨，熟悉并掌握上述文件的内容、相关条款，在遇到需要协调处理的问题的时候，能够主动出击，掌握工作的主动权，从根本上降低监理工作风险。

5.4　案例分析

5.4.1　案例 1

1. 背景材料

某小区建筑面积 29 万平方米，分 B、C 标段及 A 标段两期建设，建设工期为 36 个月，其中 A 标段滞后于 B、C 标段 12 个月开工。监理单位、施工单位于 2012 年 5 月签订各自的合同并进场。

工程的开展过程中，出现了如下情况。

（1）B 区的工程试桩出现不合格的情况，经过专家论证，确认由设计桩长不足造成，后加长 2 m，试桩、工程桩均合格。因为第一次试桩不合格，工期耽误 30 天，建设单位不予顺延工期，不认可一切损失。

（2）C 区南面（场地外侧），有一废弃排水管。基坑开挖后，此处向基坑内渗水，造成 C 区南侧基坑边坡持续垮塌，虽未造成人员伤亡、财产损失，但是确认工期延误 15 天并产生相应抢险费用。施工前，建设单位未提供周边管网图，监理单位、施工单位、支护分包施工单位一再询问，建设单位也没有提供，并且建设单位确认没有问题，但 3 次垮塌后才发现有废弃排水管。最后建设单位不认可工期损失、抢险费用。

（3）B、C 区的施工基本按照合同约定的质量、工期完成竣工备案，但是 A 区工期因为建设单位设计滞后（招商、业态未确定），开工日期比计划延期 6 个月，尽管施工单位采取了综合措施，使工期有所提前，但是仍滞后合同工期 2 个月。

（4）建设单位的一些"战略合作伙伴"为指定分包单位，由其施工的门窗工程、空调护栏、阳台栏杆、智能建筑、园林绿化等，进入施工比计划都有滞后，后期的质量安全、施工管理、竣工验收及资料等都有些混乱,额外增加了施工单位、监理单位的工作负担。

(5)工程处于住宅区,3 年的施工过程中,中高考期间、武汉网球公开赛期间的停工造成的工程延期,建设单位均不认可。

(6)工程于 2013 年 12 月办理了施工许可证后,建管部门才介入质量监督工作,此前因为没有介入,基础验收、结构验收需要增加专家论证的程序及相关费用。

2. 提出问题

目前建筑市场的风险很多,作为有经验的建设、勘察、设计、施工、监理单位,对自己可能面临的风险,应该有预案、预判。建筑行业处于改革创新的新时代,从"中国速度"到"中国质量",要牢牢把握高质量发展这个根本原则。

面对投资、质量、安全方面的严峻形势,建设行政主管部门为了加强管理、控制质量安全事故的突发势头,出台了一系列改革举措。《国务院办公厅关于促进建筑业持续健康发展的意见》《建筑工程五方责任主体项目负责人质量终身责任追究暂行办法》《工程质量安全提升行动方案》《湖北省住建厅规范建筑工程施工许可管理的通知》(厅字〔2017〕559号)、《住房和城乡建设部工程质量安全监管司 2018 年工作要点》、省市建设行政主管部门下发的系列文件及通知,以及建设工程相关的法规、工程的合同等文件,对上述案例中的问题、风险是有规定的。尽管建设单位处于"强势"地位,但是按照上述依据,我们可以对以下问题、风险进行鉴别、区分。

(1)上述问题、风险,哪些是属于建设单位应该承担的?

(2)上述问题、风险,哪些是属于施工单位应该承担的?

(3)上述问题、风险,哪些是属于监理单位应该承担的?

(4)上述问题、风险,哪些是属于分包单位应该承担的?

3. 案例分析

针对背景材料,我们逐条进行分析、归纳。

(1)按照建设工程施工合同的约定,试桩不合格非施工单位、监理单位的原因造成(经过专家论证,确认由设计桩长不足造成,后加长 2 m,试桩、工程桩均合格),应由建设单位承担此过程中的试桩费用和工期顺延责任(有可能建设单位要追究设计单位的责任)。这类索赔文件应在事件发生的 28 天之内发出,注意时效。

(2)按照建设工程施工合同的约定,基坑边坡垮塌是因为建设单位未提供工程现场地下管线图,对现场的地下管线情况不清楚,并且施工单位、监理单位一再提醒、索要工程现场地下管线图等资料而没有提供,非施工单位、监理单位的原因造成,应由建设单位承担此过程中的抢险、返工费用和工期顺延责任。这类索赔文件应在事件发生的 28 天之内发出,注意时效。

(3)按照建设工程施工合同的约定,A 区延误 6 个月开工,是因为建设单位一直未提供经过图纸审查的,可以作为施工检查、结算依据的全套施工图纸,非施工单位、监理单位的原因造成(建设单位 A 区设计滞后,招商、业态未确定),应由建设单位承担此过程中的抢工费用和工期顺延责任。应该在施工前向建设单位提出抢工方案及费用,取得建设单位的确认。

(4)建设单位的一些"战略合作伙伴"为指定分包单位,其施工的门窗工程、空调护栏、阳台栏杆、智能建筑、园林绿化等,比计划都有不同程度的滞后,特别是后期的质量安全、施工管理、竣工验收及资料等都有些混乱,额外增加了施工单位、监理单位的工作风险,属肢解工程,违规风险由建设单位承担。按照建设工程施工合同的约定,建设单位的指定分包商应该向总承包施工单位缴纳施工管理费、配合费、水电费、资料归档费用等。这些费用应在总承包施工单位的施工合同、分包单位的施工合同中均有体现。对于建设单位指定分包单位的管理混乱、素质低下等问题,一旦分包单位纳入总承包施工单位的管理,总承包施工单位就有义务对分包单位进行管理、教育、培训,使之满足工程施工的工序交叉、质量管理、安全管理、资料归口管理、竣工备案等方面的要求。

这些建设单位的指定分包单位管理混乱、素质低下,总承包施工单位有权要求增加相应的管理费,并且工程资料的归口管理与竣工验收备案的质量责任由总承包施工单位承担,可以争取相应的管理费,这些都要与建设单位协商、争取,并由各专业分包单位支付给总承包施工单位。

(5)按照建设工程施工合同的约定和武汉市城乡建设委员会相关通知的要求,中高考期间、武汉网球公开赛期间的停工,建设单位应该认可这段时间的工程延期。这类索赔文件应在事件发生的 28 天之内发出,注意时效。

(6)工程于 2013 年 12 月才办理了施工许可证,工程属于强行开工,应由建设单位履行首要责任,勘察单位、设计单位、施工单位履行主体责任。建管部门滞后介入本工程的质量监督工作,基础分部工程的验收、主体结构分部工程的验收均需要增加专家论证的程序及相关费用(增加对结构实体的验证检测,如混凝土抽芯取样等),应由建设单位承担。由于非监理单位的原因造成,工期延期增加的监理服务酬金,应该由建设单位承担。这类增加监理酬金的文件应按照建设工程监理合同的要求,在事件发生的 28 天之内,向建设单位提出,注意时效,并取得建设单位的确认。

5.4.2　案例 2

1. 背景材料

某产业新城产业园位于某县,由产业园、公共服务中心两个群体工程组成。产业园部分由市政道路、给排水、路灯、绿化、变供电设施、服务设施等组成;公共服务中心园区由服务中心、产业会所、给排水、市政道路、路灯、绿化、变供电设施、配套的多层住宅、服务设施等组成。

建设单位为某运营商。2016 年 12 月底进行了施工单位、监理单位招标并分别签订了合同。当时只有初步设计图纸,施工单位、监理单位是按照初步设计概算进行投标的。经过招标确定了两家总承包施工单位,一家监理单位。施工工期 12 个月,2017 年 3 月开工。施工单位的进度款支付条件为完成工作量的 70%,进行季度支付;监理单位的酬金按照每人每月的标准进行季度支付。

2. 提出问题

县一级的开发区、工业园、产业园等的开发建设,本身就有很多不确定的因素(土地规划、拆迁、产业定向、产业配套、招商引资、节能环保政策等),参与各方的风险都很大。为什么很多企业还是趋之若鹜?是因为都想在基础设施板块做一点事、分一杯羹。

这个项目,自施工单位、监理单位 2017 年 3 月初进场,问题就源源不断。

(1) 先是建设单位的准备工作完全不到位。按照各方的合同、建筑工程五方责任主体项目负责人质量终身责任承诺书的要求,建设单位应该提供经过确认的完整施工图纸、施工红线图、施工报建条件、基本的施工场地等,实际上基本没有。3 月底,临时设施基本完成,仍然没有施工依据。施工单位、监理单位经过了解,实际情况是大部分的征地拆迁问题仍然没有解决,项目不具备向当地建管部门报建的基本条件。4 月初才提供临时用地红线图、电子版施工图(备料用)。4 月底,经过地方政府部门的协调,部分解决了征地拆迁问题,确定了可以施工的区域,并确认产业园项目可以"边施工边办理建管手续,建管部门先介入工程的监管"等。

(2) 这样就出现了新的问题,现在能够施工的工程量由合同约定的 2 亿元缩减到 7000万元(两家总承包施工单位的工作量大约相同,分别为 3500 万元左右),工作量要缩减约60%,并且工期还会延期。

(3) 两家总承包施工单位按照合同约定的 1 亿元的规模,做了临时设施建设、项目班子组建等准备工作。监理单位按照 2 亿元的规模、1 年的工期签订的监理合同包干价,现在大幅缩水,产生了颠覆性的变化,原来的报价基础已经不复存在。

其中,公共服务中心标段的服务中心、园区会所两个单体工程,均为 2 层框架结构(局部 3 层),建筑面积约 5000 m²,有外幕墙、中央空调、智能建筑、内装饰工作量,签订的合同工期为 280 天。在工期进行到第 3 个月,结构即将封顶的时候,为满足建设单位集团总部的总体安排的需要,建设单位单方面要求将工期缩短为 180 天,也就是后面的砌筑、防水、安装工程、幕墙工程、内装饰工程、室外道路、园林景观等,要在 90 天之内完成。不管总承包施工单位有多么强大的实力,这都是一个充满挑战的艰巨任务。最后各方克服重重困难,调整组织人财物,加班加点,用 120 天完成了工程的竣工验收(比建设单位要求的竣工验收时间延期 30 天),应该说非常圆满,但是建设单位还很不满意。

(4) 现在一些大型的开发商(特别是上市公司),采取了委托"第三方工程季度巡检"的措施,这个工程也不例外。"第三方工程季度巡检"主要是针对建设单位、施工单位、监理单位,从四个方面(工程的管理资料和管理行为、工程实体的实测实量、安全文明施工及扬尘治理、工程质量通病问题)对工程的综合管理及质量安全等进行考核。"第三方工程季度巡检"要求,参与单位都必须按照规范的程序履职,工程的管理、质量、安全文明施工、分部分项验收、资料等必须同步进行。对于本工程而言,首先是建设单位的所有工作都严重滞后;其次是施工单位的合同工作量大幅减少,管理班子有"受骗"的感觉,工作中"心气"不正,并且因为缺乏"第三方工程季度巡检"要求的技术交底及检查前的动员会,建设单位、施工单位的管理人员不了解"第三方工程季度巡检"的要求,不知道工作的难度,可想而知"第三方工程季度巡检"的结果,几次都很不理想。建设单位将责任一并推到了监理单位、施工单位身上。其实建设单位人员的日子更不好过,他们的人员基本上都是有专业技术素养的人才,但过度强调工程进度,忽视工程的过程管理,忽视工程的质量、安全等主要环节,部分工作违背专业要求、忽视必要的技术间歇、违背科学规律乃至"违心",强行"抢工期"的事时有发生、强行缩减技术间歇的事时有发生、因为时间紧迫随意口头改动材料的事时有发生,因此他们的人员"压力山大",导致人员"跳槽"频繁,据说建设单位的工作人员没有 1 个做满 1

年的。

施工单位进度款、监理单位酬金的支付是与"第三方工程季度巡检"的考核结果直接挂钩的,考核结果不能达到集团平均水平,将减少、暂扣、不予支付施工单位进度款、监理单位酬金。可想而知,施工单位工程进度款、监理单位酬金的支付进入了"恶性循环"。加之付款流程冗长,附加资料多,签字的部门、人员多,各单位的付款时间基本上要延期 2 个月左右,而施工单位工程进度款、监理单位酬金第一次支付时,有多次的返工、重新申报,其间的难度、时间,就可想而知了。这种恶性循环又在很大程度上影响了施工单位的资金周转和材料进场,从而直接影响到工程进度。

(5) 2018 年 1 月,工程全面进入收尾阶段,2018 年 4 月进行内部验收、移交。

(6) 工程合同在执行过程中,建设单位、施工单位、监理单位都承担了巨大的风险,并且建设单位将自己的风险,通过严苛的合同条款、支付条款、结算条款等,大部分转嫁到了施工单位、监理单位身上,使得施工单位、监理单位的经营目标无法实现。

3. 案例解析

针对本案例的背景材料,我们应逐条进行分析、归纳,规避风险、保护自己。面对建设工程在工期、质量、安全等方面复杂的形势、严峻的局面。建设行政主管部门近年来出台了一系列的规定、方案、通知等,对市场进行规范、整顿,如《国务院办公厅关于促进建筑业持续健康发展的意见》《建筑工程五方责任主体项目负责人质量终身责任追究暂行办法》、《工程质量安全提升行动方案》、《湖北省住建厅规范建筑工程施工许可管理的通知》(厅字〔2017〕559 号)、《住房和城乡建设部工程质量安全监管司 2018 年工作要点》等。我们要掌握有关建设工程的法律、法规及新的要求,也要向建设单位宣传、科普这些法律、法规及新的要求,明确各自要承担的责任、风险。

(1) 根据《国务院办公厅关于促进建筑业持续健康发展的意见》《住房和城乡建设部工程质量安全监管司 2018 年工作要点》等文件的规定,建设单位的准备工作不到位就开工,建设单位负首要责任。

(2) 因为建设单位的原因,缩减了合同工程量及其范围,属于合同实质性的变更,施工单位可以根据建设工程承包合同、监理单位可以根据建设工程监理合同的要求签订补充合同或补充协议,保护自己的合法权益。如有争议,可以到辖区的工程造价管理部门寻求帮助,按照招投标文件、建设工程承包合同及有关要求协商解决。协商不成,可以委托辖区的专业仲裁机构进行仲裁。

(3) 实际可以施工的工程量的大幅减少,导致施工单位的建设工程承包合同、监理单位的建设工程监理合同的实质变更,为此施工单位、监理单位可以依据自己的合同,要求与建设单位签订补充合同或补充协议,维护自己的合法权益。建设单位单方面要求缩短单体工程的工期,属合同的实质性变更,施工单位、监理单位可以依据合同,就工程的抢工措施、增加人财物的措施等,与建设单位签订补充合同、补充协议,合理增加相关费用。

(4) 施工过程中,施工单位、监理单位在"第三方工程季度巡检"中的考核结果不理想,这是施工单位、监理单位需要改进和整改的。但是也因为建设单位不合理地压缩工期、减少工作量等,使施工单位调整管理班子,管理人员没有及时到岗履职,应承担次要责任。另外,工程进度款及监理酬金的支付,应协商后及时支付。

（5）因为建设单位的原因,工程的建管手续不齐全,建管部门对工程不能办理正式验收手续。建设单位应负主要责任,施工单位、分包单位、设备供应商、监理单位等在建设单位补齐有关手续后,有义务配合建设单位办理工程竣工验收的正式手续,并进行竣工备案。

（6）施工单位、监理单位可以按照《中华人民共和国合同法》、建设工程承包合同、建设工程监理合同及其附件(特别是在工程施工管理过程中发生的与工程延期、增加费用等有关的事项,同步办理的各种签证、工程变更单、联系单等资料),在结算中保护自己的合法权益。

思考题

1. 什么是建设工程风险？导致建设工程风险的因素有哪些？
2. 什么是工程项目风险管理？工程项目风险管理的三要素是什么？
3. 工程项目风险管理的重点是什么？
4. 工程项目风险管理的要点是什么？
5. 工程项目风险管理的内容是什么？
6. 工程项目管理中监理单位的风险有哪些？
7. 如何进行建设工程风险的分解？
8. 工程项目风险的应对措施有哪些？

第6章　BIM技术在监理服务中的应用

6.1　BIM技术概述

6.1.1　BIM技术的概念

BIM是建筑信息模型（building information modeling）的简称。其利用数字技术表达建设项目几何、物理和功能信息，并支持项目全生命周期的建设、运营、管理决策的技术、方法或者过程。其技术核心是信息（information），即以信息数据为载体，进行模型的建立，再通过信息的传导和共享，贯穿于决策、规划、设计、施工和运营等项目全寿命周期的各个阶段，达到最终应用效果。

BIM技术是一种应用于工程设计、建造、管理中的数据化的管理技术。它以建筑工程项目的各项相关信息数据为基础，建立起参数化三维建筑信息模型，将工程项目在各个不同阶段的信息、过程和资源集成在一个模型中，并对信息进行整合、关联，在项目策划、设计、招投标、施工、运行和维护等工程全生命周期过程中进行共享和传递。三维建筑信息模型既包括建筑物的信息模型又包括建筑工程管理行为的信息，将建筑物的信息模型同建筑工程的管理行为信息进行了完美的组合，具有模拟实际建筑工程建设行为的作用，有助于工程项目参与人员对各种建筑信息作出正确的理解和高效的应对。

6.1.2　BIM技术的特点

BIM技术具有以下八大特点。

1. 可视化

BIM技术与传统平面图纸的最大区别之一：所见即所得。平面图纸由点、线、面构成，较为复杂的构件、系统图需要很强的专业知识才能准确理解。在BIM建筑信息模型中，整个建设过程以及各个构件都是可视化的，表达信息形象、直观，能够帮助专业甚至非专业人员更直观地理解建设项目各个方面的信息，提升项目工作效率。

2. 协调性

在传统建筑业的工作模式中，信息不对称、脱节、孤岛、碎片化等情况比比皆是。在设计阶段，往往由于各专业设计师之间沟通不畅，不可避免地出现错、漏、碰等问题，导致在施工实施阶段变更、签证事件经常发生；在施工阶段，由于施工参与人数较多，信息在交流传递中往往出现衰减，导致管理难度增大、成本虚高及工期延误。利用BIM技术，设计、技术、管理、成本、计划等都能统一在一个三维建筑模型中进行沟通、协调、管理,很大程度上避免了因人为因素而导致上述问题,提高了建设、设计、施工、监理、造价等各方的工作效率,有效保障了项目各项目标的实现。

3. 模拟性

通过 BIM 可以模拟真实建造过程,并通过此过程预先发现可能存在的问题,最大限度减少因设计或施工方面的失误所带来的损失。还可以模拟现实世界中建筑的各项属性,例如在设计阶段可进行节能模拟、紧急疏散模拟、日照模拟、热能传导模拟等;在施工阶段可以进行 4D 模拟(三维模型加项目的发展时间),也就是根据施工的组织设计模拟实际施工,从而确定合理的施工方案来指导施工;同时还可以进行 5D 模拟(基于 3D 模型的造价控制),从而实现成本控制;后期运营阶段可以进行日常紧急情况的处理方案的模拟,例如地震时的人员逃生模拟及消防人员疏散模拟等。

4. 优化性

现代建筑物的复杂程度大多超过参与人员本身的能力极限,BIM 及其配套的各种优化工具提供了对复杂项目、复杂节点进行优化的可能。

(1)项目设计优化:将概念设计、方案设计、初步设计、扩初设计、施工图设计、工艺设计、专项设计等不同阶段的信息叠加,按照实用、美观、绿色、经济的原则进行优化比选,确保项目的技术、成本、时间等达到最优。

(2)复杂项目的施工优化:对一些异型、复杂构件,特殊关键工序过程等进行建模分析,模拟在各种环境、资源等条件下,建设项目的可施工性,比选、优化施工方案,可以带来工期和造价的显著改进。

5. 可出图性

对三维模型进行信息标注,专业间协调、模拟、优化以后,可转出以下文件。

(1)通常的二维图纸。

(2)PC 构件加工图。

(3)复杂节点剖切图。

(4)综合结构留洞图。

(5)综合管线图(带有管线标高的平面图纸,对复杂部位出具三维图纸)。

6. 一体化性

基于 BIM 技术可将项目从设计到施工再到运营等各阶段的信息,加载在同一模型中,形成一个统一的项目数据库,突破了建设项目信息在空间和时间上的局限,确保信息的完备性、一致性、关联性,便于工程项目全生命周期的一体化管理。

7. 参数化性

BIM 模型是参数化模型,简单地改变模型中的参数值就能建立和分析新的模型;模型中图元是以构件形式出现的,这些构件之间的不同是通过参数的差异反映出来的,参数保存了图元作为数字化建筑构件的所有信息。

8. 信息完备性

信息完备性体现在 BIM 技术可对工程对象的 3D 几何信息和拓扑关系进行描述以及描述完整的工程信息。

6.1.3　BIM 技术的作用

BIM 技术可对项目进行信息化管理,提升生产效率、提高建筑质量、缩短工期、降低建造成本。其作用具体体现在以下几个方面。

1. 设计优化

利用 BIM 快速建模软件,可极大地缩短项目的概念设计周期,加快初步设计的进程,最终完善设计,通过多专业协同设计,确定最优方案,从而强化施工图设计环节的质量,为业主提供经济实用、绿色美观的设计方案,提高图审的通过率。

2. 三维渲染,宣传展示

三维渲染动画,给人以真实感和直接的视觉冲击。建好的 BIM 模型可以作为二次渲染开发的模型基础,大大提高了三维渲染效果的精度与效率,向业主更为直观地宣传介绍,提升中标概率。

3. 快速算量,精细管控

BIM 创建的数据库能自动计算工程实物量,可以准确快速计算工程量,提升施工预算的精度与效率。监理可充分利用 BIM 5D 信息管理平台,对施工单位报审的进度款进行精确管控;核实现场工程完成量,通过 5D 平台对比实际模型完成量以及过程变更,进行请款分析,得到进度款金额,做到审批有依、下发有据。

4. 精确计划,科学下料

施工企业精细化管理很难实现的根本原因在于面对海量的工程数据,无法快速准确获取信息以支持资源计划,致使经验主义盛行。而 BIM 的出现可以让相关管理条线快速准确地获得工程基础数据,为施工企业制定精确的人、材计划提供有效支撑,大大减少了资源、物流和仓储环节的浪费,为实现限额领料、消耗控制提供了技术支撑。

5. 多算对比,有效管控

管理的支撑是数据,项目管理的基础就是工程基础数据的管理,及时、准确地获取相关工程数据可形成项目管理的核心竞争力。BIM 数据库可以实现对任一时点上工程基础信息的快速获取,通过合同进行计划与实际施工的消耗量、分项单价、分项合价等数据的多算对比,可以有效了解项目运营是盈是亏、消耗量有无超标、进货分包单价有无失控等问题,实现对项目成本风险的有效管控。

6. 虚拟施工,有效协同

三维可视化功能再加上时间维度和施工方案,可以进行虚拟施工,随时随地直观快速地将施工计划与实际进展进行对比,同时进行有效协同,使得施工单位、监理单位、建设单位对工程项目的各种问题和情况了如指掌。通过 BIM 技术结合施工方案、施工模拟和现场视频监测,可大大减少建筑质量问题、安全问题,减少返工和整改。

7. 碰撞检查,减少返工

BIM 最直观的特点在于三维可视化,利用 BIM 的三维技术在前期可以进行碰撞检查,优化工程设计,降低在建筑施工阶段发生错误和返工的可能性,并且优化净空,优化管线排布方案。施工人员可以利用碰撞检查优化三维管线方案,进行施工交底、施工模拟,提高施工质量。

8. 冲突调用，决策支持

BIM 技术能自动计算工程实物量，大量与工程相关的信息可以为工程提供数据后台的巨大支撑。BIM 中的项目基础数据可以在各管理部门进行协同和共享，工程量信息可以根据时空维度、构件类型等进行汇总、拆分、对比分析等，保证及时、准确地提供工程基础数据，为决策者制定工程造价、项目管理、进度管理等方面的决策提供依据。

6.1.4　基于 BIM 技术的工程管理应用系统简介

基于 BIM 技术的工程管理应用系统，主要通过建立清晰的业务逻辑和数据交换关系，强调项目管理的协同效应，实现工程管理、实时控制和支持决策综合的项目管理。其应用主体方可以是建设单位、监理单位、施工单位、其他职能管理部门；应用参与方包括设计单位、建设单位、监理单位，以及与应用主体方相关的施工单位、工程分包单位或施工分包单位等。全过程 BIM 管理也可称为全过程科学信息管理，参与方并不唯一，各职能部门能在管控过程中提升自身管理水平，完善自身管理手段，最终共同实现项目质量精细化、进度成本精确化的目标，优化管理、提高品质，打造一流形象工程，达到多方受益的效果。

6.2　BIM 技术在监理服务中的应用价值

6.2.1　BIM 技术在监理工作中的应用价值

1. 投资控制

通过 BIM 技术对造价机构与施工单位完成的项目进行估价及竣工结算后，形成带有BIM 参数的电子资料，达成对项目历史数据及市场信息的积累与共享，再根据 BIM 数据模型的建立，结合可视化、模拟建设等 BIM 软件功能，可为项目的模拟决策提供基础。在项目投资决策阶段，监理根据 BIM 模型数据，可以调用与拟建项目相似工程的造价数据，如该地区的人、材、机价格等，也可以输出已完类似工程每平方米的造价，高效准确地估算出规划项目的总投资额，为投资决策提供准确数据。有助于监理单位在建设前期协助建设单位编制可行性分析报告，形成投资估算和确定高质量的最终估算价。

在投资决策阶段能够科学地确定建设标准水平以及选择适当的工艺设备，对投资估算的审查工作的完整性、准确性进行公正评价。在工程发包前能够更科学地协助建设单位做好招标工作，确定工程价格、材料和设备的采购成本，从而确保工程质量和有效降低工程造价。

众所周知，设计决定了建筑成本的 70% 以上，现代监理管理制度需加强前期投资控制，在设计阶段以最少的投入取得最大的产出，采用限额设计和运用价值工程方法，能主动地影响设计。严格控制工程变更是施工阶段控制造价的重要一环，工程变更历来是施工阶段投资控制的中心，许多施工单位利用建设单位对变更部分不了解，增加工程造价，造成投资方较大的损失；有的装饰施工单位在招标时采用普通材料价格，施工时要求建设单位更换合同及清单中没有的材料，重新采用非常有利于施工单位的价格，造成建设单位的巨大损失。

监理单位需要着重审核变更方案,严格遵守变更价格的原则,以保证有效地控制投资,因此监理可在设计完成项目的 CAD 图纸时,将设计图纸中的项目构成要素与 BIM 数据库积累的造价信息相关联,可以按照时间维度,按任一分部、分项工程输出相关的造价信息,便于在设计阶段降低工程造价,实现限额设计的目标。

在确定总包方后的设计交底和图纸会审阶段,传统的图纸会审是基于二维平面图纸进行的,且各专业图纸分开设计,仅凭借人工检查很难发现问题。BIM 的引入可以把各专业整合到一个统一的 BIM 平台上,监理可以从不同的角度审核图纸,利用 BIM 的可视化模拟功能,进行 3D、4D 甚至 5D 模拟,检查不合实际之处,降低设计错误数量,减少因理解错误导致的返工费用,极大地减少了工程的变更和可能发生的纠纷。

有利于监理严格工程计量,做好工程款项支付工作和工程结算、决算方面的控制。监理可利用 4D 施工模拟过程,了解当前完成的工程量情况和施工状态的详细信息,基于BIM 处理中心,通过 BIM 相关软件实现快速、精准地多算对比。另外,可以对 BIM 3D 模型各构件进行统一编码并赋予工序、时间、空间等信息,在数据库的支持下,以最少的时间实现 4D、5D 任意条件的统计、拆分和分析,根据工程算量和计价相关标准、规范及模型中各构件的工程量和清单信息,自动计算各构件所需的人、材、机等资源及成本,并且汇总计算。通过掌握应用 BIM 技术,监理能够及时做好工程计量工作审核,有效防止工程进度款超付和提高结算、决算准确度,合理计取费用标准,正确反映工程造价。

2. 质量控制

由于具有影响因素多、波动大、变异大、隐蔽性强以及终检局限大等特点,工程项目质量管理往往会不可避免地出现一些问题,又因为工程质量直接影响着整个项目的最终使用功能,影响着人民群众的生命和财产安全,所以在工程实践中需要投入大量的人力和财力来进行管理。

质量控制的系统过程包括事前控制、事中控制、事后控制。而有关 BIM 的应用,主要体现在事前控制和事中控制中。应用 BIM 的虚拟施工技术,可以模拟工程项目的施工过程。对工程项目的建造过程在计算机环境中进行预演,包括施工现场的环境、总平面布置、施工工艺、进度计划、材料周转等情况,从中可以找出施工过程中可能存在的质量风险因素,或者某项工作的质量控制重点。然后对可能出现的问题进行分析,从技术、组织、管理等方面提出整改意见,反馈到模型当中,进行虚拟过程的修改,再次进行预演。反复几次,工程项目管理过程中的质量问题就能得到有效规避。用这样的方式进行工程项目质量的事前控制比传统的事前控制方法有明显的优势,项目管理者可以依靠 BIM 的平台作出更充分、更准确的预测,从而提高事前控制的效率。

BIM 在事前控制中的作用同样体现在事中控制中。另外,对于事后控制,BIM 能做的是对于已经实际发生的质量问题,在 BIM 模型中标注出发生质量问题的部位或者工序,从而分析原因,采取补救措施,并且搜集每次发生质量问题的相关资料,积累对相似问题的预判经验和处理经验,为以后更好地进行事前控制提供基础和依据。BIM 技术的引入更能发挥工程质量系统控制的作用,使得这种工程质量的管理办法能够更尽其责,更有效地为工程项目的质量管理服务。

在 BIM 集成的数字环境中,相关信息保持更新、易于访问,让监理工程师、建筑师、施工单位和建设单位从整体上了解项目,监理也能够更加迅速地作出明智决策,提高施工质量和效益。再利用BIM技术把施工方案中重要的施工工艺、流程模拟出来,发现问题并采取预防措施,避免施工中断导致工期延误,提高施工效率,保证施工质量。在施工质量安全方面,监理可以通过BIM 5D平台实现质量安全的管控,监理在现场巡视检查时可将现场的质量安全问题,及时上传反馈,系统自动通知相关责任人,让相关责任人第一时间找到问题源,并及时闭合问题,监理最终可结合平台准确监测问题处理动向,做到精确管控。对于关键节点、需要定期检查的节点,可通过平台生成相关构件节点二维码,做到定期巡检上传,做好精确管控的记录,最终可形成相应的分析报表,便于后期问题反查。也可通过采用施工质量安全监控子系统,结合BIM模型、互联网技术、现场视频,实现与协同施工管理平台的集成,通过监测关键施工阶段关键部位的应力、变形,提前识别施工现场危险源,防患于未然。

3. 进度控制

通过建立4D施工信息模型,将建筑物及施工现场3D模型与施工进度计划相连接,并与施工资源和场地布置信息集成一体,实现以天、周、月为时间单位,按不同的时间间隔对施工进度进行工序或逆序4D模拟,形象反映施工计划和实际进度。对计划进度与实际进度进行对比分析,是进行进度控制的应用之一。BIM自身信息数据不断调整和积累,这给判断分析进度状态、处理应对进度风险,提供了更为精准化的手段。

4. 合同管理

在合同管理方面,从规划、设计到施工,监理可通过BIM技术的应用,有力保证工程投资、质量、进度及各阶段中的相关信息的传递。在施工阶段建设各方能以此为平台实现数据共享、工作协同、碰撞检查、造价管理等,大大减少合同争议,降低索赔。

(1) 减少不必要的变更。对于合同价款和合同工期,最大的影响因素就是工程变更。BIM技术的诸多功能有效地排除了参与方之间的沟通障碍,从源头上减少变更。当变更必然发生时,将变更导入BIM模型中,那么BIM系统就会生成新的工程量,这种变化会在合同管理中一目了然,对合同索赔和工程合同管理起到极大的辅助作用。

(2) 增强管理能力。可通过BIM的信息化手段来提高合同管理水平。传统的合同归档管理信息化程度偏低,大多工程项目的合同管理呈分散管理状态,一直以来合同的归档程序也没有明确的规定,在履行的过程中也缺乏严格的监督,所以在合同履行后期没有全面评估和总结。BIM技术可弥补传统合同管理中的不足,使合同管理在初期就介入并协同作用,这样做一方面不影响合同管理应用软件的开发和使用,而且还能够与工程的全生命周期协同。

(3) 降低风险。在建筑工程中应用BIM技术可极大地降低成本和减少风险。BIM技术对建设项目的各阶段产生了重要的影响,它对工程项目全生命周期都能进行跟踪和预测。BIM技术不断完善,在信息的掌控和资源的分配方面的功能逐步得到强化,能够有效地获取资源,同时逐步完善,风险的处理能力也不断加强,参与方的权利义务更加平等。运用BIM技术来进行合同风险分配,既能考虑到项目双方的风险偏好,又能考虑到现实过程中风险的不断变化对双方造成的影响。

5. 信息管理

由于大型公建项目全生命周期中参与单位众多,从立项开始,历经规划设计、工程施工、竣工验收到交付使用这个漫长的过程,会产生海量信息,再加上信息传递流程长,传递时间长,由此难以避免地造成部分信息的丢失,造成工程造价的提高。监理可通过 BIM 技术,将项目全生命周期中各阶段的相关信息进行高度集成,保证上一阶段的信息能传递到以后各个阶段,从而使建设各方能获取相应的数据。

6. 协调

监理通过 BIM 技术的应用,可将各种建筑信息组织成一个整体,并贯穿于整个建筑生命周期,从而使建设各方及时进行管理,达到协同设计、协同管理、协同交流的目的。再加上 BIM 可帮助提高编制设计文档的多专业协调能力,最大限度地减少错误,并能够加强工程管理团队与建筑施工团队之间的合作,大大地减少了整个建筑过程中监理的协调量和协调难度。

7. 安全生产管理

建设工程的劳动密集和投资大等特点,导致建设工程安全事故所造成的人员伤亡较多、财产损失较为严重,每年有上千人在事故中死亡,因事故造成的直接经济损失逾百亿元。为了减少施工过程中事故的发生,传统的方式已经无法准确完整地报告实时的建设状况,基于 BIM 的建筑信息模型,在带动建筑工程施工效率提升的同时,也大大降低了施工安全隐患。BIM 技术可以先在计算机中模拟施工,其过程本身不消耗施工资源,却可以利用可视化效果演示施工过程和结果,可以较大程度地降低返工带来的安全风险,增强监理人员对安全施工过程的控制能力。基于 BIM 的技术在安全生产施工中的应用有以下几点。

(1) 施工总平面图在工程建设中至关重要,它的布置将影响到工程施工的安全、质量和生产效率。通过 BIM 技术的三维全真模型虚拟进行临时设施的布置及运用,帮助监理单位评估生活、办公、生产、物料储存等空间的布置是否合理,以及人流、车流与建筑本身的空间关系在不同建设阶段(如基坑阶段、主体阶段、装饰安装阶段、室外市政阶段等)能否满足消防、临时用电、起重吊装等的安全需求。作业前,根据方案,先进行详细的施工现场查勘,重点研究解决施工现场整体规划、现场进场位置、材料区的位置、起重机械的位置及危险区域等问题,确保建筑构件在起重机械有效安全范围内作业。利用三维建模,可模拟施工过程、构件吊装路径、危险区域、车辆进出现场状况、装货卸货情况等。施工现场虚拟三维全真模型可以协助管理者直观、便利地分析现场的限制,找出潜在的问题,制定可行的施工方法。有利于提高效率,减少施工现场布置中存在漏洞的可能,及早发现施工图设计和施工方案的问题,提高施工现场的生产率和安全性。在平面布置图中塔式起重机布置是比较重要的一项,塔式起重机布置会直接影响施工进度、安全。塔式起重机布置主要考虑覆盖范围、安装以及拆除条件。在布置的过程中,一般施工单位在前两项都做得比较出色,而往往会忽视最后一项拆除。因为塔式起重机是可以自行一节一节升高的,上升过程中没有建筑物对其约束,而拆除的时候就不一样了,有悬臂约束、配重约束、道路约束等,甚至还有一些想不到的因素。对这些因素,有的建设项目可能没有考虑周全,也有整体布置没有更形象的空间作比较的因素。通过 BIM,将塔式起重机按照整个建筑的空间关系来进行布置和论证,会极大地提高布置的合理性,然后链接其他模型,如施工道路、临时加工场地、原材料堆放场地、临时办公设施、饮水点、厕所、临时供电供水设施及线路等。运用 BIM 技术,会使施工总平面布置就像是在画布上摆玩具一样,根据不同的方案采用不同的布置,效果更直观,修改更迅速、更准确,也极大地减少了以往施工总平面图的庞大的修改工作量。

(2)安全管理可视化。通过 BIM 的 3D 模拟平台虚拟工程安全施工,对整个工程施工过程中的安全管理进行可视化管理,达到全真模拟。通过这样的方法,可以使项目管理人员在施工前就可以清楚下一步要施工的所有内容以及明白自己的工作职能,确保在安全管理过程中能有序地管理,按照施工方案进行有组织的管理,能够了解现场的资源使用情况,把控现场的安全管理环境,大大增加过程管理的可预见性,也能够促进施工过程中的有效沟通,可以有效地进行施工方法评估,发现问题、解决问题,真正地运用 PDCA 循环来提高对工程安全的管控能力。

(3)安全技术交底便捷直观。利用 BIM 技术建模,进行全过程的模拟,使工程的安全、技术和施工生产管理人员能清楚地了解每一步的施工流程,将整个过程分解为一步一步的施工活动,让他们在管理过程中思路清晰,能够发现问题,提出解决的新方法,并针对新的方法来进行模拟,验证是否可行,这样就可以做到在工程施工前识别绝大多数的施工风险和问题,事前做到有效的控制,并顺利解决存在的问题。

(4)建模并进行施工过程的模拟,可以使整个过程可视化,同时通过三维效果能让没有识图能力的人也能看明白是怎么回事。这样就极大地便利了项目参与者之间的交流,可以增进项目参与各方对工程内容及完成工程的保证措施的了解。施工过程的可视化使 BIM 成为一个便于施工参与各方交流的沟通平台。通过这种可视化的模拟,缩短了现场工作人员熟悉项目施工内容、方法的时间,减少了现场人员在工程施工初期犯错误的时间和成本。还可加快、加深对工程参与人员培训的速度及深度,真正做到人人参与质量、安全、进度、成本管理和控制。

(5)BIM 还可以提供可视化的施工空间。施工空间随着工程的进展会不断变化,它将影响到工人的工作效率和施工安全。BIM 的可视化是动态的,通过可视化模拟工作人员的施工状况,可以形象地看到施工工作面、施工机械位置的情形,并评估施工进展中这些工作空间的可用性、安全性。

(6)危险源辨识。BIM 三维模型能够真实地反映出整个施工内外环境的基本信息,项目管理人员能够在建设初期根据三维模型对工程全过程施工中存在的危险区域——识别,并对不同区域的危险程度进行分类,采取有效隔离措施,防止无关人员进入危险区域内作业,同时采用安全色标示安全区域,引导外来人员和施工作业人员安全通行,避免因误入危险区域而导致事故的发生。

6.2.2 BIM 技术在相关服务中的应用价值

地理信息系统(geographic information system,GIS)是一种十分重要的空间信息系统。它是在计算机硬件、软件系统支持下,对整个或部分地球表层(包括大气层)空间中的有关地理分布数据进行采集、储存、管理、运算、分析、显示和描述的技术系统。地理信息系统技术是近些年迅速发展起来的一门空间信息分析技术,在资源与环境应用领域中,它发挥着技术先导的作用。

GIS 技术不仅可以有效地管理具有空间属性的各种资源环境信息,对资源环境管理和实践模式进行快速和重复的分析测试,便于制定决策、进行科学和政策的标准评价,而且可以有效地对多时期的资源环境状况及生产活动变化进行动态监测和分析比较,明显地提高工作效率和经济效益,为解决资源环境问题及保障可持续发展提供技术支持。GIS 是一种通过使用计算机获取大量地理信息并对其进行多样性处理的系统;GIS 技术则是通过这一系统的处理结果来解决实际问题的一种技术。

1. BIM 与 GIS 的融合

BIM 与 GIS 相互之间并无可替代性,而是更倾向于一种互补关系。GIS 的出现为城市的智慧化发展奠定了基础,BIM 附着了城市建筑物的整体信息,两者的结合创建了一个附着了大量城市信息的虚拟城市模型,而这正是智慧城市的基础。总体来说,BIM 用来整合和管理建筑物本身所有阶段的信息,GIS 则整合及管理着建筑外部环境信息。把微观领域的 BIM 信息和宏观领域的 GIS 信息进行交换和结合,对实现智慧城市建设发挥了不可替代的作用。

GIS 和 BIM 的集成和融合给人类带来的价值将是巨大的,方向也是明确的。在国际范围内,各国的专家学者对智慧城市多持有乐观态度,大力倡导建设智慧城市。基于 BIM 和 GIS 的智能城市是一种成熟技术的融合,它还包含精准的城市三维建模、发达的城市传感网络、实时的城市人流监控,使城市中人们的生活更加智能和便捷。从卫星遥感到地理信息,接着又从数字城市到智慧城市,随着科学技术的进步,我们的城市将越来越智能。

2. BIM 与 GIS 融合的应用

GIS 和 BIM 融合以后的应用领域非常广阔,包含以下几大方面:城市和景观规划、建筑设计和管理、旅游和休闲活动、环境模拟、热能传导模拟、灾害管理、三维导航等。

(1) 城市和景观规划。

运用 GIS 和 BIM,我们可以建立一个区域完整的城市系统模型,模型中附着建筑和道路的详细信息,如设计单位、施工单位、建设时间、使用时间、使用年限、建筑现状、建造材料、道路连接等。当道路出现损坏时,我们可以快速从模型中找出这条路的信息,联系施工单位、材料供应商,了解相连通的道路,以便合理疏导交通流,尽快修好损坏路段、恢复交通。

在规划设计城市时,可以结合设计好的规划建立模型,置入现状系统模型中,模拟城市车流、检测规划设计的合理性,根据模拟的结果优化规划设计。目前 BIM 技术在城市规划领域中已有广泛应用,尤其是在轨道交通和桥梁方面,从设计到投入使用,BIM 贯穿项目的全生命周期,已取得良好的成效。

(2) 三维导航。

现在许多行业都想解决室内定位这一难题,但是大多关注的都是定位的手段,例如到底是用 WiFi 还是用蓝牙定位,是用 LFC 还是用 NFC 定位,等等,室内定位的地图却一般都是由建筑的二维电子图来生成的,甚至只是示意图。室外的地图导航都开始三维化了,室内导航还用二维线条。如果用 BIM,那这一问题就能迎刃而解:通过 BIM 提供的建筑内部模型配合定位技术可以进行三维导航。随着建筑设计和施工技术的发展,建筑造型各异,体量越来越大,建筑内部结构越来越复杂。人们的活动不是在室内就是在室外,在高层建筑、室内面积大的建筑中,特别是在标识不够清晰明确的情况下,人们比较容易迷失方向。尤其是在商场、活动中心、医院等地方，就算方向感很好的人想一下搞清楚东南西北也是很不容易的，因此人们对于室内导航的需求不亚于室外导航。

现在为数不多的室内导航图也只是二维电子图，甚至只是示意图，用起来同样不是很方便，而 BIM 与 GIS 结合，刚好能解决这个问题。成熟的三维 GIS 平台已经支持物联网数据的接入，结合 BIM 建筑模型，可以轻松做到模拟真实情景并定位，应用方面当然也很广，比如博物馆里寻找展厅、商场里寻找店面、医院里寻找科室、学校里寻找教室等。

（3）消防管理。

与传统的建筑消防安全管理相比，由于 BIM 模型具备三维特性，可以直观显示建筑内部结构、消防设施布局和消防通道状态等，还可以通过碰撞检查解决软冲突和硬冲突，促进不同专业的协同，通过火灾模拟和人员疏散模拟，为新型的建筑工程消防设计提供依据。

BIM 模型包含项目全生命周期中各专业和各阶段的全部信息，不仅包括建筑构件，还包括丰富的族库以及自建族文件功能，可建立灭火器、火灾探测器、消防栓等消防设备模型，并且可提供消防设备的各种参数信息，将消防信息整合到 BIM 模型中，可以制定相应的消防预案，指导消防救援工作。在运维阶段，通过将 BIM 数据库整合到智能消防系统设计中，与自动控制、传感器、计算机网络等技术相结合，通过系统平台实现主动防火功能和被动防火功能，以达到最佳的防火保护。

（4）环境模拟。

通过 BIM 和 GIS 技术的结合，综合运用 3D 建模技术、人工智能、声热光电等增强体感技术，构建出精确真实的 VR 全景灾害场景，并通过 VR 眼镜、手柄及语音对话模式进行沉浸式人机交互演练，培养和锻炼消防官兵的安全意识和消防能力。同时，VR 演练系统还结合当前的互联网技术，实现多人团队演练，以场景式教学的模式提升消防群体应对突发性灾害的处置能力和安全素质。

（5）建筑设计和管理。

传统的施工现场安全监控主要是由施工单位单方面进行，受管理者的经验的影响较多，具有较大的片面性和局限性，不利于安全事务的处理。现在可通过 BIM 技术、GIS 技术、移动计算、物联网等手段，实现对建筑工程的精细化管理和施工现场进度、安全、质量的监控。进度滞后时，查看项目管理及总包单位的周报和进度情况分析，通过决策端的 BIM 模型查看进度情况。可从设计阶段就开始整合建设、设计、施工等项目参与方进行协同安全分析、监控和处理，整合各方的管理资源，及时解决项目中出现的安全问题。各参与方都能通过 BIM 实时查看系统，安全状态数据信息自动更新，一目了然。

6.2.3　BIM 技术在全过程工程咨询中的应用价值

在全过程工程咨询中，BIM 技术除了在监理服务中的应用，还可应用于其他方面的服务，如设计、招投标、造价、施工、运维阶段。

1. 设计阶段

设计阶段进行 BIM 建模设计，让建设单位通过建模后形成的三维图直观地了解工程设计情况，让其在设计阶段就参与其中，所见即所得。

在设计阶段就跟踪建模，可以提前对各专业（建筑、结构、给排水、电气、空调工程等）的碰撞问题进行协调,生成协调数据,对照积累的工程数据提出设计优化意见。这个阶段提出的设计优化建议,更容易让设计师接受,也可减少后期图纸会审后修改图纸的工作量。这样可以使招标工程量更加精确,后期变更及费用索赔会更少,从根本上解除了拆改带来的效益风险。

设计阶段进行 BIM 建模的另外一个优势就是在建模完成后,工程量可以即时计算,这为限额设计提供了非常大的帮助,可以分阶段对工程量和造价进行计算,如果设计有超概算的情况,可及时对设计进行调整。精确算量还为建设方制定资金计划和进行招标采购策划等提供了技术保障。

2. 招投标阶段

在设计阶段介入建模后,工程量的计算会更快速和精准,招标使用的工程量也会更准确,后期的造价控制风险会大为减少。如果需要提供拦标价,拦标价也会更加精确。可有效杜绝招标工作中因时间仓促算量不准、漏项等给建设单位带来的综合风险。

可以根据 BIM 的模拟施工技术,制定比较详细和可靠的采购计划,指导项目招标工作,使招标工作和总进度计划高度匹配。

现阶段的招标工作中,特别是对总包单位的招标,图纸中对很多设备只能采用暂估价,这就为后期造价控制工作制造了一定的风险。BIM 建模技术中很多设备是可以在设计阶段根据族库进行选型的,设备型号固定后其价格区间也就好确定了,很多暂估价就可以在招投标中进行明确,减少后期全过程咨询企业的造价控制风险。

对招标中标结果进行复核,通过对中标单位的不平衡报价分析,为合同洽商、条款制定和合同签订提供有力、有利依据。

3. 造价阶段

(1)工程进度款结算准确、方便、快捷。引入 BIM 技术后,全过程咨询企业的造价人员在进行进度款支付时,只需依据当地工程量计算规则,在 BIM 软件中相应地调整扣减计算规则,系统将自动完成构件扣减运算,更加精准、快速地统计出工程量信息。基于 BIM 的自动化算量方法将造价专业人员从烦琐的计算中解放了出来,极大地提高了工作效率,同时可以使工程量计算摆脱人为失误。

(2)设计变更、索赔管理更科学。引入 BIM 技术可以直接将设计变更的内容关联到模型中去,当发生变更的时候,只需将模型稍加调整,软件就会快捷而且准确地汇总相关工程量的变化情况。在模型中,甚至可以将变更引起的成本变化直接导出来,让全过程咨询项目中的管理人员清楚认识方案的变化对成本造成的影响,决定是否采纳变更方案。

(3)快速进行结算造价比对工作。传统的合同价与结算价的对比模式,在 BIM 技术下将被彻底颠覆。根据 BIM 模型中的参数化信息,可从时间、工序、空间三个维度进行分析对比,及时发现问题并纠偏、降低工程费用,这将大大减少全过程咨询企业在造价控制工作上花费的人力、物力及财力,相应缩短结算、竣工决算的审核、协商时间,有效降低商务争议发生的可能。

(4)造价数据高效共享。BIM 的技术核心是由计算机三维模型形成数据库,任意构件工程量、市场价格信息、工程变更等都会进入 BIM 的数据库。这就避免了传统造价工程师在数据上无法完全与其他工程师共享,导致工作上的协同性下降,甚至由于造价工程师的流失导致公司核心业务数据协同性的下降。

4. 施工阶段

在施工过程中,运用 BIM 技术从工程监理、项目管理角度对总、分承包单位及供应商进行管理,并提出合理化建议,便于下一步施工,是全过程咨询企业在施工阶段应用 BIM 技术的具体实践。BIM 在施工组织中的运用主要体现在以下几个方面。

(1)现场布置方案审核和优化。

随着建筑业的发展,对项目的组织协调要求越来越高,这主要是由于施工现场作业面大、各个施工分区存在高低差、现场复杂多变,容易造成现场平面布置不断变化。项目周边环境的复杂往往会带来场地狭小、基坑深度大、与周边建筑物距离近、绿色施工和安全文明施工要求高等问题。

BIM 为全过程咨询企业进行施工平面布置及管理提供了一个很好的平台。在创建工程场地模型与建筑模型后,对总承包单位报送的整体平面布局方案进行布置模拟演示,可以确定脚手架、塔式起重机、材料加工区域布局是否合理,是否影响后期建筑施工,达到方案审批合理、同步提出针对性优化方案的效果。

(2)工程重大危险源辨识及方案计算复核。

对于复杂且大型的工程,在二维平面图中寻找重大工程危险源并不是太方便,例如高支模区域安全性的判断、起重吊装构件的跨度(重量)判断等。通过 BIM 进行三维建模后,可以很方便地找到工程中需要专家论证的重大危险源,可以及时提示施工单位尽快组织方案编写,进行专家论证,避免因辨识滞后带来的工期延误。

目前,大部分施工单位的方案计算都采用了专业软件,提供全过程咨询服务的工程监理单位,就可以运用 BIM 技术中的一些专业安全计算插件对方案进行技术复核。通过 BIM 技术对施工方案中的施工方法进行模拟,对计算进行复核,工程监理的方案审批工作将更科学和可靠。

(3)进度审批科学,计划可优化。

建筑工程项目进度管理是全过程工程咨询中的重要工作,进度审核是进度控制的关键。BIM 技术可实现进度计划与工程构件的动态链接,通过施工动态模拟形象直观地表达进度计划和施工过程,以及重要环节的施工工艺。在模拟过程中如发现总承包单位报送的进度计划存在需要调整和协调的问题,可以及时发现和修正,为工程项目的全过程咨询单位和建设单位直观了解工程项目情况和管理工程进度提供便捷工具。

(4)工作面管理。

在施工现场,不同专业在同一区域、同一楼层交叉施工的情况是常见现象。对于一些大型工程和超高层建筑项目,由于分包单位众多,专业间频繁交叉施工,对于不同专业之间的协同、资源的合理分配、工作过程的衔接等问题,作为全过程咨询企业可以进行综合协调,比如根据施工模拟确定部分分包单位的合同签订时间、进退场时间等,可以在模拟施工的前提下,进行垂直运输、外脚手架等资源的合理分配等,让分包单位承担总包配合费的时候能量化双方的责权利。

(5)质量、安全管理精细化。

BIM 技术能与现场管理的一些手机端 APP 的功能相结合,使全过程咨询中的监理环节发挥更大作用,在现场管理发现问题后,直接可以在 BIM 模型中反映出问题的位置和类型,方便参建的施工单位据此进行回复和整改。同时,可以形成一定的施工数据,统计某类问题发生的概率和频次,便于制定有针对性的改进措施,提高工程质量、安全管理水平。

（6）工程资料信息化、无纸化管理。

由于建设工程的规模大、工期长,过程资料必然会杂而多,那么资料的整理就成为工程管理的一大重点。BIM 数据平台可以为我们节约大量的整理成本,将各分部、分项工程对应的资料上传到 BIM 平台后,可以通过三维模型实时查阅相关资料,做到无纸化办公。构件与资料一一对应,查看起来非常方便,同时也便于施工过程中的查漏补缺,以及竣工资料的归档。

5. 运维阶段

资产运营维护的过程是 BIM 利用价值最大化的阶段。因为我国工程建设的实际情况,各阶段存在分割现象,设计单位、施工单位、运维单位各司其职,也就把全生命周期的BIM 应用分割成了各阶段的 BIM 使用。但全过程咨询企业具有综合协调工程各阶段、各角色的能力,并贯穿于全生命周期,可以从全过程咨询的角度,自设计阶段建模开始就考虑运维阶段的投入,并在施工全过程将工程的变更、施工中的问题在 BIM 模型中如实反映,为移交建设单位后进行后期资产运营维护提供了信息化的先进管理手段,这往往也是建设单位最希望获得的除建筑产品之外的附加服务。

BIM 技术的出现让建筑运维阶段有了新的技术支持,大大提高了管理效率,主要体现在以下几个方面。

（1）提供空间信息。BIM 模型集成了建筑的三维几何信息、构件的位置与尺寸等参数信息、管线的布局、建筑的材料信息、基本设备的生产厂家信息等,为建筑运营期间设施的维护提供了参考。

进行建筑和设施维护时,所有数据和信息均可以从模型里面调用。例如,设备是什么时候安装的、更换周期多长、设备参数等信息都一目了然,便于后期准确定位要更换的构件,不至于大面积地更换而浪费材料,或者等到设备损坏了再更换,影响正常使用。

建筑的使用者利用建筑空间开展业务、进行空间管理自然离不开"面积"和"位置"信息,这方面的信息在建筑竣工后的 BIM 模型中有现成的数据可供使用,例如,二次装修的时候,哪里有管线,哪里是承重墙不能拆除,这些在 BIM 模型中一目了然。

（2）信息更新迅速。建筑物在漫长的营运使用期间,其结构体里面的设施设备各有其耐用年限,建筑物局部的维护修理,以及修建、改建、增建等行为会不断发生,有些维修是即刻需要进行的,而 BIM 模型是构件化的 3D 模型,新增或移除设备均非常快速,也不会产生数据不一致的情形。

（3）故障影响分析。在建筑发生故障时,如人工查询事故原因,进行紧急维修,会导致日常生产、生活受到很大的影响。如果采用 BIM 技术,可以直接导入运维信息,与模型匹配,三维模型可以直观显示设备通路,快速查询、分析故障和开关位置,以及停用设备所影响的房间范围,并进行紧急维修。

6.3 BIM 技术的应用措施

6.3.1 BIM 团队的组建及相关监理人员的培训

1. BIM 团队的组建

监理单位从零开始组建 BIM 团队有两种形式:第一种形式可以称之为"BIM 型 BIM 团队",企业保持现有生产岗位职责不变,额外建立一支专门从事 BIM 应用的团队,配合原有岗位完成相应工程任务及增值服务;第二种形式是培训经过选择和重新组织的项目团队成员的 BIM 应用能力,在相应工程任务中融合应用 BIM,这样的团队可以称之为"项目型 BIM 团队"。

公司可以先组建一支专业化的"BIM 型 BIM 团队",专职负责公司 BIM 研发板块,为公司业务转型、服务增值、管理提升提供技术支撑。面对项目监理机构,公司可对年轻的工程师进行专职 BIM 培训,选拔出技术过硬的优秀人才,组建一支"项目型 BIM 团队",该团队将入驻一线项目部,针对不同项目的特点制定不同的 BIM 管理方案,并组织项目监理机构学习 BIM 相关技能。最终能大大提升公司员工综合能力,提升公司综合水平。

2. 人员的培训

应针对不同的 BIM 团队分不同的系统进行人员培训。

"BIM 型 BIM 团队":对于 BIM 相关知识以及相关软件的学习,聘请专业 BIM 讲师进行封闭培训。外聘讲师具有员工所不具备的 BIM 运用经验,他们熟悉 BIM 的各大应用点、BIM 相关软件的操作等。专业系统的 BIM 知识均可聘请专业人士进行授课。另外,"BIM 型 BIM 团队"在现场的专业技能知识学习也不能抛弃,可依据公司情况制定相应的现场学习课程,可由公司技术部门牵头组织。

"项目型 BIM 团队":对于 BIM 相关知识以及相关软件的学习,由已经成熟的"BIM 型 BIM 团队"采用"师徒制,一帮一,集中学习"的方式培训。一方面充分利用公司内部资源,学以致用,帮助 BIM 初学者尽快提高业务能力;另一方面由"BIM 型 BIM 团队"主导培训可以让团队间取长补短,便于新技术在公司的推广。"项目型 BIM 团队"最终入驻相应的一线项目部,担任总监理工程师、总监理工程师代表或专业监理工程师,并负责项目的 BIM 相关工作以及任务分配,组织监理项目部成员学习 BIM 相关技能。

与 BIM 关联的软件很多,有三维设计软件 Revit、幕墙三维软件 Rhino、钢结构三维软件 Tekla 等。监理从业人员要熟悉常用的 BIM 软件,如 Revit 系列软件,能够对设计模型、施工模型的深度和质量进行审核;应能够熟练使用 BIM 技术的相关软件,在模型上提取、插入和更新信息,将监理工作的成果反映到 BIM 模型中。

软硬件配置建议如下。

(1)软件配置。

民用建筑:Revit。

钢结构项目:Tekla。

幕墙:Rhion。

其他类：Navisworks(碰撞检查)、3ds Max(动画)、Lumion 或 Fuzor(漫游)等。

（2）硬件配置，见表 6-3-1。

表 6-3-1　硬件配置

系　　统	Microsoft Windows 7 64 位,旗舰版
CPU	英特尔 Core i7-7700 @ 3.60 GHz 四核
内存	32 GB(金士顿 2400 MHz)
主板	技嘉 B250-HD3-CF
显卡	Nvidia GeForce GTX 1070 6 GB(8 GB)
硬盘	西数 WDC WDS120G1G0A-00SS50(120 GB / 固态硬盘)
显示器	戴尔 DELA0E4 DELL P2317HWH(23.1 英寸)

6.3.2　工程监理 BIM 分系统的建立

BIM 技术在监理工作中的应用虽然还处在初级阶段，但对促进监理行业的发展，提高监理管理和控制的信息化、精细化水平，提供了一个有力的工具和平台。如何建立工程监理 BIM 分系统呢？

首先，监理企业应根据 BIM 技术的要求，增设相关部门，加强人员培训，提供足够的资金、设备和便利的工作环境等，使 BIM 技术在监理公司内部能够很快地进行推广，从而使监理公司的 BIM 技术能够得到很快的提升，最终使得监理公司能够在 BIM 引领的这场技术革命中立于不败之地。

其次，根据 BIM 技术的特点和要求，重新修订监理公司的工作制度，通过发挥 BIM 技术上的优势，指导工程项目建设过程的监理工作。

再次，监理人员要了解 BIM 技术，就要知道 BIM 技术在工程建设过程中发挥的作用，按照招标文件中对 BIM 工作的要求制定有针对性的工作措施，要熟悉常用的 BIM 软件，如 Revit 系列软件，能够对设计模型、施工模型的深度和质量进行审核。还要能够熟练使用 BIM 技术的相关软件，在模型上提取、插入和更新信息，将监理工作的成果反映到 BIM 模型中。

最后，项目监理机构需要根据 BIM 模型，协同各参建单位录入项目所需要的各种信息，形成一个富含海量建筑数据信息的可视化模型。通过该模型搭建 BIM 应用平台，加强对项目全生命周期中各阶段的管理，实现精细化管理。

6.3.3　BIM 系统的运行管理与维护

1. 建立系统运行保障体系

（1）按 BIM 组织架构表成立 BIM 系统领导小组，小组成员由建设单位代表，设计单位代表，项目总监理工程师，总、分包单位的项目经理、项目副经理、项目技术负责人、BIM 项目经理组成，定期沟通，及时解决相关问题。

（2）成立 BIM 系统协调联合团队，各参建方严格按照合同约定制定好模型精度、构件信息要求，并制定模型各阶段完成的时间节点，且各参建单位派固定的专业人员参加，如果因故需要更换，必须很好地完成交接工作，保持工作的连续性。

（3）各参建单位需配备足够数量的 BIM 建模端软件及应用端软件，配备满足软件操作和模型应用要求的足够数量的硬件设备，并确保配置符合要求。

（4）指定专人负责 BIM 系统与各参建方 BIM 系统间的联络、协调。

2. 编制 BIM 系统运行工作计划

（1）各参建单位根据总工期以及深化设计出图要求，编制 BIM 系统建模计划、分阶段 BIM 模型数据提交计划、四维进度模型提交计划等，由建设单位牵头、BIM 总监执行，成立以项目为单位的 BIM 技术小组，针对项目 BIM 运用所涉及的各种问题进行探讨，审核并报建设单位通过后正式发文，各参建单位参照执行。

（2）根据各参建方的计划，编制各专业的深化设计计划，修改后重新提交计划。

3. 制定系统运行例会制度

（1）BIM 系统参与人员，每周召开一次专题会议，汇报工作进展情况、遇到的困难、需监理专业 BIM 人员协调的问题。

（2）BIM 系统参与人员，必须参加每周的工程例会和设计协调会，及时了解设计和工程进展情况。针对本周本条线工作进展情况和遇到的问题，制定下周工作目标。

4. 建立系统运行检查机制

（1）BIM 系统是一个庞大的操作运行系统，需要各方协同参与。由于参与的人员多且复杂，需要建立健全检查制度来保证体系的正常运作。

（2）对各参建单位，每周进行一次系统执行情况例行检查，了解 BIM 系统执行的真实情况、过程控制情况和变更修改情况。

（3）对各参建单位使用的 BIM 模型和软件进行有效性检查，确保模型和工作实际协同。

6.3.4　建设工程各阶段相应专业的 BIM 应用

1. BIM 技术在招投标中的应用

（1）设计验证、优化。

BIM 模型建好后，可以进行设计验证。如通过详细的外立面幕墙模型，并辅以动态三维浏览方式，可直观地确定建筑的外观、内部空间是否与确定的设计方案一致。建设单位组织相关方如设计单位、监理单位、造价单位等共同参加设计验证会议，对于图纸中的错、漏、碰、缺等，招标过程中可能发生的歧义点、不明节点等，在招投标前可要求设计单位进行修改、优化到位。

（2）进行工程量统计。

根据 BIM 模型可以编制准确的工程量清单，达到清单完整、快速算量、精确算量，有效地避免漏项和错算等情况，最大限度地减少施工阶段因工程量问题而引起的纠纷。投标方根据 BIM 模型快速获取正确的工程量信息，与招标文件的工程量清单比较，可以制定更好的投标策略。

（3）评判施工投标文件。

施工单位在投标时为争取得到建设单位的认可，提高中标概率，要采用各种方法提高方案的编制质量和表现力,如设计精美的图表、采用 3D 图形设计、列出翔实的技术参数等。BIM 具有可视化、协调性、模拟性、优化性、可出图性、一体化性、参数化性、信息完备性八大特点,将 BIM 模型应用于投标技术标书中,可得到优秀的表现力。在技术标书中采用的施工工艺和方案是核心内容,利用 BIM 模型的可视化特征,可以很方便地模拟施工方案的整体实施情况和重点工况。

在投标方案中通常要对施工平面进行合理布置,包括对道路、材料堆场、生产、办公、生活等临时设施进行设计,在这些方面可利用 BIM 技术进行建模辅助设计,并在标书中直观地表现设计成果,必要时可对临时设施材料用量进行自动统计。同时可以按基础、主体结构、装修等阶段编制和优化,将设计结果反映在标书中。在安全措施方面,可基于 BIM 对施工过程中的安全防护设施、施工安全通道等进行设计和优化,最后以图形方式展现在标书中。

2. BIM 技术在设计阶段的应用

在解决传统 CAD 时代存在于建设项目设计阶段的 2D 图纸冗繁、错误率高、变更频繁、协作沟通困难等问题方面,BIM 所带来的价值是巨大的。

(1)保证概念设计阶段决策正确。

在概念设计阶段,设计人员需对拟建项目的选址、方位、外形、结构形式、耗能与可持续发展、施工与运营概算等问题作决策。BIM 技术可以对各种不同的方案进行模拟与分析,且为集合更多的参与方介入该阶段提供平台,使作出的分析决策尽早得到反馈,保证决策的正确性与可操作性。

(2)更加快捷与准确地绘制 3D 模型。

不同于 CAD 技术下 3D 模型需要由多个 2D 平面图共同创建,BIM 软件可以直接在 3D 平台上绘制 3D 模型,并且所需的任何平面视图都可以由该 3D 模型生成,准确性更高,且直观快捷,为建设单位、施工单位、预制方、设备供应方等项目参与方的沟通协调提供了平台。

(3)多个系统的设计协作进行、提高设计质量。

在传统建设项目设计模式下,各专业包括建筑、结构、暖通、机械、电气、通信、消防等设计之间的矛盾冲突极易出现且难以解决。而 BIM 整体参数模型可以对建设项目的各系统进行空间协调、消除碰撞冲突,大大缩短设计时间且减少设计错误与漏洞。同时,结合运用与 BIM 建模工具具有相关性的分析软件,可以就拟建项目的结构合理性、空气流通性、光照、温度控制、隔音隔热、供水、废水处理等多个方面进行分析,并基于分析结果不断完善 BIM 模型。

(4)对于设计变更可以灵活应对。

BIM 整体参数模型自动更新的功能可以让项目参与方灵活应对设计变更,减少例如施工人员与设计人员所持图纸不一致等情况。对于施工平面图的细节变动,Revit 软件将自动在立面图、剖面图、3D 界面、图纸信息列表、工期、预算等所有相关联的地方作出更新修改。

(5)提高可施工性。

设计图纸的实际可施工性差是国内建设项目经常遇到的问题。由于专业化程度的提高及国内绝大多数建设工程所采用的设计与施工分别承发包模式的局限性,设计与施工人员之间的交流甚少,加之很多设计人员缺乏施工经验,极易导致施工人员难以甚至无法按照设计图纸进行施工。BIM 可以通过提供 3D 平台加强设计与施工的交流,让有经验的施工管理人员参与到设计阶段,在早期植入可施工性理念,更深入地,可以推广新的工程项目管理模式如一体化项目管理模式以解决可施工性的问题。

(6)为精确化预算提供便利。

在设计的任何阶段,BIM 技术都可以按照定额计价模式根据当前 BIM 模型的工程量给出工程的总概算。随着初步设计的深化,项目的各个方面如建设规模、结构性质、设备类型等均会发生变动与修改,BIM 模型平台导出的工程概算可以在签订招投标合同之前给项目各参与方的决策提供参考,也为得出最终的设计概算提供基础。

3. BIM 技术在施工阶段的应用

(1)施工前改正设计错误与堵塞漏洞。

在传统 CAD 时代,各系统间的冲突碰撞极难在 2D 图纸上识别,往往直到施工进行到了一定阶段才被发觉,导致返工或重新设计;而 BIM 模型将各系统的设计整合在了一起,系统间的冲突一目了然,在施工前改正解决,加快了施工进度、减少了浪费,甚至很大程度上减少了各专业人员间起纠纷、不和谐的情况。

(2)5D 施工模拟、优化施工方案。

BIM 技术将与 BIM 模型具有互用性的 5D 软件、项目施工进度计划与 BIM 模型连接起来,以动态的三维模式模拟整个施工过程与施工现场,能及时发现潜在问题(包括场地、人员、设备、空间、安全问题等)和优化施工方案。同时,5D 施工模拟还包含了临时性设施如起重机、脚手架等的进出场时间等信息,为节约成本、优化整体进度安排提供了帮助。

(3)BIM 模型为预制加工工业化打下基石。

精细化的构件模型可以由 BIM 设计模型生成,可用来指导预制生产与施工。由于构件是以 3D 的形式创建的,这就便于数控机械化自动生产。当前,这种自动化的生产模式已经成功地运用在钢结构加工与制造、金属板制造等方面,用于生产预制构件、玻璃制品等。这种模式方便供应商根据设计模型对所需构件进行精细化的设计与制造,准确性高且缩减了造价与工期;同时,摆脱了利用 2D 图纸施工时由于周围构件与环境的不确定性导致构件无法安装甚至重新制造的尴尬境地。

(4)使精细化施工成为可能。

由于 BIM 参数模型提供的信息中包含了每一项工作所需的资源,涉及人员、材料、设备等,所以其为总承包商与各分包商之间的协作提供了基石,最大化地保证资源准时制管理(just-in-time),削减不必要的库存管理工作,减少无用的等待时间,提高生产效率。

(5)实现项目成本的精细化管理和动态管理。

通过算量软件,运用 BIM 技术建立的施工阶段的 5D 模型,能够实现项目成本的精细分析,准确计算出每个工序、每个工区、每个时段的工程量。按照企业定额进行分析,可以及时计算出各个阶段每个构件的中标单价和施工成本的对应关系,实现项目成本的精细化管理。同时根据施工进度进行及时统计分析,实现成本的动态管理。避免了以前施工企业在项目完成后,无法知道项目盈利和亏损的原因和部位的情况。设计变更出来后,对模型进行调整,及时分析出设计变更前后造价变化额,实现成本动态管理。

(6)进行各专业的碰撞检查,及时优化施工图。

通过建立建筑、结构、设备、水电等各专业 BIM 模型,在施工前进行碰撞检查,及时优化设备、管线位置,加快施工进度,避免施工中的大量返工。

通过引入 BIM 技术,建立施工阶段的设备、机电 BIM 模型。通过软件对综合管线进行碰撞检测,利用 Revit 系列软件进行三维管线建模,快速查找模型中的所有碰撞点,并出具碰撞检测报告。同时配合设计单位对施工图进行深化设计,在深化设计过程中选用 Navisworks 系列软件,实现管线碰撞检测,从而较好地避免传统二维设计下无法避免的错、漏、碰、撞等现象。

按照碰撞检查结果,对管线进行调整,从而满足设计、施工规范,体现设计意图,符合建设单位要求、维护检修空间的要求,使得最终模型显示为零碰撞。同时,借助 BIM 技术的三维可视化功能,可以直接展现各专业的安装顺序、施工方案以及完成后的最终效果。

(7) 利于建设单位及造价咨询单位的投资控制。

建设单位或者造价咨询单位采用 BIM 技术可以有效地实现施工期间的成本控制。在施工期间咨询单位通过导入 BIM 技术,可以快速准确地建立三维施工模型,再加上时间、费用信息则形成施工过程中的建筑项目的 5D 模型。可实现施工期间成本的动态管理,并且能够及时准确地确定施工完成工程量及产值,为进度款支付提供及时准确的依据。

(8) 能够实现可视化条件下的装饰方案优化。

装饰工程设计通常在施工期间根据建设单位的需要进一步作深化设计。在二维状态下的建筑装饰设计,设计单位主要是出具效果图,即简单的内部透视图形,无法进行动态的虚拟,更没有办法进行各种光线照射下的效果观测,设计人员和建设单位不能体会到使用各种装饰材料产生的质感变化。在装饰施工中,为了让建设单位体会装饰效果,需要建立几个样板间。样板间建立过程中要对装饰材料反复更换和比较,浪费时间和成本。

基于 BIM 技术的三维装饰深化设计,可以建立一个完全虚拟真实建筑空间的模型。建设单位或者建筑师能够在像建好的房屋一样的虚拟建筑空间内漫游。

通过模拟太阳的升起降下过程,人们可以在虚拟建筑空间内感受到阳光从不同角度射入建筑内时光线的变化,而光线带给人们的感受在公共建筑中往往显得尤为重要。

同时,通过建筑材料的选择,建设单位可以在虚拟空间内感受建筑内部或者外部采用不同材料时的质感、装饰图案给人带来的视觉感受,如同预先进入装饰好了的建筑内一样。可以变换位置或者角度观察装饰效果,从而在计算机上实现装饰方案的选择和优化,既使建设单位满意,又节约了建造样板间的时间和费用。

6.4 BIM 技术应用实例

6.4.1 案例 1

一、项目简介

工程名称:×××工程。

项目业态:住宅。

项目概况:本项目位于湖北省武汉市×××路(见图 6-4-1)。地块总建筑面积 197000 m²。×××工程地下室总建筑面积 23177.67 m²,地上 7 栋主楼总建筑面积为 173822.33 m²,一层地下室,地下室车库部分层高 3.9 m,主楼部分层高 5.4 m。1♯楼建筑总高度为 13.05 m,地上 2 层;2♯楼建筑总高度为 19.05 m,地上 6 层;3♯楼建筑总高度为 19.05 m,地上 6 层;4♯楼建筑总高度为 96.45 m,地上 32 层;5♯楼建筑总高度为 99.45 m,地上 33 层;6♯楼建筑总高度为 99.45 m,地上 33 层;7♯楼建筑总高度为 99.45 m,地上 33 层。总停车位 663 个,共设置 3 个车辆出入口。结构形式为框架剪力墙结构,建筑设计使用年限为 50 年,抗震设防烈度为 6 度。

图 6-4-1 项目规划图

二、BIM 应用点及内容

本次 BIM 服务主要是为了解决施工现场的实际问题,保证项目进度,提高施工质量,减少返工。此案例将从设计源头进行剖析,主要将 BIM 服务应用于管线综合,旨在为业主解决设计图纸审查(审查设计院所出图纸的缺陷等问题)、深化设计、净高分析、开洞套管预留等方面的问题,利用 BIM 的三维可视化功能验证空间设计、功能设计、性能设计的合理性及管线的综合排布,大大减少了后期的返工以及不必要的变更,最后提高了建筑物的空间利用率,减少了材料的浪费、大大了节约工期、提高了工作效率。

三、BIM 实施流程

BIM 技术应用实施流程,见图 6-4-2。

整个服务流程主要是:前期问题的反查与整理,并以各类报表的形式提交给业主、设计院核对,就设计问题与设计院沟通,取得设计院的修改意见,然后同步更新模型,最后形成一套 BIM 基于设计角度的应用成果,为施工打下坚实的基础。

1. 图纸审查

模型的创建过程也是一次图纸审查的过程。通过 BIM 的可视化功能,对各专业进行

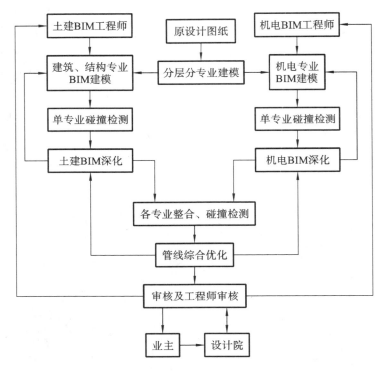

图 6-4-2　BIM 实施流程

三维建模并且将各专业模型进行整合,通过 BIM 软件进行碰撞检查,检查设计图纸的缺陷等问题。通过碰撞检测及专业人才梳理,发现图纸设计缺陷等问题 162 项,避免了后期的返工、减少了浪费、节省了成本、保证了质量。图纸存在的问题主要为管线之间的碰撞、图纸标注缺失、局部位置按图施工将无法满足净高要求,见图 6-4-3 及图 6-4-4。

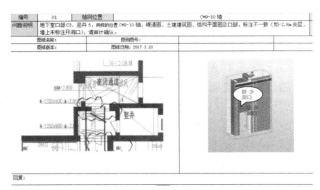

图 6-4-3　图纸审查 1

图 6-4-4　图纸审查 2

2. 深化设计

利用 BIM 的三维可视化功能可以更加合理地分析设计的空间、功能、性能的合理性,见图 6-4-5 及图 6-4-6。

(1)经过分析,对地下室车位的排布以及设备间设备的布置提出建议,与设计院进行对接探讨,最终进行了合理的深化。

图 6-4-5　深化设计 1

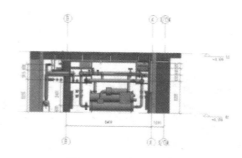

图 6-4-6　深化设计 2

（2）本工程机电管线多，主要分布在地下室区域，由于地下室各区域的层高不同以及业主对车位上方净高的要求，利用普通的二维平面设计是很难进行分析的，通过 BIM 多专业集成应用，查找各管线排布之间净高不足之处，避免工期延误，大幅度减少返工，改善工程质量，提前预见问题，减少了危险因素，大幅度提升了工作效率，见图 6-4-7 及图 6-4-8。

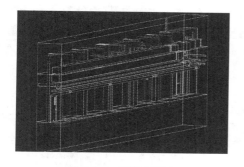

图 6-4-7　深化设计 3

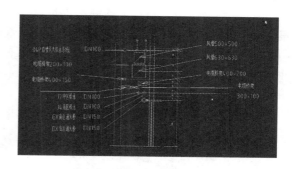

图 6-4-8　深化设计 4

（3）在进行三维建模的过程中，不仅可以对图纸进行审查，同样可以利用 BIM 技术，进行错、漏、碰检查，提前预知日后按图施工将会面临的一些问题，形成碰撞报告，提前与设计院沟通，制定解决方案，避免施工过程中造成返工以及人、材、机的浪费。本工程仅地下室就发现机电与机电间及机电与土建间的碰撞点 1000 余处，并且提前对碰撞问题进行处理，得出整改方案，初步估计此项优化节约成本 25 万余元，见图 6-4-9 及图 6-4-10。

图 6-4-9　深化设计 5

图 6-4-10　深化设计 6

3. 管线的综合排布优化

本项目在设计阶段经过了一系列的分析与设计深化：通过建模人员建模，提交给审核人员审核，将收集的问题反馈给业主、设计单位，将业主、设计单位所提出的处理意见回复给 BIM 审核人员,审核人员再将问题分配到对应的建模人员进行模型的更新。经过这样一个循环往复的过程,得到了最终的三维可视化模型,并且形成具有可视化信息的合理空间、管线排布方案,见图 6-4-11 及图 6-4-12。

图 6-4-11　深化设计 7　　　　　　　　　图 6-4-12　深化设计 8

4. 预留洞口的精确定位

及时准确确定、复核预留孔洞的数量、标高、尺寸等,仅地下室预留洞口就有预留洞口报告 89 项。通过报告对安装分部穿结构及二次结构部分进行洞口预留设置,在土建施工中预留套管,避免安装分部工程施工过程中对土建的二次开洞,节省了人工及材料成本,仅此项共计节省人工及材料成本 4 万余元,见图 6-4-13～图 6-4-15。

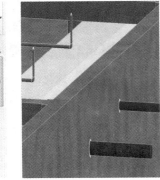

图 6-4-13　深化设计 9　　　　图 6-4-14　深化设计 10　　　图 6-4-15　深化设计 11

5. BIM 的应用效益

(1)通过 BIM 深化设计,各个专业的管路、线路均得到优化,直接节省成本近 100 万元。

(2)时间即是金钱,利用 BIM 技术提前有效地规避错误、返工,将施工过程中将会遇到的问题进行提前汇总,制定解决方案并同步反映至三维模型之中,后期就施工进行三维可视化交底,为实际施工节省了大量时间、材料等成本,形成的经济效益无法估算。

(3)运用 BIM 的相关技术实现空间设计、功能设计、性能设计的验证以及优化,为业主提供更加直接的参考,避免后期施工因以上设计达不到业主的需求而导致返工,以及各项变更。

(4)通过 BIM 建模进行图审,最终查找出 162 项问题,及时与设计沟通,进行更改优化,为日后按图施工提前铺平了道路。

6.4.2　案例 2

一、项目简介

工程名称:×××工程。

项目业态:学校科研教学楼。

项目概况:本项目位于湖北省武汉市×××大学。地块总建筑面积为 9982.74 m²,地上 4 层,地下 1 层,本工程±0.000 标高相当于绝对标高 51.500 m,房屋建筑总高度 23.4 m。地基基础采用独立基础。建筑结构安全等级为二级,抗震设防烈度为 6 度,建筑抗震设防类别为丙类,建筑防火分类为多层建筑,耐火等级为一级。钢筋混凝土框架抗震等级为三级,设计使用年限为 50 年,见图 6-4-16。

图 6-4-16　学校科研教学楼

二、BIM 应用点及内容

根据×××大学对本项目的要求,围绕控制成本、提高质量、安全第一的原则制定相应的 BIM 实施方案。此案例将从 BIM 技术应用于施工方案的角度进行剖析。主要将 BIM 服务应用于可视化虚拟建造、BIM 方案模拟、信息集成、协同管理等,最终达到方案提前模拟、问题提前处理、精细化科学管控,极大地发挥了 BIM 在施工过程管控中的作用。

三、实施流程

实施流程为三维模型建立→三维模型应用→三维模型信息关联→施工过程管控。

1. 可视化虚拟建造

(1)三维模型的建立:将 BIM 运用至施工阶段首先需要对土建、机电专业进行建模,并且通过设计深化、模型优化等进行整合,见图 6-4-17 及图 6-4-18。

本项目通过三维建模及时地发现了一些后期施工的问题。提前对问题进行预判,制定解决方案,充分发挥 BIM 应用中工作前置的益处。

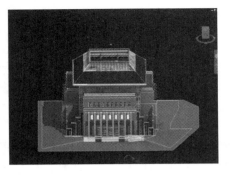

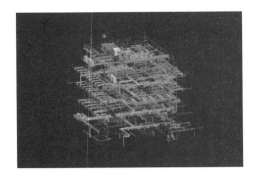

图 6-4-17　可视化 1　　　　　　　　　图 6-4-18　可视化 2

①碰撞问题：发现机电与机电间及机电与土建间的碰撞点 400 余处，初步估算避免材料浪费 300×400＝120000 元，避免人工浪费 200×400＝80000 元，共计节约成本 20 万元，见图 6-4-19 及图 6-4-20。

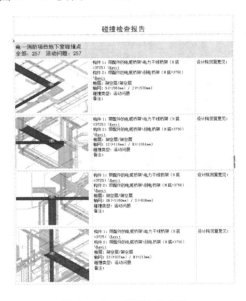

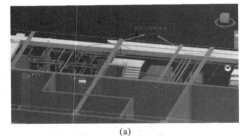

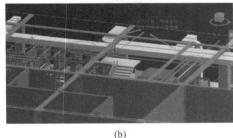

图 6-4-19　碰撞检查报告　　　　　　　图 6-4-20　碰撞检查

②净高问题：发现净高不满足吊顶要求共 40 余处，与设计单位沟通，对管线进行合理的优化排布，最终科研教学楼负一层走廊处管线排布满足了吊顶要求的 3 m，见图 6-4-21 及图 6-4-22。

③图纸问题：各专业图纸漏标注共计 75 处，管线安装未能充分考虑结构，导致无法进行施工。例如本项目屋面斜梁与柱子形成一个高 1400 mm 的三角形空间，依据设计在此区域排布三条风管，风管尺寸为一条 1000 mm×800 mm、两条 1000 mm×320 mm，此结构净高无法满足三条风管的排布需求，最终 BIM 中心与业主、设计进行沟通，最终将其中两条风管进行移出排布，见图 6-4-23 及图 6-4-24。

（2）三维场地建模：本工程位于校园内部，场地有限，而且路过施工区域的师生众多，考虑到施工对学生学习、生活的影响，场地布置必须合理可行，确保学生的安全，将影响降低到最低。BIM 团队利用 BIM 软件进行了三维场地布置，并且进行了模拟施工，提前预判

图 6-4-21 净高检查 1

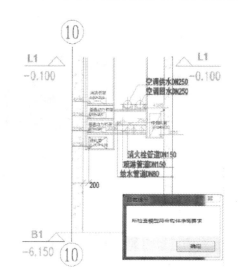

图 6-4-22 净高检查 2

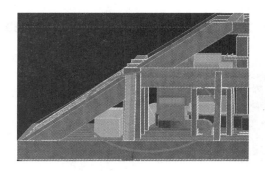

图 6-4-23 图纸检查 1

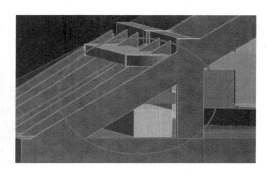

图 6-4-24 图纸检查 2

方案的可行性。

①三维场地布置:对施工现场的围挡、塔式起重机、临建设施、加工棚以及各种堆场进行模拟建造,形成一个可视化的三维场布图,见图 6-4-25 及图 6-4-26。

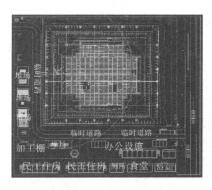

图 6-4-25 场地布置 1

图 6-4-26 场地布置 2

②4D 模拟施工:根据进度计划以及施工工艺,结合现场的施工环境合理安排施工,充分考虑周边安全因素,利用软件制作模拟现场施工的指导视屏,最终各方可以通过模拟施

工来对接施工过程中的重难点以及施工中应重点注意的事项,见图 6-4-27。

图 6-4-27　施工模拟

③三维可视化的施工交底:通过可视化施工交底,帮助施工管理人员与劳务班组在技术沟通过程中,减少因沟通偏差导致的施工问题,可有效降低沟通成本。

2. 技术方案模拟

本项目科研教学楼管线排布比较密集,装修阶段存在排模及管线问题,施工过程中,存在精装图纸不全问题,可能导致工期延误。由于都是二维制图,对实体的大小关系推敲得不到位,见图 6-4-28。

图 6-4-28　技术方案模拟

利用 BIM 技术,建立精装 BIM 模型,见图 6-4-29 及图 6-4-30,杜绝漏画、少画图纸现象,解决了施工图中冲突的问题,特别是协调了装饰立面的进退关系,以往都是用立面图加剖面图来表达。

图 6-4-29　精装 BIM 模型 1　　　　　　　图 6-4-30　精装 BIM 模型 2

3. 信息集成

此项目利用 BIM 5D 平台将施工过程中所产生的信息进行了录入,并且将这些信息以及各构件的资料与模型进行了挂接,通过各种信息的整合打造了整个项目的信息平台,在信息的共享与传递过程中起了重要作用,这种看不见的价值是不可估量的,见图 6-4-31。

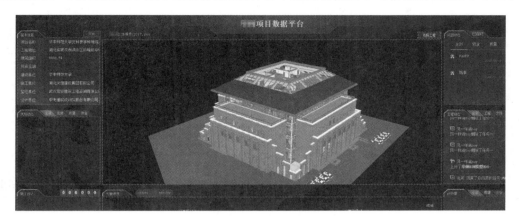

图 6-4-31　信息集成

4. 协同管理

利用 BIM 协同平台对施工过程中的各工序工艺、各班组、各分包单位之间的现场沟通协调进行了管控,极大地提高了工作的效率,并且避免了因沟通协调不到位产生的矛盾以及返工。利用协同平台还能有效地对现场施工的资料、质量、安全进行科学高效的管控。

(1) 现场协调:通过协同平台的 PC 端、手机端进行现场协调,减少了召开沟通协调会的次数,省去了很多环节,使工作更高效,见图 6-4-32 及图 6-4-33。

图 6-4-32　现场协调 1

图 6-4-33　现场协调 2

(2) 资料管理:所有资料上传都是有针对性的,利用 BIM 平台将资料与构件进行挂接,最终形成一个附有信息的构件二维码,在施工现场只需要用手机扫二维码就能查看构件信息,不需要再返回项目部一份份查找相应构件的纸质资料,极大地节省了核查构件的时间,见图 6-4-34。

图 6-4-34 资料管理

（3）质量安全管理：进行现场巡检时，一旦发现质量、安全等问题，均可以利用手机端拍照，将现场问题挂接至模型对应的构件，并且可以将问题发送至指定的责任人，相关责任人可以通过手机端或 PC 端接收问题信息，能够快速定位至问题源头，从而提高了问题的解决效率，见图 6-4-35 及图 6-4-36。

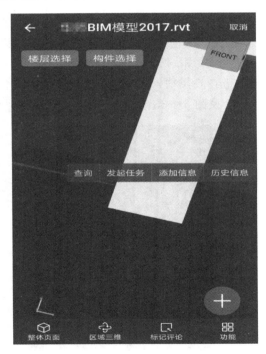

图 6-4-35 质量安全管理 1

图 6-4-36 质量安全管理 2

四、BIM 的应用效益

（1）通过三维建模整理汇总了设计、施工中的各类问题 1500 余处，其中提前发现了各专业设计的缺陷，完成了 20 余个较大设计变更。通过制定各种 BIM 解决方案，为业主节约资金约 150 万元。

（2）利用三维虚拟建造中科学合理的三维场布加上前期 4D 的施工模拟，充分考虑周围环境因素，直至项目完工未发生一起安全事故，将对学生学习、生活的影响降低至最小。

（3）本工程采用三维可视化的交底、技术方案的模拟，一方面，大大节约了时间成本，另一方面，施工班组对交底内容的理解更加透彻，直接的效果就体现在现场的施工质量得到了质的飞跃。

（4）集成信息的应用使得项目资料得到了更加科学规范的归档，并且信息化地共享与传递大大节省了施工班组与班组之间的沟通协调时间，最终的结果是工期提前一个月，资料归档完整有序，模型信息齐全，为后期运维打下了坚实的基础。

（5）协同管理平台的应用直接为总包单位解决了各分包单位、各班组之间的协调难度大的问题，各类协调会减少了 60％。通过手机端对现场质量安全的管控也为总包单位节省了大量人力资源，同样大大提高了工程的质量。

6.4.3　案例3

一、项目简介

工程名称：×××工程。

项目业态：商业办公。

项目概况：本项目位于武汉东湖×××路。地块总建筑面积 168490.63 m²，其中计容建筑面积 134262 m²，联体双塔楼分别为酒店与办公楼，酒店建筑高度为 85.95 m，地上 21 层；办公楼建筑总高度为 99.75 m，地上 22 层；裙楼高度为 23.7 m，地上 3 层（局部 4 层），商业裙房将两塔楼连为一体。建筑物地下为大型扩展式 2 层整体地下室，主要为设备用房、后勤用房及车库。两塔楼标准层平面均呈三角形，塔楼中部为三角形核心筒，四周柱网规整，空间开敞，酒店标准层层高 3.6/3.8 m，办公楼标准层层高 4.2 m，见图 6-4-37。

图 6-4-37　办公楼项目规划

二、BIM 应用点及内容

本工程涉及土建、机电、钢结构、幕墙等,专业众多,高大模板偏多,内部机电设计复杂,外观结构以及钢构件不规则部位较多,施工难点多,工期紧张,应业主要求根据项目情况从源头开始进行全过程 BIM 咨询服务。最终制定了一套详细的 BIM 实施管控方案。主要 BIM 应用点为基于 BIM 的进度控制、质量安全控制、成本控制、合同管理、信息管理、组织协调,最终通过科学化的管理手段为业主解决工程中的各种问题。

三、全过程 BIM 实施方案制定

BIM 是一种工具,更是一种科学化的管理平台。为实现科学化的管理,要认识到三维模型只是工程信息的载体,因此需要将工程中大量的信息进行整合,最后对整合的信息进行分析并且将具体问题具体化,落实到施工;还需要人与 BIM 信息相互配合才能使全过程 BIM 服务落地。本工程的方案制定流程见图 6-4-38。

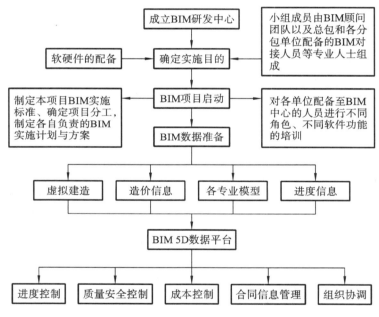

图 6-4-38　方案制定流程

此方案流程贯穿于项目的全生命周期,需要采集的数据众多,参与人员众多。因此,从监理、总包、分包等公司的招投标开始,将 BIM 顾问团队制定的全生命周期 BIM 实施方案合理地分配至各单位招标文件之中,最终成立的 BIM 中心由多方参与,BIM 顾问团队合理进行任务划分并且最终进行审核、整合。

1. 进度控制

本工程在施工前期进行了各专业的建模,对图纸进行了初步的审查,对多专业模型进行了整合,对机电管线进行了综合排布,就图纸问题以及可能出现变更的部位,提前与设计沟通,完成图纸优化,避免了后期施工中不必要的变更与返工。利用 5D 模拟建造,将制定好的进度计划与模型挂钩,可实时查看实际进度与计划进度的差别,全面地对进度实行管控。

（1）图纸审查：发现本项目各专业图纸存在错标、漏标共计 3200 余处,进行多专业模型整合、机电管线综合排布,提前发现 30 余处可能出现的变更点。对以上问题提前进行分析与优化,避免了后期的变更与返工,为业主节约了工期的同时节省了一定的成本,见图 6-4-39 及图 6-4-40。

图 6-4-39　碰撞检查报告

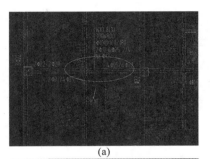

(a)

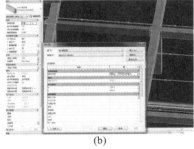

(b)

图 6-4-40　碰撞检查

（2）5D 模拟建造：将模型、进度、资源关联,通过进度、资源的动态模拟,发现可能存在的问题,逐一修改,提前制定应对措施,使进度计划、资金计划、施工方案最优化,从而指导施工,节约工期,保证项目的顺利完成,见图 6-4-41。

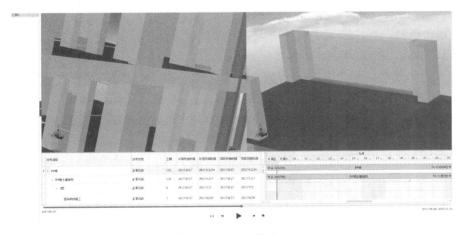

图 6-4-41　5D 模拟

2. 质量安全控制

对质量安全板块的控制更加智能化、更加及时化,日常巡检带好手机,可以实时将现场的质量安全问题取证上传至手机端,同时上传的问题可以一并发送至相关责任人的手机端和 PC 端,责任人可以快速定位至问题源头。用手机扫描构件的二维码可进行问题的上传,业主可以在网页端看板上面清晰地观看问题的处理动态,足不出户即可对现场的质量安全问题进行有效监控,见图 6-4-42 及图 6-4-43。

图 6-4-42　质量安全控制 1　　　　　　　图 6-4-43　质量安全控制 2

3. 成本控制

通过 BIM 大数据平台导入造价信息并且实时挂接至模型,将现场实际造价信息实时更新至模型,业主可以通过 PC 端实时掌握情况,最后形成三算对比,可以防止预算外的变更。本项目还通过工程量分析,快速得出任意节点的工程量,对总包(分包)单位申报的进度款进行分析,防止总包(分包)单位在申报进度款时甲方、监理无法有效地进行审核与管控造成失误,见图 6-4-44。

4. 合同信息管理

本项目因为体量比较大,专业和分包比较多,因此进行合同、信息的管理时需要科学有效。也就是说将合同信息以及全过程工程信息灵活地运用起来,不让信息只停留在纸面上。采用了 BIM 进行信息管理,有效地将合同信息与工程、与项目、与构件进行挂接,实时地将时间进度成本与合同、信息进行对比分析,极大地方便了业主对合同信息的管理。

5. 组织协调

本项目采用 BIM 协同平台,科学化地进行管理。通过 Web、PC 端、移动端进行现场协同,通过平台将模型轻量化、信息化,各分包单位、各专业、各班组均可以实现信息的及时传递和高效沟通。所有参建方都基于 BIM 平台中的同一个模型履职,确保统一性。各专业间亦可通过现场结合手机端进行方案模拟制定,确保沟通协调的高效性,见图 6-4-45。

四、BIM 的应用效益

(1) 本项目在设计、施工、运营等全生命周期中均应用了 BIM 技术,涵盖设计、施工及成本应用。利用 BIM 碰撞检测技术,解决了 4800 余处碰撞。对行业内的碰撞检测,可全面查找各专业间的大小碰撞,对小问题,现场施工亦可轻松避开。4800 余处碰撞包含重复出现的问题,涉及水管中 DN50 以下支管与风管及其他管线间的碰撞,例如,喷淋支管与某一条风管存在碰撞,报告定会相应统计其支管上的相关管件及管道附件与风管的碰撞数量。发现了各专业设计的缺陷,完成了 30 余处较大的设计变更。

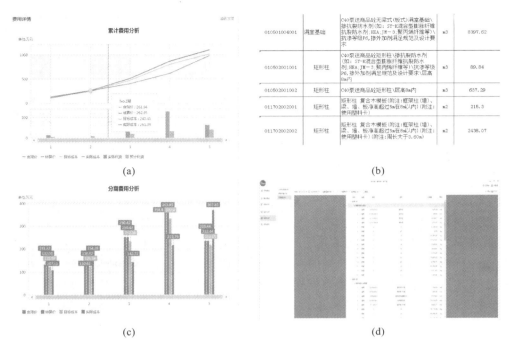

图 6-4-44　成本控制

图 6-4-45　组织协调

（2）通过岗位协同和信息共享实现管理提升，特别是在方案沟通、图纸文档管理、商务工作等方面效率明显提升。

（3）通过 BIM 平台进行三算对比,实现了成本的精确控制,做到了每次工程款的审批都有依有据,可以精确定位到成本波动点,并通过对波动源的查找,有效地分析成本,为甲方大大节约成本,同时也为监理单位审批进度款提供了有效的数据。

（4）本工程利用三维可视化以及实时的漫游功能使施工交底简单高效,在实际施工过程中不仅提高了各班组、各工种的交底效率,而且利用三维可视化的交底,更加直观地反映了施工工艺,其效益在本项目上直观地反映为效率提高、质量提高。

（5）本项目在质量安全上采用了高科技的管控手段,通过三端管控(手机端、PC 端、Web 端),实时对接现场,将现场的问题通过多种多样的形式进行上传,通过平台与模型的挂接,实现问题的汇总与问题的精确定位,最终可通过 PC 端等进行查看以及审批处理。本工程共查出大小施工问题 3000 多处。

质量安全管控、对大小施工问题的监控是现场监理利用 PC 端管控平台,在日常工程巡检中进行拍照取证上传,将监理的工作与 BIM 相关平台进行结合所得的结果,并非某一项技术所致,而是一种新型的管理模式。例如,将现场的安全巡检、隐蔽验收等所发现的问题,有序上传至平台,进行任务指令的下发,为工程项目电子化信息的整合、积累作铺垫,便于后期的统计分析。

思考题

1. BIM 技术有哪些特点?
2. BIM 技术在监理服务中涉及哪些应用点?
3. 如何将 BIM 技术应用到监理工作中?
4. BIM 技术在工程各个阶段的应用如何落地?
5. BIM 技术在工程全生命周期各个阶段与传统模式对比有何优势?
6. 监理如何运用 BIM 技术对施工现场的进度、质量、安全等进行有效管控?
7. 监理如何运用 BIM 技术进行成本管控? 以进度款审核为例来分析。
8. 监理如何对 BIM 模型以及各类模型信息进行审核?

参 考 文 献

[1] 何亚柏.土木工程监理[M].武汉:武汉大学出版社,2015.

[2] 李明安.建设工程监理操作指南[M].北京:中国建筑工业出版社,2013.

[3] 中国建筑设计咨询有限公司.建设工程咨询管理手册[M].北京:中国建筑工业出版社,2017.

[4] 戴文亭.土木工程地质[M].武汉:华中科技大学出版社,2008.

[5] 高金川,杜广印.岩土工程勘察与评价[M].武汉:中国地质大学出版社,2003.

[6] 中国建设监理协会.工程监理制度发展研究报告[M].北京:中国建筑工业出版社,2015.

[7] 宋源.建筑专业施工图设计文件审查常见问题[M].北京:中国建筑工业出版社,2016.

[8] 广东省建设监理协会.建设工程监理实务[M].2版.北京:中国建筑工业出版社,2017.

[9] 湖北省建设监理协会,华中科技大学监理工程师培训中心.湖北省建设监理人员继续教育培训教材[M].武汉:长江出版社,2010.

[10] 中国建设监理协会.建设工程监理规范 GB/T 50319—2013 应用指南[M].北京:中国建筑工业出版社,2013.

[11] 湖南省住房和城乡建设厅,湖南省建设监理协会.建设工程监理服务指南[M].长沙:湖南大学出版社,2011.

[12] 南京建设监理协会.建设工程监理履行安全生产职责培训教程[M].南京:东南大学出版社,2017.

[13] 张凯.BIM 在民航机场航站楼项目建设与管理中的作用及应用前景[J].建筑设计管理,2016,9:55-58.

[14] 夏杰,陈雷.BIM 技术在施工领域中的应用[J].住宅与房地产,2016,33:138.

[15] 漆玉娟.基于 BIM 技术平台的建设工程造价管理[J].建筑知识:学术刊,2013(B01):183-184.

[16] 周春波.BIM 技术在建筑施工中的应用研究[J].青岛理工大学学报,2013,34(1):51-54.

[17] 张振生,沈翔,韩光耀.工程咨询企业基于 BIM 发展战略研究[J].中国工程咨询,2015(2):16-20.

[18] 王彦忠.工程监理企业建筑信息模型(BIM)应用策略研究[J].上海建设科技,2013(3):73-75.

[19] 陈远,任荣.基于 BIM 的建筑消防安全管理应用框架研究[J].图学学报,2016,37(6):816-821.